位置感知通信技术

范绍帅 编著

北京邮电大学出版社
www.buptpress.com

内容简介

位置感知通信技术是通信技术与定位导航技术的深度耦合，以移动通信系统进行定位并基于位置信息提升移动通信服务能力。随着移动通信系统的演进及5G/B5G时代的到来，车联网、工业物联网等应用场景日益扩展，信息服务多样化、个性化、智能化趋势显著，位置感知通信技术是提升高精度定位能力及基于位置服务能力的关键技术之一。

本书将重点介绍位置感知通信技术及其应用，结合移动通信系统的发展历程及位置感知通信技术的研究进展，对通导融合网络的发展趋势及技术挑战进行深入分析，对网络可定位性、测量参数估计、位置解算、位置跟踪、基于位置的信息传输、基于位置的内容服务等技术进行科学系统的介绍，力求为读者系统呈现位置感知通信关键技术及应用方法。

本书适合5G/B5G移动通信工程和技术领域的专业人员阅读。

图书在版编目(CIP)数据

位置感知通信技术 / 范绍帅编著. -- 北京 ：北京邮电大学出版社，2021.8
ISBN 978-7-5635-6492-7

Ⅰ. ①位… Ⅱ. ①范… Ⅲ. ①移动通信—定位系统—研究 Ⅳ. ①TN929.5

中国版本图书馆CIP数据核字(2021)第170851号

策划编辑：姚　顺　刘纳新　　**责任编辑**：刘春棠　　**封面设计**：七星博纳

出版发行：北京邮电大学出版社
社　　址：北京市海淀区西土城路10号
邮政编码：100876
发 行 部：电话：010-62282185　传真：010-62283578
E-mail：publish@bupt.edu.cn
经　　销：各地新华书店
印　　刷：唐山玺诚印务有限公司
开　　本：787 mm×1 092 mm　1/16
印　　张：13
字　　数：289千字
版　　次：2021年8月第1版
印　　次：2021年8月第1次印刷

ISBN 978-7-5635-6492-7　　定　价：42.00元

智能感知技术丛书

前　　言

位置信息已在网络信息服务中起着不可或缺的重要作用。随着移动通信技术的发展，各代移动通信系统的定位能力逐步提升。定位技术作为5G系统的重要技术和功能之一，已成为5G系统第二阶段的重要特性，并将在未来通信系统中发挥更显著的信息支撑作用。相应地，近年来车联网、工业物联网等应用场景对基于位置的信息服务需求日益扩展，信息服务多样化、个性化、智能化趋势显著。位置感知通信技术作为提供高精度定位能力、基于位置信息提升移动通信服务能力的关键技术之一，将迎来更大的发展空间。

本书围绕移动通信网络位置感知通信技术，系统地介绍了位置感知通信技术的发展趋势、需求、算法、模型与典型应用，具有较强的参考性和专业性。本书内容共分为4章，第1章主要介绍移动通信网络的发展，包括各代移动通信系统的技术发展及位置感知能力的发展历程、通导融合网络的发展趋势。第2章主要介绍5G及未来网络的需求及挑战，包括5G及未来网络典型场景、5G及未来网络的关键技术、位置感知通信需求及位置感知通信挑战。第3章详细介绍无线通信系统中的定位技术，包括网络可定位性、测量参数估计、位置解算方法、位置跟踪技术，并给出了多种实现算法。第4章主要介绍基于位置感知的服务，包括基于位置的信息传输、基于位置的前摄式内容缓存服务、移动基站通信与缓存服务，并给出多种应用方案。

本书特色如下：

（1）阐述位置感知通信技术的演进历程；

（2）首次阐述移动通信系统中高精度载波相位定位等技术；

（3）分析融合定位及信息服务技术的融合及应用；

（4）阐述位置感知通信技术的新需求、挑战与发展展望。

鉴于作者水平有限，书中难免存在错误和纰漏，恳切希望广大读者批评指正。

作　者

目　　录

第1章
移动通信网络的发展

通信即信息的传递，可以被定义为包括信号、图片、文本等在内的任何类型的信息或数据的传输和交换，在世界的任何地方都可能随时发生[1]。通信系统最初通过有线的方式进行部署，通信过程只能在有限的范围或距离内完成。20 世纪 70 年代，蜂窝小区和频率复用的概念被提出，无线通信时代随之到来。随着人们对移动通信需求的不断增强，移动通信技术迅猛发展，几乎每隔十年，一个新的移动通信系统就会被引入，从第一代模拟通信系统（1st Generation Mobile Networks，1G），到第二代数字移动通信系统（2nd Generation Mobile Networks，2G），再到支持多媒体业务的第三代通信系统（3rd Generation Mobile Networks，3G）和支持宽带高速数据传输的第四代移动通信系统（4th Generation Mobile Networks，4G），如今，第五代移动通信系统（5th Generation Mobile Networks，5G）已经正式投入商用，第六代移动通信系统（6th Generation Mobile Networks，6G）的研发也正在如火如荼地进行当中。

移动通信技术的发展为人们的日常生活和工业生产创造了极大的便利，其中，由于空间位置信息在人类社会活动中起着至关重要的作用，通信与定位技术的融合将产生巨大的应用价值。随着移动通信技术的发展，位置感知通信技术逐渐成熟，在社会生活、经济建设等领域发挥出了越来越大的作用。

本章将回顾从 1G 到 5G 的移动通信系统发展历程，介绍各代移动通信系统的技术制式、应用场景以及位置感知服务能力，并总结位置感知服务和通导融合网络的发展趋势。

1.1 第1代移动通信网

1.1.1 1G 技术的发展

1. 1G 发展起源

美国贝尔实验室于 20 世纪 70 年代提出了蜂窝小区和频率复用的概念，蜂窝系统将服务区域划分为若干小区(Cell),小区用户可使用相同的频率进行通信,如图 1.1.1 所示,由此解决了公用移动通信巨大的系统容量需求与有限的频谱资源之间的矛盾,为无线通信时代拉开了序幕[2]。1978 年,美国贝尔实验室开发了世界上第一个真正意义上的蜂窝移动通信系统——高级移动电话系统(Advanced Mobile Phone Service,AMPS),大大提高了系统容量,这也是全球范围内应用最为广泛的通信系统。随后,瑞典等国成功开发了北欧移动电话通信网(Nodic Mobile Telephone,NMT),英国也成功开发了全入网通信系统(Total Access Communication System,TACS)。此外,各国先后开发出多种移动通信制式并将其投入商用,如日本的 JTAGS、西德的 C-Netz、意大利的 RTMI 等。这些通信系统被称为模拟通信系统,即第一代移动通信系统。

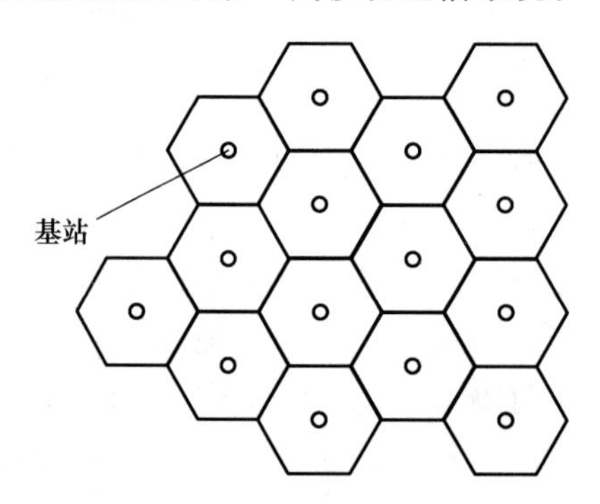

图 1.1.1　蜂窝系统示意图

2. 1G 技术制式

1G 系统采用了模拟语音调制技术与频分多址技术(Frequency Division Multiple Access,FDMA),为双工模拟制式系统,以模拟方式工作。

3. 1G 应用场景

1G 系统主要被应用于提供语音传输业务。1987 年 11 月,我国第一个模拟蜂窝移动电话系统在广东省建成并投入商用。

1.1.2　1G 位置感知

虽然 1G 蜂窝网络主要以通信为目的,尚不具备基于位置的服务能力,但 1G 移动技术已经在车辆定位上开展了应用[3]。当移动设备与服务基站距离过远时,受到同频干扰的影响,设备接收到的服务信号将严重减弱,因此,在蜂窝系统中,车辆需要基于位置被分配频道,并在通话的过程中定期进行重新定位和交接,通过不同信道连接到邻近的基站。1G 移动通信可以通过使用信号强度、时间延迟或波达方向测量等定位方法,根据基站位置得到接收机位置的粗略估计,该位置信息被应用于小区选择和语音信道分配或切换上,避免了移动设备因同频干扰或噪声而通信质量受损。

1G 模拟移动通信系统以小区为基本单元,采用蜂窝小区频率规划实现频率复用,从而实现了系统容量上的突破。但 1G 系统也存在着许多缺陷,如系统容量非常有限、制式太多且互不兼容、保密性较差、通话质量不高、无法提供数据业务、无法提供自动漫游等。1G 网络虽然没有明确的定位功能，但位置信息已经开始得到利用，并在一定程度上起到了帮助提升移动通信系统性能的作用。

1.2 第 2 代移动通信网

1.2.1 2G 技术的发展

1. 2G 发展起源

由于 1G 系统性能无法满足人们日益增长的移动通信需求，为了解决模拟系统中的问题，第二代移动通信系统应运而生。

20 世纪 80 年代中期至 20 世纪末，以全球移动通信系统(Global System for Mobile Communications，GSM)和临时标准 95(IS-95)为代表的第二代移动通信系统，即蜂窝数字移动通信系统，迅速发展成熟。1983 年，欧洲开始开发时分多址(Time Division Multiple Access，TDMA)系统 GSM，并于 1991 年在德国首次进行部署，这是全球第一个数字蜂窝移动通信网络。1988 年，美国表决通过了数字标准 NA-TDMA。1989 年，美国高通公司开始进行窄带码分多址(Code Division Multiple Access，CDMA)的开发。1995 年，N-CDMA 的标准——IS-95A 由美国通信工业协会(Telecommunications Industry Association，TIA)正式颁布。1998 年，TIA 进一步制定了新的标准 IS-95。

2. 2G 网络结构

2G 网络是基于 GSM 的网络，网络结构如图 1.2.1 所示。GSM 网络主要由四部分构成。

(1) 移动台(Mobile Station，MS)：GSM 中用户使用的设备包括移动设备(Mobile Equipment，ME)和用户识别模块(Subscriber Identify Module，SIM)两部分，负责无线信号的收发与处理。

(2) 基站子系统(Base Station Subsystem，BSS)：属于无线接入网，包括基站收发信台(Base Transceiver Station，BTS)和基站控制器(Base Station Controller，BSC)两部分。BTS 通过 Um 空中接口接收 MS 发送的无线信号并将其传送至 BSC，BSC 负责无线资源的功率控制、信道分配等管理配置，再通过 A 接口传送至核心网部分。

(3) 移动交换子系统(Network and Switching Subsystem，NSS)：属于核心网。NSS 中，移动业务交换中心(Mobile Service Switching Center，MSC)负责用户具体业务的处理，访问位置寄存器(Visit Location Register，VLR)、归属位置寄存器(Home Location Register，HLR)负责数据库管理和移动性管理，鉴权中心(Authentication Center，AUC)、设备识别寄存器(Equipment Identity Register，EIR)负责保障安全性，网关移动

交换中心(Gateway Mobile Switching Center,GMSC)负责提供与PSTN等外部网络的接口。

(4) 操作维护子系统(Operations Management Subsystem,OMS):主要负责网络监视、状态报告以及故障诊断等。

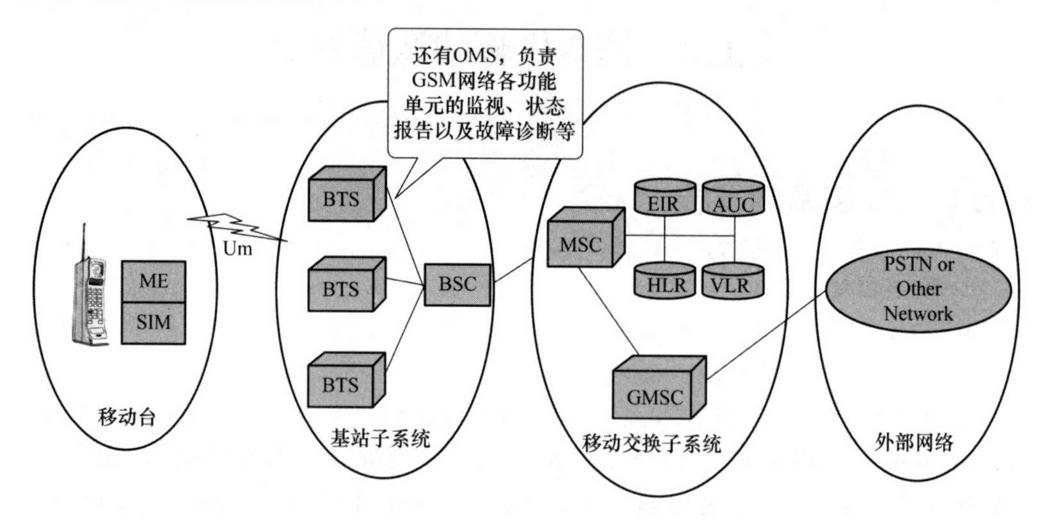

图 1.2.1　GSM 网络结构[4]

2.5G 网络即 GPRS 网络,网络结构如图 1.2.2 所示。在 GSM 网络结构上,GPRS 增加了分组控制单元(Packet Control Unit,PCU)、服务型 GPRS 支持节点(Service GPRS Supported Node,SGSN)、网关型 GPRS 支持节点(Gateway GPRS Supported Node,GGSN)等功能实体,以达到支持分组交换业务的目的。接入网中增加了 PCU,主要负责提供分组交换通道;核心网中增加了 SGSN 和 GGSN,主要负责处理分组业务,外部网络接入 IP 网。核心网中,电路交换域(Circuit Switch,CS)主要负责语音业务以及一些电路型数据业务,分组交换域(Packet Switch,PS)主要负责常见的数据业务以及流媒体业务等[5]。

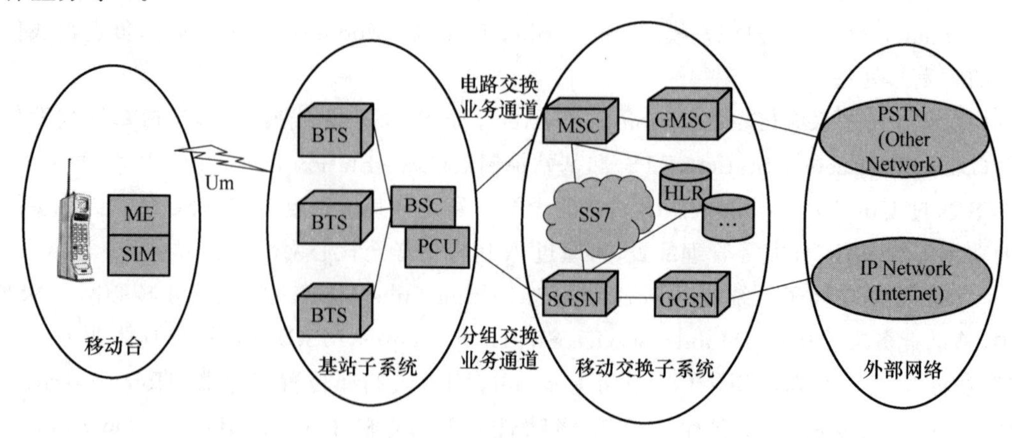

图 1.2.2　2.5G 网络结构[4]

3. 2G 技术制式

2G 蜂窝数字移动通信系统采用了数字语音调制技术。与模拟通信系统相比，2G 系统中的频谱利用率提高了两倍以上，系统容量也随之大大提高。2G 技术主要可分为时分多址（Time Division Multiple Access，TDMA）和码分多址（Code Division Multiple Access，CDMA）两种。

时分多址，即将时间分割为周期性的帧，每一帧分割为若干时隙，基站在满足定时和同步的条件下可在各时隙中无混扰地接收到各移动终端的信号，并在各时隙中按顺序向各移动终端传输信号，各移动终端可在指定的时隙内在合路中区分并接收到正确信号。

码分多址是在扩频技术基础上发展起来的一种无线通信技术，可将其定义为一种多路复用技术，即用一个带宽远大于原数据信号带宽的高速伪随机码对需传送的数据进行调制，并经过载波调制后进行发送。接收端使用完全相同的伪随机码处理接收的信号实现解扩，以实现信息通信。由于其允许各种信号使用一个共同的传输信道，CDMA 增强了对可用带宽的利用。

GSM 与 IS-95 系统是全球范围内应用最为广泛的两种数字移动通信系统，它们分别基于 TDMA 与 CDMA 技术，是 2G 通信的两种主流制式，它们之间的主要区别在于无线发送接收的制式以及调制解调方法的不同。

GSM 系统采用了交织技术与跳频技术来提高系统的抗干扰能力，采用了空间分集技术、自适应均衡技术和跳频技术来抵抗传输环境中的信号衰落，还采用了功率自适应控制技术以降低发射机的发射功率，达到节能续航的目的。GSM 系统具有较强的鉴权和加密功能，能够保证用户和网络的安全需求[6]。GSM 系统只能进行电路域的数据交换，最高传输速率只能达到 9.6 kbit/s。为了满足用户对更高数据速率的需求，新的以数据为中心的标准——2.5G 技术被提出。2.5G 系统提供了通用分组无线业务（General Packet Radio Service，GPRS）和增强型数据速率 GSM 演进（Enhanced Data Rate for GSM Evolution，EDGE）两种主要业务。GPRS 是为 GSM 和 USDC 移动用户提供的基于分组交换传输数据的移动数据服务，可为移动用户提供如图片、视频、邮件、Internet 浏览等数据业务，数据传输速率可达到 56 kbit/s 到 114 kbit/s。EDGE 是 GPRS 的扩展集，向下兼容 GPRS，对 GPRS 技术的调制方式、链路控制等方面进行了改进，将每时隙的数据传输总速率从 22.8 kbit/s 提高至 69.2 kbit/s。2.5G 技术的产生帮助移动通信系统实现了从 GSM 到 3G 系统的平缓过渡。

IS-95 是美国最简单的 CDMA 数字蜂窝通信系统。与 TDMA 系统相比，IS-95 系统具有更优的通话质量、上网速度、保密性、稳定性以及抗干扰能力，并且由于其采用了出色的功率控制技术，CDMA 手机的辐射远小于 GSM。IS-95 系统的系统容量可以达到 TDMA 系统的 4 倍，并且当系统接入量达到上限后，可通过降低网络质量来增加用户容量。表 1.2.1 给出了 GSM 和 IS-95 系统的一些重要参数[7]。

表 1.2.1 GSM 和 IS-95 系统参数

系统	GSM	IS-95
频段	900 MHz 频段：890～915 MHz(上行) 935～960 MHz(下行) 1 800 MHz 频段：1 710～1 785 MHz(上行) 1 805～1 880 MHz(下行)	824～849 MHz(上行) 869～894 MHz(下行)
载波间隔	200 kHz	1.25 MHz
双工方式	FDD	FDD
多址方式	TDMA	CDMA
数据速率	9 600 bit/s	1 200 bit/s、2 400 bit/s、4 800 bit/s、9 600 bit/s

4. 2G 应用场景

在语音业务方面，相较于 1G 系统，2G 系统降低了通话噪声，话音质量有了大幅提高，并且支持省内、省际自动漫游的无缝漫游通话，同时还具备了较高的保密性。另外，2G 系统还能够提供短信、图片、彩信以及互联网浏览等数据业务服务。由于 2G 系统使用了数字信号传输数据，在提高了发送方和接收方的安全性的同时，也降低了电池电量的消耗，延长了手机的使用寿命。可以说，该系统以较低的成本提供了较高的服务质量和系统容量。

2G 系统的诞生也推进了智能家居、远程监控等产业的发展。在智能家居控制系统中，可通过向服务器连接的 GSM 模块发送 GSM 短信来实现智能家居的日常控制，而远程监控系统则为农作物生长信息采集、环境气压温度监测等许多工作提供了保障，在农业生产、工业制造、科学实验、地形勘绘等方面都得到了广泛的应用。我国于 1995 年正式开通了 GSM 数字电话网，2002 年正式开通了 CDMA 网络并投入商用。

1.2.2 2G 位置感知

GSM 标准中没有明确的定位机制，GSM 的定位能力仅限于使用训练信号或同步信号来计算测距测量，定位方法主要包括基于标准小区号(Cell ID，CID)、基于增强观测时差(Enhanced Observed Time Difference，E-OTD)的以及时间超前(Timing Advance，TA)的方法等，然而这些方法在定位精度上都比较欠缺，位置估计误差可达数百米。由于基站的覆盖范围高达 35 km，CID 定位性能较差；E-OTD 本质上是一种时差定位方法，定位精度可以达到 50～300 m，但需要时间同步；TA 技术可以实现时间同步，使用 TA 技术辅助基于 CID 的定位方法，可以将其定位精度提高到 550 m 左右[8]。

1996 年，蜂窝定位迈出了重要的一步，美国联邦通信委员会(Federal Communication Commission，FCC)批准了对 911 紧急呼叫的定位要求，即 E911 服务，要求在 2001 年 10 月 1 日前，移动网络需能够对超过 67%的发出 E-911 紧急呼叫的移动台提供精度在 125 m 以内的定位服务。1998 年，FCC 又将对位置服务的要求提高至准确率不低于 90%、定位精度达到 400 m[9]，E-911 法令的推行促进了移动通信定位技术的发展。2004 年，

Reichenbacher 根据用途的不同将 LBS 分为定位、导航、服务信息查询、目标行为识别检测和特殊事件检查[10]五类。基于位置的服务开始进入市场,并逐渐发展为最受瞩目的移动通信业务之一。在一个完整的 LBS 服务中,首先要获取用户或移动终端的空间位置,然后根据其所处位置、时间及其与周围事物的关系推断出用户的可能意图和需求[11]。2G 时代,车队管理、基于位置的计费、应急救援定位等基于位置定位的服务都在开发当中,并开始投入应用。

2G 移动通信系统以数字语音传输技术为核心,与 1G 模拟移动通信系统相比具备更大的系统容量和更高的保密性。尽管 2G 系统在商业化和工业制造方面都取得了较大的成功,但由于系统带宽和数据传输速率有限,其在互联网浏览、短信息服务以及数据传输等方面依然存在着很大的局限性。另外,由于两种主要制式的标准不统一,用户仍然无法进行无缝的全球自动漫游。为了满足用户对于互联网快速接入、电子邮件、全球漫游、导航服务、视频等功能日渐增长的需求,以及工业生产制造方面的更高要求,2G 系统仍然需要做出进一步的改进。在位置感知能力方面,2G 系统已经具备基本的定位能力,基于位置的信息服务、跟踪服务、救援服务等位置服务开始逐渐走入市场。

1.3 第3代移动通信网

1.3.1 3G 技术的发展

1. 3G 发展起源

1985 年,国际电联(International Telecommunication Union,ITU)首次提出了未来公众陆地移动通信系统(Future Public Land Mobile Telecommunication System,FPLMTS)的概念,后更名为 IMT-2000(International Mobile Telecommunication-2000),表示该系统工作频段为 2 000 MHz,第三代通信系统随之诞生。为了指导 2G 之后 3G 标准的发展,ITU 于 1994 年首次发布了接入网性能和服务质量要求,定义了四个 QoS(Quality of Service)类,包括会话类服务、交互类服务、流类服务和后台类服务。3G 系统是在 2G 基础上的演进和发展,其主要目标是提供更大面积的覆盖、实现无缝全球漫游、提供高质量的多媒体业务、适应多种环境且兼容 2G,以及实现个人业务的移动性等。相较于 2G 系统,3G 系统拥有更高的频谱利用率,基本上解决了 2G 系统容量较小的问题,同时克服了多址干扰等技术上的难题,能够进行更稳定的传输,数据传输速率从 144 kbit/s提升到了 2 Mbit/s,因此,3G 系统中的移动终端更加智能化,移动通信业务更加多元化,3G 系统为移动通信开启了新的纪元。

2. 3G 网络结构

3G 网络即 UMTS 网络,网络结构如图 1.3.1 所示。与 2G 网络相比,UMTS 网络在空中接口上发生了变化,Um 接口变为 Uu 接口,接入网与核心网接口变为 Iu 接口,Iur

接口的主要功能为传输网络管理、公共传输信道的业务管理等，Iub 接口的主要功能为系统信息管理、定时和同步管理等。用户设备域划分为 USIM(User Services Identity Module Domain)和 ME(Mobile Equipment Domain)。在接入网中，基站 NodeB 和无线网络控制器(Radio Network Controller，RNC)取代了 2G 网络结构中的 BTS 和 BSC。其中，NodeB 主要负责接发高频无线信号、扩频调制、信道编码、解扩/解调以及完成射频信号和基带信号的相互转换等工作；RNC 主要负责切换和 RNC 迁移等移动性管理、系统接入控制、无线承载控制、宏分集合并、无线资源管理等工作。

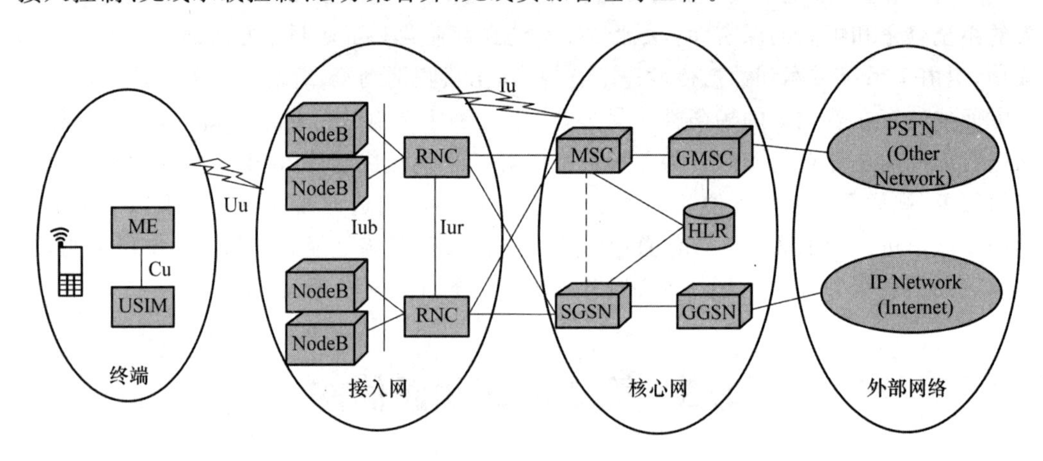

图 1.3.1　UMTS 网络结构[4]

3. 3G 技术制式

目前，国际上第三代移动通信传输有三种主流技术标准，分别是欧洲提出的宽带码分多址(Wideband Code Division Multiple Access，WCDMA)系统、美国提出的 CDMA2000 系统，以及中国提出的时分同步码分多址标准(Time Division Synchronous CDMA，TD-SCDMA)系统。在我国，WCDMA、CDMA2000、TD-SCDMA 三个标准分别由中国联通、中国电信和中国移动进行建设和运行。三种主流标准的技术参数对比如表 1.3.1 所示[12]。

表 1.3.1　3G 主流标准技术参数

制式	WCDMA	CDMA2000	TD-SCDMA
双工方式	FDD/TDD	FDD	TDD
网络基础	GSM	窄带 CDMA	GSM
空中接口	WCDMA	CDMA2000 兼容 IS-95	TD-SCDMA
同步方式	异步/同步	GPS 同步	同步
码片速率	3.84 Mchip/s	1.228 8 Mchip/s	1.28 Mchip/s

(1) WCDMA

WCDMA 系统起源于欧洲，由第三代合作伙伴计划(3rd Generation Partnership Project，3GPP)具体制定，是一种基于 GSM 中的 MAP(Mobile Application Part)核心

网、由 CDMA 演变而来的宽带扩频技术,采用了直接序列扩频码分多址(Direct Sequence-Code Division Multiple Access,DS-CDMA)以及频分双工(Frequency-Division Duplex,FDD)模式,是一种 3G 移动通信空中接口技术标准。WCDMA 与 CDMA 的不同之处在于,WCDMA 是一个更为完整的规范集,它在 CDMA 的基础上进一步定义了移动设备与基站之间的通信方式、信号的调制方式,以及数据帧的构建方式等内容。WCDMA 采用了 Turbo 信道编解码以达到较高的数据传输速率,在高速移动的状态下可提供 384 kbit/s 的传输速率,而在低速或室内环境下可提供高达 2 Mbit/s 的传输速率。同时,WCDMA 还采用了连续导频技术以支持高速移动的终端,利用频率选择性分集和空间的接收发射分集有效解决了多径衰落问题,在下行基站区分中采用了独有的小区搜索方法,使基站间可以无须保持严格的同步。

(2) CDMA2000

CDMA 标准是一个体系结构,又被称为 CDMA Family,包含了从 IS-2000-1. A 到 IS-2000-6. A 的一系列子标准,由北美高通公司主导提出,主要应用于日、韩和北美地区。CDMA2000 技术由 CDMA One 技术演进而来,由于具有相同的网络架构,可从原有 CDMA One 直接升级到 3G,建设成本较低。与 2G 系统的 CDMA One 标准相比,CDMA2000 在电路域交换系统中增加了语音和数据服务,同时增加了分组域交换系统的数据业务。

CDMA2000 可提供多种复合业务,包括同时传输语音和数据业务、定位业务等,具有先进的多媒体服务质量控制能力,多路语音与分组数据可同时到达。CDMA2000 技术在室内办公室、室外步行以及车辆环境下均可达到 IMT-2000 的指标,在室内环境中数据速率约为 2 Mbit/s,室外步行环境中约为 384 kbit/s,车辆环境中约为 144 kbit/s。

CDMA2000 系统的第一个阶段被称为 CDMA2000 1x 系统,它使用了带宽为 1.25 MHz 的单个载波,数据传输速率约为 307.2 kbit/s,频谱效率为 0.3 bit/(s・Hz)。CDMA2000 3x 系统则使用了 3 个带宽为 1.25 MHz 的载波,数据速率可达到 2 Mbit/s,频谱效率提升至 0.4 bit/(s・Hz)。CDMA2000 1xEV-DO(Data only)是 CDMA20001x 的增强版本,采用了话音分离的信道传输数据,下行峰值速率可达到 2.457 6 Mbit/s。随后演进而来的 CDMA2000 1xEV-DV(Data and Voice)系统将话音信道与数据信道合二为一,上行峰值速率可达到 1.8 Mbit/s,下行峰值速率则可达到 3.1 Mbit/s。

CDMA2000 的演进路线及相应的技术特征如图 1.3.2 所示。

CDMA2000 在设计上具有以下特点。

① 具有较高的系统性能和系统容量。这是由于其采用了基于相干导频的反向空中接口,具有连续反向的空中接口波形,可以进行快速的前向功率控制和反向功率控制;采用了辅助导频来支持波束成形应用和增加容量;并且使用了 Turbo 码以增加系统的容量。

② 具有灵活的信令结构,可支持多种空中接口信令。

③ 支持包括 1.25 MHz、3.75 MHz、7.5 MHz、11.25 MHz 以及 15 MHz 在内的多种射频信号带宽。

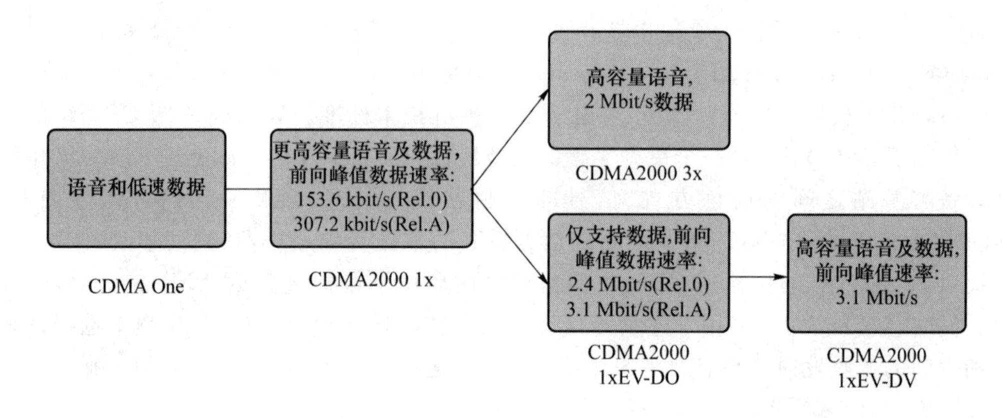

图 1.3.2　CDMA 的演进路线

④ 支持高效率的高速分组数据业务。这是由于其具有增强的 MAC 功能，对物理层采用了专用控制信道、增强的寻呼和接入信道等方面的优化。

CDMA2000 与 WCDMA 技术的区别主要体现在码片速率、基站同步方式以及导频信道方式三个方面。CDMA2000 强调与 IS-95 后向兼容，其码片速率必须为窄带系统 1 倍或 3 倍，即 1.228 8 Mchip/s 或 3.686 4 Mchip/s，而 WCDMA 采用直序扩频方式，码片速率定为 3.84 Mchip/s；CDMA2000 采用基站与 GPS 间严格同步的方式，而 WCDMA 采用同步与异步相结合的方式；CDMA2000 采用公共导频方式，而 WCDMA 在专用时分导频基础上引入了公共连续导频[13]。

(3) TD-SCDMA

TD-SCDMA 是由我国科研人员牵头制定并在国际上得到了广泛认可的国际无线通信标准。1995 年，中国开始进行研发 SCDMA 新型无线本地环路移动通信系统，并在 1997 年完成了时分双工模式（Time-division Duplex，TDD）下移动环境中智能天线的波束成形算法和性能研究。1998 年 1 月，CATT/大唐正式提出了基于 SCDMA 的方案，由中国标准化协会和中国无线通信标准组代表中国提交至 ITU 和 3GPP。

在 TD-SCDMA 之前，TDD 技术被认为只适用于无线局域网，而 FDD 似乎是广域移动网络的唯一选择。尽管 FDD 技术，如 GSM 和 CDMA (IS-95)，在 2G 系统的语音服务中取得了极大的成功，但随着数据业务在 3G 及以后的发展中越来越重要，上行链路和下行链路中数据业务的不对称性成为 FDD 面临的难题。由于可以在同一频率下发送和接收信号并在不同的时间段配置不同的主题，TDD 可以灵活地支持上行链路和下行链路中的非对称数据业务，并且通过首次引入的智能天线和上行同步的新技术，TD-SCDMA 有效地解决了在广域移动网络部署时面临的难题，如终端和基站之间上下行链路的频谱问题、更加严格的网络同步问题，以及 TDD 系统中的传输延迟问题等。

TD-SCDMA 采用了综合的寻址方式，将 FDMA、TDMA 和 CDMA 三种接入方式灵活地结合起来，此外还应用了空分多址技术，智能天线技术与联合检测技术的结合使系统的传输容量得到了显著的增长。

TD-SCDMA 与 WCDMA、CDMA2000 均采用了 CDMA 标准，使用了相同的宽带

CDMA 基本技术,但由于采用了不同的带宽和码片速率,以及 FDD 与 TDD 方式的不同,所以在性能上有所区别。与 WCDMA 和 CDMA2000 相比,TD-SCDMA 在终端移动速度和小区覆盖半径方面略显不足,此外,由于 TD-SCDMA 系统要求小区严格同步,而 WCDMA 系统支持小区异步方式,所以在室内、地铁等没有定时系统的环境内,WCDMA 系统相对来说更为适用。而在其他方面,由于采用了智能天线技术、联合检测技术以及同步 CDMA 等先进技术,TD-SCDMA 在频谱利用率、规划灵活性、抗干扰能力、设备成本、系统稳定性以及系统容量方面均具有明显优势。此外,由于具有良好的网络兼容性和灵活的组网方式,TD-SCDMA 有助于实现从 2G 到 3G 的平滑过渡。同时,TD-SCDMA 系统的设备成本也相对较低。

TD-SCDMA 技术在手机视频通话、HSDPA 高速上网、移动视频会议、POC 手机对讲等业务中都得到了广泛的应用,除此之外,TD-SCDMA 系统还在中国得到了大规模的商业化应用,这证明了 TDD 在广域移动网络中的使用是可行的。TD-SCDMA 技术在 3G 时代取得了突破性的进展,这也在一定程度上促进了 4G 技术的发展。

TD-SCDMA 的演进路线及相应的技术特征如图 1.3.3 所示。

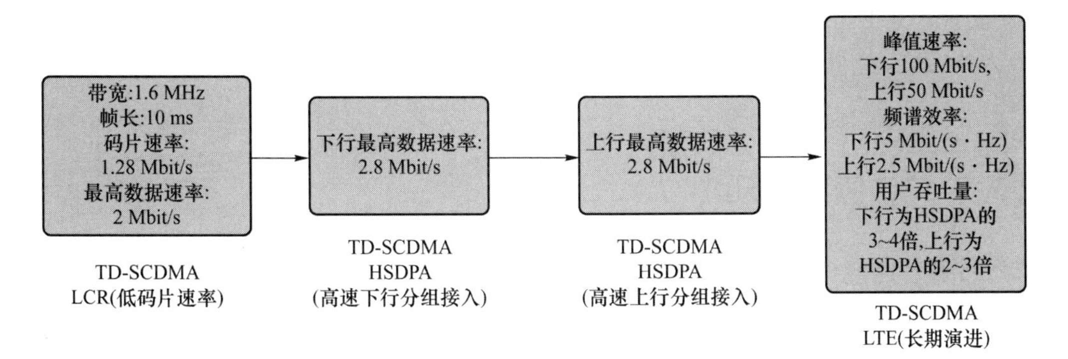

图 1.3.3 TD-SCDMA 的演进路线

CDMA 是第三代移动通信系统的技术基础,WCDMA、CDMA2000、TD-SCDMA 等系统展现出了巨大的发展潜力,相较于 2G 系统而言,3G 系统的主要优势总结如下。

① 针对全球范围而设计,无线接口的类型较少并且具有高度兼容性,移动终端具有无缝的全球漫游能力。

② 抗多径、抗时延扩展能力强,具有可与固定通信网络相比拟的较高的话音质量和安全性。

③ 具有较高的接入速率,采用了广域网中 384 kbit/s、本地 2 Mbit/s 的数据率分段使用技术。

④ 支持非对称数据传输的分组和电路交换业务,具有较高的数据传输速率和系统容量。

⑤ 具有约 2 GHz 的高效频谱利用率,并且可以最大限度地利用有限的带宽。

⑥ 移动终端既能固定使用也能移动使用,可连接至地面网和卫星网,与卫星业务能够互连和共存。

⑦ 支持分层小区结构。

⑧ 语音业务成为移动通信业务中的一小部分，大部分集中在非话数据和视频信息业务上。

⑨ 手机体积小、重量轻。

⑩ 收费机制进行了改革，不再以距离为标准，而是将数据量、服务质量和使用时间作为收费参数。

4. 3G 应用场景

3G 的典型业务是多样的，不再限于单纯的语音通话，还包括网页浏览、流视频、电子邮件的后台下载等，用户可以按需选择业务。显然，在第三代移动通信中，语音服务之外的数据服务变得越来越重要。

在工业生产活动中，3G 系统得到了广泛的应用。例如，基于 WCDMA 网络的无线传感器在工业生产中的远程数据采集和设备监控等方面得到应用，基于 TD-SCDMA 或 CDMA2000 网络的智能交通指挥系统可实现交通监控现场的实时图像显示、智能调整摄像机位置与清晰度、智能跟踪识别移动物体等功能[14]，基于 TD-SCDMA 的矿调度通信系统实现了井下无线数据通信，克服了井下专用线路和组网的困难，保障了井下安全监测、人员定位、胶带集控的顺利进行，从而保障了井下安全生产，且降低了井下调度费用[15]。

1.3.2 3G 位置感知

3G 移动通信系统中采用了多种定位方法，可以支持用户定位。基于 CID 的定位方法与信号往返时间（Round-Trip Time，RTT）相结合，在 2G 网络的基础上将定位精度提高到了 200 m 左右；基于观测下行信号到达时间差定位方法（Observed Time Difference of Arrival，OTDOA）以下行链路空闲期（Idle Period for the Downlink，IPDL）和 LMU 固定单元（the Fix Unit-LMU）两种技术作为支撑，定位精度可达到 50～200 m；GPS 定位方法在室外可以达到 10m 的定位精度，辅助全球定位系统（Assisted-Global Positioning System，AGPS）在其基础上进一步解决了复杂环境下的适应问题，使定位精度达到了 10～50 m[8]。

由于定位能力的提升，3G 移动通信系统可以为个人用户和集团用户提供有一定精度需求的基于位置的高级服务。在 LBS 服务中，首先要获取移动终端的空间位置信息，随后根据其所处位置、时间及其与周围事物的关系推断出可能需求[12]。对于个人用户，基于位置的服务主要包括周边信息查询和位置追踪等服务，用户可以通过发送短信的方式，查询到当前位置周边的餐厅、酒店、加油站、商场、医院等场所 300～500 m 精度范围内的位置信息；用户可以使用手机查询指定定位装置的位置信息，从而在 100 m 的精度范围内完成对老幼人群的跟踪定位、被盗车辆位置查询等业务。对于集团用户，基于位置的服务主要包括车辆和人员调度、货物监控等服务，公交系统可以在 300 m 的精度范围内实时查询公交车的位置，并进行车辆调度以维持城市交通；公安部门可以在 300 m

精度范围内实时查询外出警员的位置，并进行人员的调度，为办案提供助力；运输公司可以对运输车辆进行定位，并将位置信息传送至货物监控中心，以实现 100 m 精度范围内的货物位置信息的监控[16]。

另外，3G 系统中基于位置的服务还被应用于网络的管理与优化。由于 3G 网络获得移动台位置信息的能力增强，网络移动性管理能力也得到了一定程度的提升，通过对移动台进行有效的信道分配，网络无线资源的利用率得到了提高。

3G 移动通信技术实现了支持多媒体业务、适应多种环境、提供无缝覆盖质量的目标。3G 系统在人们的日常生活和工业生产制造领域都有诸多应用，但随着人们对 3G 技术和应用的不断深入研究，3G 技术部分采用电路交换域的语音交换架构不能实现全 IP、业务管理不够灵活等方面的局限性渐露端倪。随着工业生产制造对移动通信的时延、安全、接入量等提出新的要求，以及其他各行业对业务种类和管理的需求不断提升，3G 系统已不能满足快速增长的用户接入量以及高清视频、虚拟现实等新兴业务所需的更高数据传输速率，新一代通信系统 4G 的研发与应用迫在眉睫。在定位方面，3G 定位技术在精度上较之 2G 系统有了显著提高，为基于位置的服务提供了支撑，在 3G 时代中，位置服务逐渐得到普及，虽然基于位置的服务不管在针对个人用户的水平市场，还是针对集团用户的垂直市场，都已经发挥了重要价值，但仍然存在着定位精度上的不足。

1.4 第 4 代移动通信网

1.4.1 4G 技术的发展

1. 4G 发展起源

随着基于分组的数据应用服务的蓬勃发展，以经济高效的方式为移动应用提供高质量、高性价比的服务变得越来越重要。为此，ITU 于 2007 年 10 月发起了一项全球标准倡议——IMT-Advanced，即 4G 国际标准。为了支持增强的用户和服务需求，IMT-Advanced 设定了高移动性中 100 Mbit/s 和低移动性中 1 Gbit/s 的峰值数据速率目标。IMT-Advanced 支持广泛的电信服务和应用，强调提高服务质量和全球发展。此外，IMT-Advanced 还致力于功能集成、系统互操作性、全球漫游和用户友好型应用等关键特性。

为响应 ITU 对 IMT-Advanced 候选方案的邀请，3GPP 于 2008 年启动了高级长期演进（Long Term Evolution-Advanced，LTE-Advanced），并于 2010 年 11 月被批准为 IMT-Advanced 技术。LTE-Advanced 建立在 3GPP 第 8/9 版规范之上，称为 LTE（Long Term Evolution）。LTE 通过结合先进的多天线技术、下行链路中的正交频分多址（Orthogonal Frequency Division Multiple Access，OFDMA）以及上行链路中的单载波频分多址（Single-Carrier Frequency-Division Multiple Access，SC-FDMA）提供了高频谱效

率。LTE 支持高达 20MHz 的可扩展带宽，在下行链路（最高容量终端）支持 300 Mbit/s 的峰值数据速率，在上行链路支持 75 Mbit/s 的峰值数据速率。LTE 还有降低服务延迟、优化分组传输、简化实施复杂性以降低成本等目标[17]。

2. 4G 网络结构

4G 网络即 LTE 网络，网络结构如图 1.4.1 所示。4G 网络系统采用了全 IP 架构，由 2G 和 3G 系统的 NodeB、RNC、CN 三层结构缩减到了演进的基站（Evolved Node B，eNB）和演进的分组核心网（Evolved Packet Core，EPC）两层结构，系统网络变得更加简洁高效。

在接入网中，LTE 网络不再包含 NodeB 和 RNC 两种功能实体，而是只包含一种 eNB 基站，为用户设备提供空中接口。eNB 包含了 NodeB 的全部功能和 RNC 的部分功能，且增加了系统接入控制、承载控制、路由选择、无线资源管理、移动性管理等功能。eNB 基站之间可以通过 X2 接口相互连接，或通过 S1 接口连接到移动终端和移动终端网关。一个 eNB 可以连接到多个移动终端和多个服务网关，这种能力提供了极大的灵活性和可靠性，被称为 S1-flex。

在核心网中，EPC 包含移动管理实体（Mobile Management Entity，MME）、服务网关（Serving Gateway，S-GW）和分组数据网络网关（Packet Data Network Gateway，P-GW）。MME 主要负责管理和存储用户设备上下文，生成临时身份并将其分配给用户设备，认证用户，管理移动性和承载，并作为非接入层信令的终止点。S-GW 是无线接入网与核心网之间的接口网关，终止于 E-UTRAN 接口，是基站间切换和 3GPP 内移动性（即 LTE 和 2G 或 3G 之间的 3GPP 间接入移动性）的锚点，负责处于电子控制模块空闲状态的用户设备的数据包转发、路由和下行数据缓冲等。外部网络只接入 IP 网。同时，EPC 能够对 3G 网络结构前向兼容。

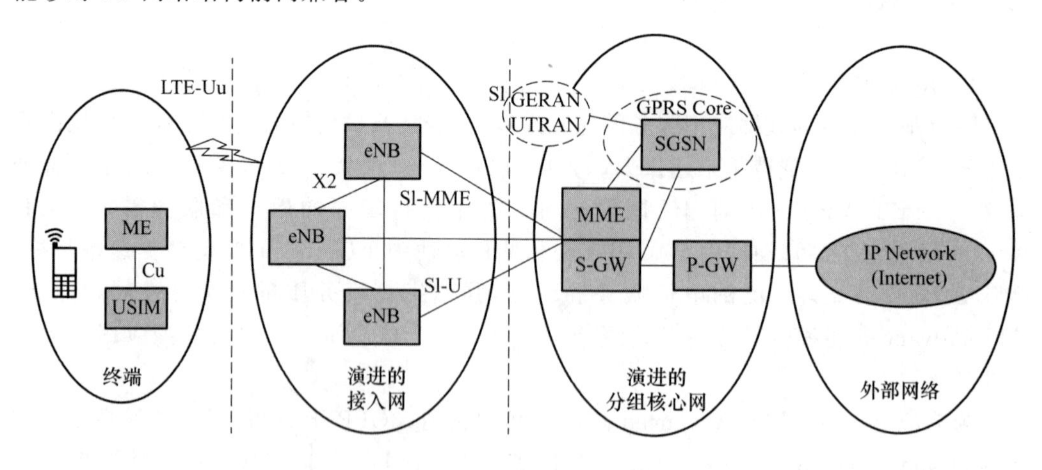

图 1.4.1 4G 网络结构[4]

3. 4G 技术制式

根据双工方式的不同，LTE 主要分为 TD-LTE（Time Division Long Term Evolution）和 LTE-FDD（Long Term Evolution Frequency Division Duplexing）两种制

式，两者的主要区别在于空中接口的物理层[18]。

LTE-FDD 制式由 3G 系统中的 WCDMA 制式演进而来，技术较为成熟，是国际上通用的 4G 制式。LTE-FDD 采用频分双工方式，在不同频段上同时进行上下行传输，对于频谱资源有较高的要求。LTE-FDD 采用了 Type1 帧结构，子帧配比固定为 1∶1。

TD-LTE 是由我国引领发展的 4G 制式，在国际上同样得到了广泛的认可和采用。TD-LTE 制式采用时分双工方式，在相同频段、不同时间上进行上下行传输，对于频谱资源的利用率更高。TD-LTE 采用了 Type2 帧结构，在同一帧内上下行信号可以共存并对配比进行灵活的调整，频谱效率由此得到了有效的提高。

4G 移动通信系统中采用的关键技术如下所示[19]。

(1) OFDM 技术

正交频分复用(Orthogonal Frequency-Division Multiplexing，OFDM)是一种采用了数字多载波调制方式的 FDM 技术，是 4G 移动通信系统中的核心技术之一。OFDM 采用大量间隔紧密的正交子载波进行数据传输，将这些数据分成若干并行的数据。实现正交频分复用的一种常见的方法就是基于低成本、高计算效率的快速傅里叶变换处理。OFDM 抗窄带同信道干扰、符号间干扰和多径传播引起的衰落的能力较强，能够适用于恶劣的信道条件，对时间同步误差的敏感度低，无须复杂的时域均衡，并且具有高频谱效率和低实现复杂度。

(2) 智能天线技术

智能天线技术是 4G 系统的关键技术之一，是指一个具有信号处理能力的阵列天线，以自适应的方式发送或接收信息。由于智能天线以阵列的形式采用单个元件的集合，与使用相同功率的传统天线相比，它们产生的波束更窄，增益更大。智能天线具有空间滤波的特性，可以从一个特定方向接收能量，同时从另一个方向阻塞能量。智能天线在动态环境中使用自适应波束成形算法，不断调整天线阵列的权重，以产生自动跟踪所需用户的波束，并通过在其方向设置功率零点来减少来自其他用户的干扰。通过有效地减少多径和同信道干扰，智能天线技术可以扩大网络覆盖范围和提高网络传输容量。

(3) IPv6 技术

IPv6 是由 RFC3775 定义的第三层协议，它解决了 4G 网络中移动用户的路由问题。IPv6 实体包括以下三部分。

① MN(Mobile Node)：一种移动节点，它可以将其附件从一个网络转移到另一个网络，并通过其在家庭网络中的地址进行访问。

② HA(Home Agent)：移动节点家庭网络中的路由器，用于监视移动节点的位置(当移动节点位于访问过的网络中时，路由器在 HA 中注册其"care-of"地址，这个过程称为"binding update")，并且在没有路由优化的情况下，拦截发送到移动节点的数据包，将它们传送到 MN。

③ CN(Correspondent Node)：与移动节点通信的节点，既可以是移动的，也可以静态的。

与 IPv4 网络协议相比，IPv6 的报头是专门为支持移动性而设计的，这是 IPv6 的最大优势之一。在4G网络中,当终端从一个小区(一个基站覆盖区域)移动到另一个小区时,移动终端保持相同的IP地址,因此可以进行无间断的文件传输,这种移动性是由移动IPv6协议提供的。除此之外,IPv6还具有128位大地址空间、邻居发现算法、网络级别的安全性、流动标签等多方面的优势。另外,由于采用了开放式结构,IPv6还可以兼容其他无线接入协议。

(4) MIMO技术

LTE系统应用了多输入多输出(Multiple Input Multiple Output, MIMO)技术,使用多发射和多接收天线,形成了单进多出与多进单出的基本方式,在不增加系统整体带宽和功率的情况下达到了提高信息容量和可靠性的效果。MIMO技术的两种主要表现形式分别是空间复用和空间分集:空间复用技术是指利用多个数据通道在同一频带中进行信号发射,充分利用空间传播中的分量,在不增加系统发射功率的情况下提升了信道及系统容量;空间分集技术包含发射分集和接收分集,发射分集将同一信号从不同的天线发送,使发射信号在不同信道中保持衰落的独立性,同时可以使用空时编码进行专门的编码以保障信号获得相同的分集增益,而接收分集是指利用间隔一定距离的多天线接收携带同一信息的多径信号,以最佳的合并方式获得较好的信号质量。

除此之外,4G通信的关键技术还包括无线链路增强技术、多用户检测技术、软件无线电技术等。

4. 4G应用场景

随着4G关键技术的不断演进,4G系统在提升用户通信质量的同时,也在推动着其他行业的发展。

在工业生产领域,基于TD-LTE技术的无线宽带通信平台可以满足化工厂区生产工作上的需求,支持高数据速率的数据采集和接入、无线电子巡检、可视化调度等功能,为工业区建立高速、安全、实时的无线通信传输系统提供了保障。基于TD-LTE技术的矿山移动互联系统是一种适应煤矿生产环境的煤矿宽带无线专网系统以及业务应用系统,具备实时指导煤矿作业、实时监控安全生产、在线检测与远程管理功能,可以在节省人力的同时提升煤矿的安全生产效率[20]。

在智能化领域,依托于LTE超宽带无线网络建设的宽带智能电网,可以支持智能电网重点区域视频监控、现场作业实时回传等多业务的开展,解决有线部署施工难、新老城区未能无缝覆盖的问题,为操作的规范性和安全性提供保障[21]。同时,4G系统在智慧城市、智慧农业、智能家居等方面也都发挥了重要的作用。

在军事领域,LTE-A系统可通过智能视频监控和无线传感器技术,实现战场作战态势的全面感知,通过单兵4G终端、车载4G指挥所以及机载中继基站等,实现战场作战的指挥控制[22]。

1.4.2 4G位置感知

在4G网络中,定位方法相比于3G网络得到了改进。由于用户终端(User Equipment,

UE)配备了多个天线,增强型基站定位(Enhanced Cell-ID,E-CID)中采用了到达角测量法(Angle of Arrival,AoA)及其他测量方法,精度可达到 150 m,远优于标准 CID 定位方法。此外,辅助式卫星导航系统(Associated GNSS,A-GNSS)、OTDOA 以及指纹定位等定位技术也在 4G 网络中得到了应用[23]。受到非视距及多径干扰大、时间同步精度差等因素的影响,LTE 时代定位技术的定位精度普遍在百米量级(一般为 50～300 m),米级的高精度室内定位尚难以实现[24]。

4G 时代,基于位置服务的模式在不断扩展和完善之中,采用基站定位与 GPS 定位融合的综合网络定位方法,可以实现在室外 GPS 定位、室内基站定位的高精度无死角定位。

随着 4G 系统定位能力的大幅度提高,基于位置能力的服务,如个人定位、导航及广告、游戏等多媒体服务,得到了扩展和完善。人员定位系统实现了一线销售人员“工作手机”和企业后台管理系统的实时数据交互,通过实时的数据采集、分析和信息反馈有效地提升了企业的销售管理水平。外勤管家采用基站 LBS 定位技术,面向只有人员定位管理需求的客户提供人员定位。销售管家采用“GPS＋基站 LBS＋互联网定位平台”多模混合定位技术,面向同时具有定位管理需求和其他业务管理需求的客户,提供人员定位、数据上报、信息交互等服务[25]。

随着物联网、云计算、虚拟现实等新型领域的发展,空间位置信息的应用在进一步地拓展和加深,不再限于传统的测绘、地信等工作,应用场合也不再限于人员定位、汽车导航、空间规划等,而是开始与新兴产业相结合[26]。基于位置的服务在物联网中已经得到了初步的应用,在智能交通方面,使用 GPS、A-GPS 等 4G 定位技术对车辆位置信息进行实时采集并将其上传至云计算数据中心,通过大数据共享进行信息处理,可以为车辆提供路线规划与导航、交通事故预警等服务,并帮助进行交通的智能化管理[27];在智能物流方面,在货物包装或货物集装箱上安装传感器,使用 4G 定位技术进行货物位置信息的采集,将其应用于物流车辆监管、货物跟踪以及仓储管理配送等物流流程,可以帮助物流公司实时掌控货物动态,防止货物运送过程中出现误送或丢失[28];在智能医疗方面,使用 4G 定位技术对救护车进行实时跟踪和指挥调度,可以高效率地完成应急救援,另外,对病患人员进行实时定位监控,对于应急施救和传染病的防控都起到了重要作用,智能急救医药箱可以通过获取医药箱的实时位置信息并发送至后台服务器数据库,帮助处理突发紧急医疗事件,提高病患救治率[29]。

4G 网络是一种宽带接入和分布式的全 IP 网络,与前三代移动通信网络相比,在技术上做出了 TD-LTE、LTE-FDD、OFDM、MIMO 等一系列重大创新,在数据传输速率、安全性、智能性以及灵活性上都取得了很大的突破。尽管 4G 技术已经在众多领域得到了广泛应用,然而随着工业生产制造等行业的快速发展,人们对移动通信的要求日益增强,移动通信的下一步目标就是满足人们在居住、工作、休闲和交通等各领域的多样化业务需求,即便在密集住宅区、办公室、体育场、地铁等具有超高流量密度、超高接入密度、超高移动性的场景,也能够为用户提供超高清视频、虚拟现实、增强现实、云桌面等极致业务体验。由于定位技术的发展,4G 时代中基于位置的服务得到了更为广泛的应用,自动驾驶、工业物联网、智慧城市等产业的兴起使得对于基于位置服务的需求高速增长,也使定位技术迎来了前所未有的机遇和挑战。

1.5 移动通信技术的发展趋势

移动通信技术处于飞速的发展之中，从1G模拟移动通信系统，到2G数字移动通信系统、3G支持多媒体业务的移动通信系统、4G支持宽带高速数据传输的移动通信系统，再到移动通信最新的集大成者5G移动通信系统和正在研发当中的6G移动通信系统，每一代移动通信技术都在改变着人们的信息交互方式，并推动着工业社会的发展。1G移动通信主要采用模拟技术和FDMA技术，不能提供数据业务。2G移动通信基于TDMA和CDMA技术，带宽利用率得到了提高。3G移动通信以CDMA为技术基础，能够同时传送语音和数据信息。4G移动通信包括TD-LTE、LTE-FDD等重大技术创新，在技术性能方面具有更高的数据传输率、安全性、智能性以及灵活性。5G移动通信是现有无线通信技术的融合，其中标志性的关键技术包括超高效能的无线传输技术和高密度无线网络技术。未来的6G移动通信技术将不再是简单地提升网络容量和传输速率，而是将不再存在覆盖盲点，以实现万物智联、随愿服务为最终目标。

随着移动通信技术的发展，各代移动通信系统的定位能力在逐步提升当中，从2G系统中的CID、TA、EOTD，到3G系统中的RTT、OTDOA，再到4G系统中的E-CID、A-GNSS，定位技术不断发展，实现了定位性能上的突破，未来移动定位技术势必向着更可靠和更高精度的方向发展。

在各代移动通信网络的更迭中，传统的通信服务已不再能够满足人们的需求，基于位置的服务成为移动通信中最受关注的业务之一。最初，无线定位技术的应用主要集中在军事领域，然而随着时代的发展以及通信与定位技术的进步，如今，基于位置的服务已经融入社会的方方面面，无论在人们的日常生活、工业生产，还是在国防事业中，位置服务都占据着举足轻重的重要地位。目前，位置服务已被广泛应用于公共安全维护、车辆交通管理、网络无线资源管理等众多领域，未来，在技术进步和用户需求的驱动下，位置服务还将迎来更大的变革，发挥出更为可观的效益。

1.6 通导融合网络的发展趋势

移动通信技术的出现给人类社会生活带来了翻天覆地的改变，从20世纪80年代中期1G移动通信系统问世开始，短短几十年间，移动通信技术迅速发展，各代移动通信系统的服务质量越来越高，支持的业务类别也越来越多。位置信息在人们的日常生活和各行各业的生产中都占据着至关重要的位置，人类社会对于基于位置服务的需求与日俱增，随着移动通信技术和定位技术的发展，获取位置信息的技术日渐成熟，移动通信网络为用户提供位置服务的能力在不断地提升当中。

传统的卫星导航定位系统(Global Navigation Satellite System,GNSS)在地势开阔的无遮挡地区可以提供高精度的定位服务,并且覆盖范围广阔[30],然而,在一些人口密度大、建筑物密集的城市区域,受到遮挡的影响,室内卫星信号可能因穿透损耗、多径干扰等影响而非常微弱,难以进行定位导航,即存在室内"最后一公里"的定位难题。随着移动通信系统网络建设的不断推进,地面移动通信网络在内陆区域已经得到了极高的普及,移动通信系统覆盖范围广、用户数量大、可靠性高、使用成本低等特点为导航定位系统,尤其是室内定位系统提供了支持。利用移动通信系统进行定位,将定位导航与通信技术相结合,实现通信导航一体化,成为位置服务的重要发展方向。

"通导一体化"是指将通信与定位导航高效融合,使实时定位信息可以通过移动通信网络被共享和应用,为用户提供高精度的室内定位与导航等位置服务,为数字化城市建设提供助力,为"万物互联"的愿景提供技术支撑。随着通信和定位技术的发展,通信和导航的耦合程度不断加深,通信导航一体化技术成为近年来国内外的研究热点。通信系统中 mmWave、MIMO、波束成形等技术为通信导航一体化技术的发展带来了新的契机[24]。

"通导融合"是指在通信网的基础上增加导航定位功能,使系统除通信功能外,还能通过导航系统为用户提供高精度的位置服务,而导航得到的定位信息也可以通过通信传输发挥出更大的作用,为车辆监控、指挥调度、紧急救助、优化运作等场景提供更大的技术支持[31]。

"通导深度融合"是指通信、导航信号同频传输,通信系统与导航系统信号、信息层双层融合,这种深层融合可以有效减少轨位、频率资源的浪费,降低系统成本,并提高导航与通信的性能。随着 5G 时代的到来,迅速发展的物联网、自动驾驶等领域对于基于位置服务(Location Based Services,LBS)的需求越来越高,通导融合技术将具有更加显著的社会意义和经济价值。

21 世纪以来,我国高度重视位置服务产业的发展和应用,通信系统与导航系统的融合是推动我国室内外位置服务发展的重要基础。随着 5G 时代的来临,5G 网络速度更快、时延更低、消耗更小的特点也将为定位导航技术与通信技术的融合开拓更多的可能,使基于通信网的室内外位置服务迎来更大的发展空间。

本章参考文献

[1] 王兴亮,高利平. 现代通信系统新技术[M]. 西安:西安电子科技大学出版社,2012.

[2] WILLIAM C Y LEE. 无线与蜂窝通信[M]. 3 版. 北京:清华大学出版社,2008.

[3] Ott G D. Vehicle location in cellular mobile radio systems[J]. IEEE Transactions on Vehicular Technology, 1977, 26(1): 43-46. doi: 10.1109/T-VT.1977.23655.

[4] 2G-3G-4G 网络结构演进过程 [EB/OL]. (2014-05-13) [2020-08-05]. https://blog.csdn.net/tiyatiyatiya/article/details/25707871.

[5] 刘彩霞,刘波粒,李新民. 从2G到3G演进的中介技术——GPRS[J]. 现代电子技术,2004(15):3-5.
[6] 韩杰斌. GSM网络原理及其网络优化[M]. 北京:机械工业出版社,2001.
[7] 啜钢,王文博,常永宇,等. 移动通信原理与系统[M]. 4版. 北京:北京邮电大学出版社,2019.
[8] 王建辉,巴斌,逯志宇. 蜂窝网信息融合定位理论与方法[M]. 北京:电子工业出版社,2019.
[9] FCC. Revision of the commission's rules to insure compatibility with enhanced 911 emergency calling system [R]. Washington: Federal Communications Commission,1996.
[10] Reichenbacher T. Mobile cartography-adaptive visualization of geographic information on mobile devices[D]. Munchen:Technischen Universiat Munchen,2004.
[11] Yang Q,Chen Y,Yin J,et al. LEAPS:a location estimation and action prediction system in a wireless LAN environment [C]//Proceedings of the International Symposium on Network and Parallel Computing,Wuhan,2004:584-591.
[12] 彭英,王珺,卜益民. 现代通信技术概论[M]. 北京:人民邮电出版社,2010.
[13] 孙立新. 第三代移动通信技术[M]. 北京:人民邮电出版社,2000.
[14] 董昕. 基于3G通信技术的智能交通指挥系统研究[J]. 数字技术与应用,2010(4):94-96.
[15] 郭敏. 基于TD-SCDMA技术的矿用3G移动通信系统开发研究[J]. 煤,2014,23(12):84-85.
[16] 许永星. 浅谈3G移动定位服务[C]//中国通信学会无线及移动通信委员会. 2004'中国通信学会无线及移动通信委员会学术年会论文集. 中国通信学会无线及移动通信委员会:中国通信学会,2004:8.
[17] Shen Z, Papasakellariou A, Montojo J, et al. Overview of 3GPP LTE-advanced carrier aggregation for 4G wireless communications[J]. IEEE Communications Magazine, 2012, 50(2): 122-130. doi: 10.1109/MCOM.2012.6146491.
[18] 李晓辉,付卫红,黑永强. LTE移动通信系统[M]. 西安:西安电子科技大学出版社,2016.
[19] 姚志刚. 4G移动通信关键技术的应用及发展前景[J]. 中国新通信,2015,17(8):75-76.
[20] 白立化. 基于TD-LTE技术的矿山移动互联系统的应用与解析[J]. 无线互联科技,2016(5):36-37.
[21] 毛学农. 4G在宽带接入中的应用场景探析[J]. 中国新通信,2014,16(11):71.
[22] 罗明新,常俊杰,周徽. 4G移动通信技术及其军事应用[J]. 指挥信息系统与技术,2014,5(2):56-61.
[23] 甘志辉. 移动定位技术演进的研究[C]//TD产业联盟、《移动通信》杂志社. 5G网

络创新研讨会(2019)论文集. TD 产业联盟、《移动通信》杂志社:中国电子科技集团公司第七研究所《移动通信》杂志社, 2019: 6.

[24] 邓中亮. 导航与位置服务现状与发展[J]. 卫星应用, 2016(2): 41-45.

[25] 陈鹏,张永明. 基于位置服务的移动应用[J]. 电信工程技术与标准化, 2016, 29(8): 65-68.

[26] 郭磊,王晓烨,田晓龙,等. 浅谈物联网时代 LBS 发展应用新模式[J]. 智能城市, 2020, 6(7): 19-20.

[27] 邓波,黄同成,刘远军. 基于 4G 移动网络的大数据与云计算技术应用分析及展望——以城市智能交通系统为例[J]. 信息与电脑(理论版), 2015(23): 28-30.

[28] 刘媛媛,李建宇. 定位技术在物联网领域的应用发展分析[J]. 信息通信技术, 2013, 7(5): 41-46.

[29] 陈诞玮,谢柳青,姜玉龙,等. 基于北斗定位的智能药箱[J]. 物联网技术, 2019, 9(9): 94-96.

[30] 谢钢. 全球导航卫星系统原理——GPS、格洛纳斯和伽利略系统[M]. 北京:电子工业出版社, 2019.

[31] 王如霞. 通导融合系统中定位信号的设计与性能评估[D]. 北京: 北京邮电大学, 2018.

第2章

5G及未来网络的需求及挑战

随着移动通信技术的迅猛发展,5G 商用时代已经正式来临,5G 及未来网络在车联网、工业互联网等新兴产业领域有着巨大的应用价值。

据统计,在人们的日常生活中,与位置有关的信息在所有信息中所占比例高达80%[1],可以说,位置信息是人们生活中最重要的信息之一。在 5G 的许多应用场景中,位置信息都起到了至关重要的作用。在 5G 时代中,各类应用对于位置感知通信的需求与日俱增。然而,面对越来越高的精度需求、通导融合网络设计等方面的困难,位置感知通信仍然存在着极大的挑战。未来,位置感知通信技术还需要通过进一步的探索进行优化提升。

本章将回顾 5G 网络的发展历程,对未来 5G 和 6G 网络的发展做出展望,并介绍 5G 及未来网络的应用场景以及相应的技术层面支撑,最后指出位置信息在典型业务中的重要作用以及位置感知通信目前面临的技术挑战。

2.1 5G及未来网络的典型场景

随着全球移动数据流量的飞速增长以及各类新业务的不断涌现,4G 系统逐渐无法满足未来通信的需求,全球移动通信的发展聚焦到了第五代移动通信系统上。

2012 年,ITU 启动了 IMT. Vision(IMT 愿景)研究工作,并启动了"IMT-2020 工作计划"的商讨,目标是明确全球 5G 发展的总体规划等重大问题。在 5G 的研发过程中,最主要的任务之一就是制定全球统一的 5G 标准。如图 2.1.1 所示,2016 年,ITU 开始对 5G 技术性能需求和评估方法进行系统研究,并于 2017 年年底启动了 5G 候选方案征集,计划于 2020 年年底完成 5G 标准的制定。其中,3GPP 主要负责 5G 国际标准技术内容的制定工作。3GPP 在 Rel-15 中第一次提出了他们的 5G 标准,并在 Rel-16 中做出了进一步扩展。2017 年 6 月,3GPP 正式将中国移动联合 26 家公司提出的服务化架构(Service-Based Architecture,SBA)定义为 5G 网络统一的基础架构。5G 的非独立组网(Non-Standalone,NSA)与独立组网(Standalone,SA)两大标准于 2017 年 12 月和 2018

年 6 月先后完成。5G 国际标准将有望在 2020—2030 年用于商业部署和服务交付。

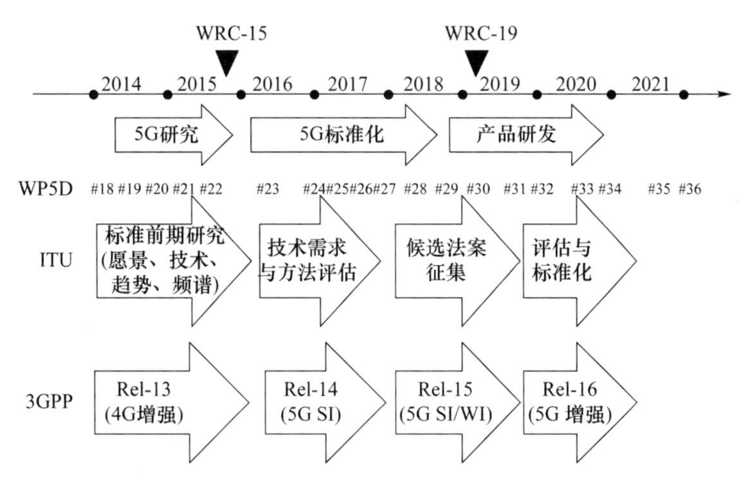

图 2.1.1 5G 工作计划[2]

在 5G 网络的发展中,包括中国、美国、欧盟、日本在内的多个国家和地区都积极参与了技术研发与标准制定。韩国启动了“GIGA Korea”等 5G 研发项目,并于 2018 年平昌冬奥会上发布了一个基于毫米波的 5G 系统。日本成立了“2020 and Beyond Ad Hoc 工作组”以及“5G 移动通信推进论坛”,并计划于 2020 年东京奥运会期间展示由日本研发的 5G 系统。欧洲委员会启动了 METIS 和 5G-PPP 等针对 5G 的研究开发项目。我国对 5G 技术的发展高度重视。2013 年 2 月,基于原 IMT-Advanced 推进组,我国的主要运营商、制造商、高校和研究机构联合推动成立了 IMT-2020(5G)推进组,这成为推进我国 5G 研究和开展国际交流合作的主要平台。

5G 移动通信系统旨在提供无处不在的移动业务,并提高服务质量,实现“万物互联”的目标。用户体验速率、连接数以及时延,是 5G 最基本的三个性能指标。根据 IMT-2020 对于 5G 网络技术指标的定义,5G 网络应达到 100 Mbit/s 到 1 Gbit/s 的用户体验速率、20 Gbit/s 的峰值速率、低于 1 ms 的时延、相较于 4G 网络 3 倍以上的频谱效率、Tbit/(s·km^2)级别的流量密度以及每平方千米百万级别的连接密度。

为了完成整个网络的革命,满足不同业务的需求,5G 移动系统需要一个新的体系结构。5G 网络体系结构由一个具有控制和转发功能的核心网络和一个高性能的接入网络组成,如图 2.1.2 所示[3]。

5G 核心网包括控制平面的 AMF(Access and Mobility Management Function)、SMF(Session Management Function)和用户平面的 UPF(User Plane Function)三种主要逻辑节点。AMF 主要负责移动性管理,SMF 负责会话管理,UPF 代替了 4G 架构中的 SGW 和 PGW。5G 系统架构中,核心网控制面和用户面进一步分离,控制平面功能更加集中化,用户平面功能更加分布化。5G 网络通过将用户面下沉到业务边缘,达到了降低网络时延和保护数据安全的效果,通过统一控制平面生成的调度策略,实现了数据转发的高效性和灵活性。5G 核心网与接入网之间通过 NG 接口连接。

5G接入网包括gNB和ng-eNB两种节点。gNB是提供到UE的NR控制平面与用户平面的协议终止点，ng-eNB提供到UE的E-UTRA控制平面与用户平面的协议终止点。gNB之间、ng-eNB之间，以及gNB和ng-eNB之间通过Xn接口连接，gNB、ng-eNB和AMF以及UPF之间分别通过NG-C和NG-U接口连接。

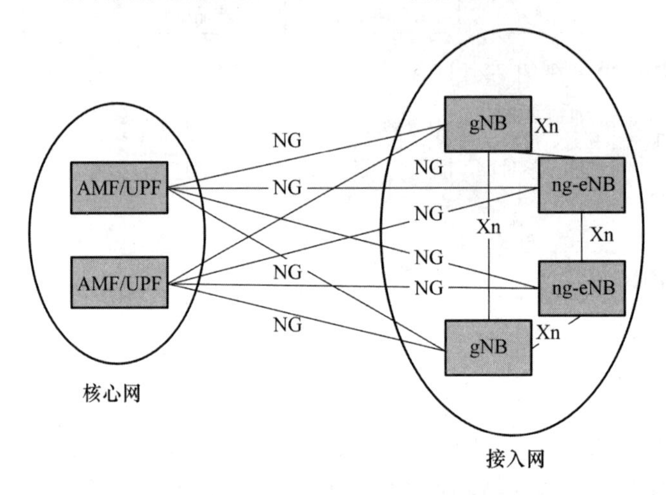

图2.1.2 5G移动网络架构[3]

5G网络主要有NSA和SA两种组网模式[4]。

(1) NSA：非独立组网是指在已有4G网络基础上架设新的5G基站，由4G网络传输控制信令，5G网络承载用户数据。NSA架构采用了主流的Option3系列网络解决方案，包括Option3、Option3a和Option3x，最终Option3x被采用。在这一系列的NSA网络体系结构中，核心网络采用了由4G系统EPC发展而来的EPC+。LTE eNB和5G新空口(New Radio，NR)与EPC+的接口为S1，S1-c为控制接口，S1-u为用户接口。根据用户的地面锚点，仅在Option3中使用LTE eNB作为用户的地面锚点，Option3a中的LTE eNB和NR为用户提供到EPC+的地面路径，而在Option3x中只使用NR作为用户的地面路径。在NSA的架构下，终端通过双重连接方式连接到4G和5G网络。由于无须建设新的核心网，NSA模式对5G网络覆盖的部署更快，但同时存在着不能充分实现5G大连接、低时延的特点，以及耗能更多的缺陷。

(2) SA：独立组网是指新建5G网络，该体系结构包括5G NR和5G核心网(5G Core Network，5GC)。SA核心架构中引入了全新的网元与接口，采用了网络切片、控制与用户面分离、网络虚拟化等新技术。SA体系结构采用Option2组网方案，终端可以通过切换或下降的方式与4G网络进行互操作。该体系结构可以实现所有新的5G功能，满足5G高可靠、低时延的要求，并支持5G网络引入的所有相关业务，适用于5G系统的目标体系结构和最终形式。因此，SA是5G通信系统的主流部署方式，适用于整个5G商业周期。然而，由于需要全新建网，SA模式也面临着成本巨大、进程缓慢的挑战。

根据ITU-R的定义，5G的三大典型应用场景如图2.1.3所示，分别为增强移动宽带场景(Enhance Mobile BroadBand，eMBB)，如3D视频、超高清屏幕、增强现实、虚拟现实等业务；海量物联通信场景（Massive Machine Type Communication，mMTC），如智能家居、智慧城市等业务；高可靠低时延通信场景（Ultra Reliable Low Latency Communication，uRLLC），如自动驾驶、车联网、工业自动化、智慧医疗等业务[2]。其中，eMBB 是支持更快内容传输处理的 4G 技术的升级，而 mMTC 和 uRLLC 则体现了 5G 在产业应用上的巨大优势。5G 网络具有多样化的功能，可以满足高速移动和全面连接的要求，支持各种新型业务的发展，主要应用场景包括增强现实、虚拟现实、Gbit/s 移动宽带数据接入、车联网、智能制造、无线医疗、智慧城市等。

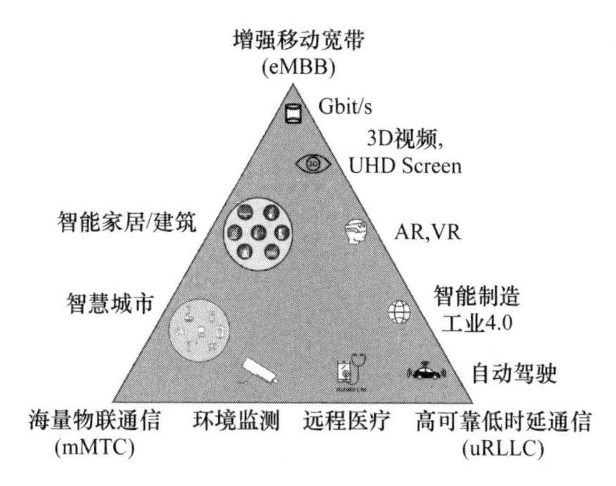

图 2.1.3　5G 典型应用场景[5]

IMT-2020(5G)从移动互联网和物联网的主要应用场景和业务需求入手，归纳出了四个与 ITU 三大应用场景基本一致的 5G 网络主要技术场景。

(1) 连续广域覆盖场景：以保证业务连续性、为用户提供无缝高速业务体验为目标，是移动通信中最基本的技术场景。

(2) 热点高容量场景：以本地热点能够提供 1 Gbit/s 用户体验率、10 Gbit/s 峰值速率和满足 10 Tbit/(s・km^2)的网络高流量密度要求为目标，是移动通信中传统的技术场景。

(3) 低功耗大连接场景：终端数量多且范围广的应用场景，主要包括智慧城市、环境监测、森林防火等，以每平方千米 100 万连接量密度和终端的超低功耗及超低成本为目标，是 5G 移动通信系统发展而来的技术场景。

(4) 低时延高可靠场景：主要包括车联网、工业控制等场景，以毫秒端到端延迟和接近 100%的服务可靠性为目标，是 5G 移动通信系统发展而来的技术场景。

智能设备数量日益增长，数据流量呈指数级增长，这给 5G 通信网络带来了限制。虽然 5G 蜂窝系统支持超可靠低延迟的通信，但是其在信息交互、空间范围以及性能指标上仍然存在不足，难以满足某些垂直行业应用的需求。因此，尽管 5G 国际标准还没有完全确定，许多国家和组织已经将注意力转向了 6G 移动通信系统。2018 年 7 月，国际电信联盟成立了网络 2030 焦点小组，旨在探索 2030 年及以后的系统技术发展。

6G 的总体愿景是基于 5G 愿景的进一步扩展和升级，在网络的接入方式、覆盖范围、性能指标、智能化程度、服务边界等方面都较5G系统有了更大的提升。6G网络的性能指标主要包括Tbit/s级的峰值速率、Gbit/s级的用户体验速率、近实时处理海量数据的时延、接近有线传输的可靠性、较5G提升10～1 000倍的流量密度和连接数密度、大于1 000 km/h的移动性、较5G提升2～3倍的频谱效率以及亚米级超高精度定位和超高安全等新能力指标。

无线网络的不断演进以及5G带来的挑战和性能限制成为第六代移动通信系统的关键驱动因素，行业革命为6G创造了核心需求。因此，6G三大典型场景应运而生，分别是无处不在的移动超宽带场景（Ubiquitous Mobile Ultrabroadband，uMUB）、超高速低延迟通信场景（Ultra High Speed with Low Latency Communication，uHSLLC）和超高数据密度场景（Ultra High Data Density，uHDD），如图2.1.4所示[6]。

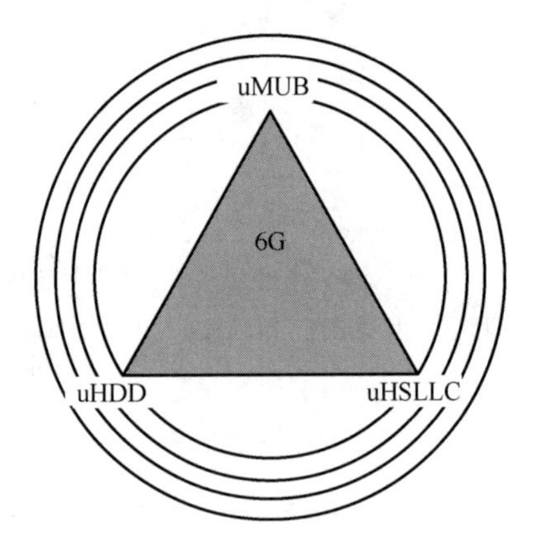

图2.1.4 6G三大典型场景[6]

2.1.1 身临其境游戏/沉浸式购物

虚拟现实（Virtual Reality，VR）与增强现实（Augmented Reality，AR）技术的诞生彻底颠覆了传统的人机交互方式，近年来已经在商业市场中逐渐得到应用。早在4G时代，VR技术就开始应用于游戏、建模上，AR技术则在远程办公、零售、营销可视化等领域得到了广泛应用。未来网络中，VR和AR技术中大量数据处理的难题和网络时延问题得到了进一步的解决，5G与VR/AR技术在医疗、教育、文创娱乐等应用上的结合日益紧密[7]。将VR和AR技术应用到云游戏中，可以得到超高的传输帧数和3D环绕声音，从而为用户营造出身临其境的游戏环境，获得极致的游戏体验。将VR和AR技术应用到线上购物中，可以利用VR技术虚拟超市或商场的场景，同时利用AR技术仿真各种商品并与用户的双手影像进行叠加，为用户营造出虚拟场景购物的沉浸式体验[8]。

近年来，移动运营商广泛地参与云VR/AR生态系统，并在其中获得了可观的收益。根据ABI Research的研究报告，到2025年AR/VR市场规模总计将可达到2 920亿美元。

2.1.2 车联网自动驾驶

随着智能车辆数量的大量增加，车载互联网（Internet of Vehicles，IoV）的研究与开发引起了人们的广泛关注，研发车联网的目的之一在于帮助人们方便地获得实时道路交通信息，保障出行的便利性、舒适性以及安全性，提高交通基础设施的效率，减少交通拥堵、突发事故的发生。在车联网时代，全面的无线连接可以将导航系统等附加服务集成到车辆中，以支持车辆控制系统与云端系统之间频繁的信息交换，减少人为干预。

当前的汽车无线通信中，专用短程通信（Dedicated Short Range Communication，DSRC）和 4G 蜂窝 LTE 两种技术都受到了速度、带宽以及时延的限制，难以应对车联网中大量的数据交换，无法满足车辆自动驾驶的要求。在低时延、高带宽、高移动性的车联网场景中，5G 系统更加灵活的体系结构有助于解决车联网多样化应用场景中差异化性能指标带来的问题，大规模天线阵列、超密集组网、新型多址、全频谱接入和新型网络架构等一系列关键技术将会改变汽车使用、保有和交通运输本身的传统模式[9]。目前，虽然车联网中车辆完全自动驾驶的目标还没有实现，但未来网络超高数据传输速率、高速移动性支持、大规模机器通信和高可靠低时延的特点，将能够提升车辆对环境的感知、决策和执行能力，为车联网和自动驾驶的应用提供有效的保障。其中，高精度位置信息在车辆自动驾驶即时导航规划等方面发挥着重要作用。

2.1.3 精准工业控制

工业物联网是指使工业过程和实体成为互联网的一部分，是物联网限制于“行业场景”的一个子集。工业物联网的目标是能够对工业过程进行精准控制，受到通信技术和处理能力的限制，当前大部分场景下，工业控制的深度和精准度还达不到期望值[10]。5G 技术为实现精准工业控制的目标提供了有力的支持，在工业自动化环境中采用 5G 技术，可以增强其连接性、降低延迟以及扩展带宽，同时虚拟化技术还可以降低信息和通信技术系统的成本。目前，“5G＋工业互联网”的应用已经在机械、航空、汽车、矿产、能源等多领域内初现成果，5G 技术实现了不同生产要素之间的高效协同，改变了设备之间的连接关系，帮助制造业解决了无线传输中数据量、传输范围以及可靠性方面的难题，在设备信息采集、超高清视频监测、产品质量检测、生产提速、远程控制、智能物流等领域发挥了极大的作用。

例如，在煤矿智能化发展中，5G 大带宽、广连接和低时延的特点以及微基站、切片和端到端连接等技术为智能化开采和数据传输处理提供了有力支撑，为泛在感知难、远程控制实时性差、智能决策效率低等问题提供了有效的解决途径[11]。在钢铁工业中，5G 网络被应用于“难以敷设有线网络且多移动连接目标”的场景，实现了跨网段多目标的通信接入，通过运用堆取料机无人驾驶有效提高了采料场作业效率，运用重型铁水运输车智能调度实现了高效运输并有效降低了铁水温度损耗，运用冷轧无人行车为精准高效的发货提供了支持[12]。在电力系统中,由于电力以光速传播,精准控制对于及时响应电力变化至关重要,在5G低时延特点的支持下,毫秒级控制系统可以针对频率紧急控制的要求,快速切除部分可中断负荷,实现快速负荷控制,处理时间及时延总和低于650 ms[13]。另外,5G网络中的定位技术在工厂、码头、仓储、港口、物流中心等场景中得到了广泛应用,通过对人员和物资进行实时精确定位,可以获得其位置动态,实现可视化智能管理,为精准工业控制提供了保障。

未来,5G技术的运用还将帮助工业互联网进一步发展,更多的传统产业将向信息化转型升级,工业化与信息化将迎来进一步的融合发展。

2.2 5G及未来网络的关键技术

2G、3G、4G网络均可以用某种标志性的核心关键技术来定义,然而由于5G网络能力极为丰富,IMT-2020推进组提出,5G概念应由"标志性能力指标"和"一组关键技术"来共同定义。

5G通信系统的关键实现技术主要来自网络组网和无线空口两个方面。在网络组网方面,多址边缘计算(Multi-access Edge Computing,MEC)、软件定义网络(Software Defined Networking,SDN)、网络功能虚拟化(Network Function Virtualization,NFV)和网络切片技术被认为是5G的主要支撑技术。而在无线空口方面,大规模MIMO、超密集网络(Ultra Dense Network,UDN)、新颖的多址接入和全频谱接入等技术对5G影响重大。此外,设备对设备通信(Device-to-Device Communication,D2D)、灵活双工、全双工、mmWave、以设备为中心的体系结构等技术也是5G的关键使能技术[14]。

2.2.1 5G网络组网技术

1. MEC技术

MEC是为了应对5G时代数据流量爆炸性增长以及大量新兴应用和服务出现而提出的一种新的体系结构。MEC通过在无线接入网络的边缘提供云计算服务,大幅减少核心网的网络负荷,为移动网络提供超低延迟环境。MEC使计算密集型和延迟敏感型应用程序能够接近用户终端处执行,从而提升了用户体验。同时,MEC更有效地利用了移动回程和核心网络。从业务角度来看,MEC引入了灵活的多租户环境,允许授权的第三方使用存储。

边缘分布式缓存可以进一步提高终端用户的QoE和5G移动网络的服务质量,MEC-CDN(Content Delivery Network)能够减轻核心网络压力。SDN、NFV和网络切片等技术是支持边缘计算的关键技术。在5G通信系统中,有各种各样的场景受益于边缘计算的概念,如计算卸载、物联网、内容传递和缓存、增强现实和虚拟现实、视频流和分析、连接车辆和移动大数据等。

计算卸载是MEC实现终端业务实时化处理的重要手段,它提高了能量效率,加快了对延迟敏感应用的计算过程。

MEC可应用于物联网应用和服务,促进数据源附近的存储和计算相关资源的整合使用。例如,可以利用MEC来确保终端用户的请求得到更快的处理,或者减少物联网数据和信号。MEC还可应用于支持延迟敏感计算,如将增强现实应用程序任务卸载到边缘可以有效减少延迟并提高能效。另外,MEC在自动驾驶等汽车行业的数字化中也发挥着重要作用,它可用于车对车(Vehicle-to-Vehicle,V2V)和车对基础设施(Vehicle-to-Infrastructure,V2I)通信,以便为需要超低延迟的应用程序提供服务,在改善道路安全方面效果显著。

2. SDN技术

传统的通信网络是纵向一体化的,控制平面和数据平面相融合。但这种传统IP网络的集成方式复杂,难以管理和配置。SDN被认为是5G及以上通信技术的关键使能器,它打破了传统的通信网络集成方式,实现了控制平面与数据平面的解耦。SDN具有集中划分网络、改变流量、提供应用级服务质量的能力。数据与控制平面的解耦给通信网络带来了简化网络管理、业务管理、控制管理等诸多优点,使应用程序的编制变得容易。然而,由于预算紧张等原因,许多电信运营商更倾向于选择部分部署SDN来进行网络设计。部分部署SDN的主要思想是在现有的通信网络设备中部署有限数量的SDN相关硬件,即构成混合SDN网络。

SDN体系结构由基础设施层、控制层和应用层三个层次组成。基础设施层是底层,由SDN支持的系统的所有相关网络设备和硬件组成。与传统网络相比,SDN网络中的设备只能作为转发设备,而无法执行控制功能。基础设施层通过控制数据平面接口与控制层进行交互。控制层由多个SDN控制器组成。SDN控制器负责管理所有虚拟的和实体的网络资源,通过应用程序编程接口直接控制数据平面的所有元素。应用层是上层,服务提供商、网络运营商和应用开发商直接对网络进行操作,以满足其对带宽、流量、接入控制、服务质量、能源使用等方面的业务需求。

5G移动网络基础设施需要根据实时性和动态性进行管理,SDN将有助于运营商在云中的应用程序和服务与终端用户之间进行高效的通信。此外,通过在多种无线接入技术上的集中化和无缝移动,SDN在5G移动网络中的部署提高了无线资源的分配效率。

3. NFV技术

传统的移动网络中充斥着大量网络功能,这些功能与专用的硬件相耦合,这种机制给网络服务和网络管理带来了很大的挑战。此外,专用硬件的部署和基于专用硬件的协议设计既昂贵又耗时。NFV被认为是实现网络功能与专用硬件解耦并以软件形式实现的关键使能器,NFV具有简化网络管理、降低能耗、增强业务提供的灵活性等诸多优点。

NFV架构由网络功能虚拟化基础设施(NFV Infrastructure,NFVI)、虚拟网络功能(Virtualized Network Function,VNF)、NFV管理和编配(NFV M&O)三部分组成。NFVI对应于数据平面,该平面用于提供虚拟资源,以便执行VNF。VNF对应于应用程序平面,由各种类型的应用程序组成,VNF是网络功能的软件实现,具有在NFVI上运行的能力。NFV M&O 部分对应于控制平面,负责硬件和软件网络资源的编排和生命周期管理,这些资源用于支持生命周期管理和基础设施虚拟化,此外,M&O 需在不同的 VNF 之间建立联系,并与 OSS/BSS 相互作用,M&O 的这一特性使 NFV 能够与现有的网络管理环境整合。NFV 系统由一组包括服务、VNF 和基础设施的需求在内的元数据驱动,以便 NFV M&O 采取相应的行动。

5G 通信网络可承载大量的功能,NFV 技术是在 5G 网络体系结构中有效处理和采用这些功能的关键之一。NFV 提供了高度的灵活性,可以适应 5G 及 5G 以上通信技术的各种场景。

4. 网络切片技术

网络切片技术是适应 5G 垂直产业需求的 5G 技术之一,根据场景需求的不同,它可以将 5G 网络物理基础设施虚拟化为相互独立的多个虚拟网络切片,每个切片按照业务场景需求进行网络功能的定制裁剪和网络资源编排管理[15]。

网络切片的部署使得 SDN 和 NFV 可在一个共享物理基础设施上操作多个逻辑网络,以降低总成本、减少能源消耗和简化网络功能。在基于切片的网络中,每个切片都具有自己的特性,并被视为一个单一的逻辑网络。这样,与传统的网络相比,基础设施的利用和资源分配将更加经济、高效。

网络切片的体系结构由 CN 切片、RAN 切片和无线电切片组成。CN 中的每个切片都是由一组网络函数(NF)构建的,其中,一些 NF 可以跨多个切片使用,而一些 NF 可以定制到特定的切片。网络体系需要有两个切片配对函数将所有这些切片连接在一起,第一个配对函数在 CN 切片和 RAN 切片之间,第二个配对函数在 RAN 切片和无线电切片之间,以实现无线电切片与相应的 CN 切片之间的通信。RAN 和 CN 切片之间的配对函数可以是静态或半动态配置的,以实现所需的网络功能和通信。

在 5G 通信系统上实现网络切片存在着许多技术挑战,面对新兴的网络架构以及宽带多媒体业务需求爆炸式的增长,网络切片技术还需进行进一步的优化。

2.2.2 5G 无线接入技术

1. 大规模 MIMO 技术

MIMO 技术是近十年来无线通信系统的关键技术之一,它为通信系统提供了显著增加的容量,并实现了高复用增益。2010 年,大规模 MIMO 的概念由贝尔实验室首先提出[16]。为了进一步提高系统数据吞吐量和扩大复用增益,大规模 MIMO 的概念被引入。大规模 MIMO 也被称为大规模天线系统、超大多用户 MIMO(Multi-User Multiple-Input Multiple-Output,MU-MIMO)、全维 MIMO 系统,被认为是 5G 移动通信的一个技术突破。大规模 MIMO 技术可以按 TDD 模式运行,下行、上行链路工作在相同频率范围,在不同时间进行数据传输。大规模 MIMO 为基站配备大量的天线,这些天线用于千兆级无线业务的传输,可以在同一时频资源下为许多活跃用户提供服务。大规模多输入多输出技术的一个关键优点是能够将发送信号集中到短距离区域,从而提高系统的容量。另外，大规模 MIMO 还可以与其他 5G 关键业务，如 mmWave、非正交多址(Non-Orthogonal Multiple Access，NOMA)、异构网络和 D2D 通信等相结合，达到提高网络覆盖率、吞吐量以及频谱效率的效果。

在 5G 系统大规模天线阵列应用场景下，宏蜂窝、赫尔微蜂窝两种小区共存，网络可分为同构网络和异构网络，场景可分为室内和室外。大规模天线的信道可以分为宏小区基站对室内/室外用户、微小区基站对室内/室外用户，微小区也可以作为中继基站进行传输，信道也包括从宏小区基站到微小区基站，基站天线的数量可以无限大，用户天线的数量也可以随之增大[17]。

2. mmWave 技术

随着人们对高速数据传输的需求不断增长，在 mmWave 频段进行无线通信被认为是缓解未来通信系统资源瓶颈的有效途径之一。mmWave 通信单元的覆盖范围在 100～200 m，因此，它被认为是一个小单元，通常占用 30～300 GHz 的无线电频谱，波长在 1～10 mm。mmWave 通信网络的部署为传统 LTE 系统提供了更宽的带宽，解决了其频谱瓶颈问题。此外，由于 mmWave 波长较小，多个天线阵列可被装配到 mmWave 收发机的有限空间中。因此，方向波束成形技术可以用来增强预期的信号强度和减少干扰。

mmWave 通信在 5G 移动网络中的潜在部署主要是小蜂窝接入、蜂窝接入和无线回程。在 5G RAN 体系结构中，mmWave 小区与现有宏小区相结合，以确保位于特定地理区域的大多数终端用户的随时连接和增强的 QoS。

然而，mmWave 通信的应用在 5G 蜂窝网络中也伴随着大气吸收、相位噪声、大规模衰减等方面的技术挑战，与其他使用较低载波频率的通信系统相比，mmWave 通信的主要特点之一是高传播损耗。mmWave 信号容易受到障碍物的影响，测量结果表明，mmWave 通信链路存在大规模衰减，这种衰减仅限于视线情景。因此，mmWave 通信通常用于室内或短距离通信，因为大气吸收和雨衰减对于短距离室内通信不会产生显著的附加路径损耗。

3. D2D 通信技术

在 D2D 通信中，近距离设备的数据通信是直接完成的，不需要通过 RAN 或 CN 进行数据中转。近年来的研究表明，D2D 通信有望提高移动网络的性能，提高能量效率，减少时延。

D2D 通信分为带内和带外两种。在带内 D2D 通信模式中，设备之间的直接通信在分配给运营商的授权频谱中进行，带内 D2D 用户以专用模式(覆盖模式或正交模式)和共享模式(底层模式或非正交模式)访问授权频谱。在带外 D2D 通信模式下，设备之间的直接通信在其他无线技术(如 Wi-Fi 或蓝牙)采用的未授权频谱中进行。

在蜂窝网络 D2D 通信的部署中，D2D 用户与蜂窝用户之间的干扰管理是需要考虑的关键问题之一，现有的 D2D 技术还需要进一步优化，以满足 5G 移动通信系统的需求。另外，网络碎片、动态网络拓扑和节点移动性是多跳网络的主要特征，因此，多跳蜂窝 D2D 网络中的路由是一个关键问题。并且，在蜂窝网络中部署 D2D 通信时，安全和隐私也是要必须关注的问题。

4. 新型多址接入技术

5G 网络中应用了多种新型多址接入技术，实现了通信系统中的免调度传输，提升了用户连接数，显著降低了网络干扰、信令开销、接入时延以及终端功耗。5G 网络中的新型多址接入技术主要包括以下四种。

(1) 稀疏码分多址接入(Sparse Code Multiple Access，SCMA)：基于多维调制和稀疏码扩频，拥有较高的频谱利用率和较低的实现复杂度及时延，但存在最优码较难设计与实现以及用户间干扰较大的问题。

(2) 图分多址接入(Pattern Division Multiple Access，PDMA)：基于非正交特征图样，拥有较大的系统容量，但存在图样设计与最优化较难实现以及用户间干扰较大的问题。

(3) 非正交多址接入(Non-Orthogonal Multiple Access，NOMA)：基于功率域复用，以接收端复杂度为代价得到更高的频谱效率，功耗较大。

(4) 多用户共享接入(Multi-User Shared Access，MUSA)：基于复数域多元码及增强叠加编码，存在传输信号较难设计以及用户间干扰较大的问题。

2.2.3 6G 关键技术

1. 太赫兹通信技术

6G 系统将成为第一个支持 Tbit/s 高速通信的无线通信系统。在 6G 网络中，介于微波与红外之间、频率范围从 0.1 THz 到 10 THz 的 THz 波段将发挥重要作用，这一波段能够提供 Tbit/s 级别的数据传输速率，且具有受天气条件因素影响低、可以实现多点通信、安全性高等优点[18]，可用于高精度定位、超分辨率感测等场景。THz 波段能够提供的高速通信覆盖范围将高达 10 m，且支持纳米物联网。

2. SM-MIMO 技术

多天线技术可以通过空间复用显著提高系统容量，通过分集实现可靠传输，并通过波束成形克服传播损耗，从 4G 时代的 8 天线多输入多输出到 5G 时代 256～1 024 天线大规模多输入多输出，多天线技术在无线通信中发挥了关键作用。在 6G 通信系统中，预计将部署超过 10 000 个天线单元的超大规模多输入多输出(Spatial Modulation-MIMO，SM-MIMO)，实现超高频谱效率，显著降低延迟，增加网络吞吐量。

3. 基于区块链的频谱共享技术

由于系统中太赫兹的频率特性，6G 网络密度骤增，动态频谱共享允许不同用户共享同一频谱，是提高频谱效率、优化网络部署、满足海量信息的巨大频谱需求的重要手段。实现频谱动态共享交易准确高效是保障未来 6G 网络稳定运营的关键，区块链技术基于分布式多方共识和智能合约，是保障未来网络多方参与共建、频谱动态共享的底层技术趋势。区块链可以为所有区块提供一个安全的分布式数据库，使所有的参与者都能记录区块，每个区块包括前一个区块的加密散列、时间戳和交易数据。因此，区块链将可以为 6G 移动通信系统提供安全、智能、低成本和高效率的分散频谱共享[19]。

4. 可见光通信技术

可见光通信(Visible Light Communication,VLC)在 400～800 THz 频率范围内工作,利用发光二极管产生的可见光传输数据,采用超高带宽来实现高达每秒数十兆至数百兆的高速数据传输,是 6G 通信中的关键技术之一。VLC 在室内灯光能够照到的地方可以实现长时间高速通信,但 VLC 覆盖范围有限,由于其需要光源且易受到来自其他光源的散粒噪声影响,因此使用场景主要集中在室内[20]。

此外,6G 关键技术还包括极化码、频谱认知技术、基于 AI 的无线通信技术、空天海地一体化通信技术等[6]。

2.3 位置感知通信需求

位置信息在网络信息服务中起着不可或缺的重要作用,其基本要素包括所在的地理位置(即空间信息)、所在地理位置周边的人或物(即社会信息)。LBS 借助于互联网或无线网络,在固定用户或移动用户之间,完成定位和服务两大功能。LBS 的基础内容包括空间信息、社会信息以及信息查询三个方面[21]。基于位置的服务在人们的日常生活和工业生产领域中随处可见,通信中的许多典型业务都离不开位置信息的支持。

5G 系统作为首个将定位服务作为设计目标之一的移动通信系统,高定位精度是其愿景中的关键要求之一,在超密集组网、超低时延、大规模阵列天线等技术的支撑下,5G 移动通信系统将可以构建更高精度、更低成本的广域室内外定位服务系统,数据挖掘、信息的管理与调度能力都将有显著提升,实现室内外全方位一体化的定位服务。5G 在 3GPP Rel-16 标准中增加了定位功能,要求商业应用定位精度优于 3 m,定义了基于蜂窝小区的信号往返时间(Round-Trip Time,RTT)、信号到达时间差(Time Difference of Arrival,TDoA)、到达角(AoA)测量法、离开角(Angle of Departure,AoD)测量法等室内定位技术,还将继续研究“无线接入技术相关”定位技术以及混合定位技术[22]。5G Rel-17 版本中对定位精度和定位时延的要求进一步提升,要求工业物联网应用定位精度优于 0.2 m,车联网定位精度优于 0.1 m。高精度定位技术成为 5G 系统第二阶段的重要特性,随着未来标准化工作的推进,未来定位技术将会融入各类应用,为用户和行业提供更为精确和简单的定位服务。

随着 5G 网络建设的推进和物联网、AR/VR 等技术的发展,对于空间位置信息的应用已经不再限于以往的传统领域,新兴产业对于位置信息也有着极大的需求,如图 2.3.1 所示,5G 时代位置感知通信场景包括智慧城市中的智能家居、车联网、智慧医疗、智慧物流,移动社交网络中的微信、QQ、微博位置感知推荐,以及基于位置的空地融合移动基站服务场景等。

2.3.1 交通服务及位置感知推荐

在基于位置的服务应用中,导航与路线规划是最基础的服务之一,人们习惯于在外

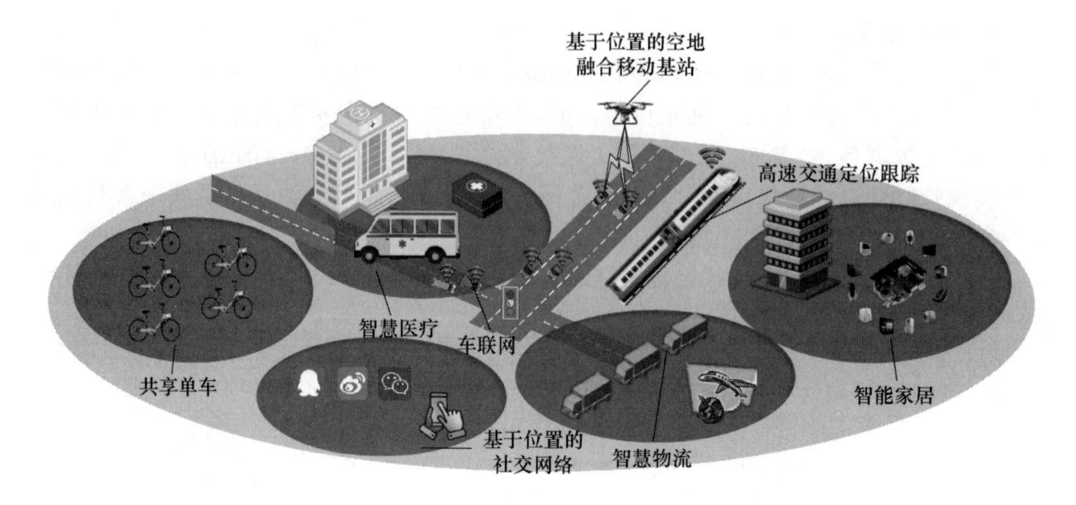

图 2.3.1 5G 及未来网络时代位置感知通信场景

出时使用互联网地图服务查找目的地，并得到最合适的到达路线。在我国，百度地图和高德地图等都能为用户提供优质的数字地图导航，并且可为用户提供附近的餐馆、加油站等场所的位置查询服务，这样的电子地图功能能够很好地满足人们的生活需求。在“找路难”的机场、地铁站等交通枢纽，室内位置感知技术可以应用于个人的导航、出行指引，同时还可以使用人流人力图分析客流量，定位精度的需求为 3～5 m[23]。

先进的 LBS 技术使电子地图不只能为人们的出行规划提供便利，还能为企业和商家提供数字营销渠道，例如，在智慧商超领域，利用位置信息不仅可以提高消费者的购物体验，还可以运用位置数据优化运营[23]。

传统的推荐系统可以为用户解决信息过滤的问题，而位置感知通信系统和移动感知推荐系统在此基础上引入了用户的位置信息，通过对用户的历史行为数据的分析，可以为其提供高质量的个性化推荐服务[24]。包括微博、美团、大众点评在内的许多软件都应用了位置感知推荐技术，可以做到根据用户的地理位置或行动轨迹得到位置信息背后的社会信息，由此得到用户兴趣爱好方面的预测，从而为用户提供较为准确的个性化推荐，大大提升了用户体验。

自动驾驶是一种有助于减轻车辆驾驶压力、保证出行安全的先进技术，而车辆的实时、精确定位是保障自动驾驶安全的基础。研究表明，获取行驶车辆自身及周围车辆的位置信息，在进入拥堵环境或发生碰撞之前对其进行预警，将能够使交通事故发生的概率降低 40%[25]。在车辆定位中，GNSS 定位系统在城市街道、立交桥等建筑物密集地区较难实现精确可靠的实时定位，随着移动通信技术的迅猛发展，车辆自组织网络(Vehicular Ad-Hoc NETworks，VANET)以无线网络技术为基础，可以实现对环境有更强适应能力的高精度车辆实时定位。另外，LBS 在智能交通管理方面也起到了重要作用，LBS 模式可以帮助用户得到当前实时路况信息，还可以协助交警根据路况对车辆进行合理疏导，减少因道路拥挤、恶劣天气等原因引起的交通事故的发生。但为了实现更高级别的自动驾驶能力，定位技术在定位精度、定位实时性、定位可靠性等方面都面临着更高的要求。

此外，LBS 在交通物流方面也很早就得到了广泛的应用，LBS 模式可以及时准确地采集货物位置信息并全方位应用于物流流程，帮助进行物流车辆管理和物流信息交互，提高物流效率，降低物流成本，实现物流业的自动化、信息化和智能化[26]。

2.3.2　救援服务

位置信息在保障公众安全方面有着至关重要的作用。早在 1996 年，美国就将移动电话定位应用于应急救援系统，这也是 LBS 最早的应用之一。当洪水、火灾、地震等自然灾害发生后，定位服务是灾后救援中的有力武器，通过精准的导航定位可以解决救援盲区问题，救援人员可以尽快提供有效救援，使受灾人员生命财产损失降到最小[27]。当人们由于突然受伤、疾病发作等意外情况的发生而急需救援时，即使失去主动求援能力，手机系统的 LBS 也可以提供精准的定位信息，帮助用户得到及时的救援。在医疗及养老行业中，位置感知主要应用于医疗机构导航服务、医护人员移动护理及查房管理、救生物资高效利用及物资追踪管理、特殊人群定位监测与及时护理等业务上，定位需求为米级定位[23]。

2.3.3　社交网络

在微信服务中，“附近的人”是一种典型的基于位置的服务功能[28]。“附近的人”功能可以定位用户所在区域，并搜索到该区域内的其他微信用户，用户之间可以通过“打招呼”进行交流，QQ、微博等社交软件中也都应用了类似的位置服务，这成为一种受欢迎的社交方式。同时，社交软件可以根据用户的位置和轨迹，为其提供潜在好友的视频、博客推荐，丰富用户的社交体验。此外，位置信息可以帮助商家确定附近的潜在消费者，并通过社交网络向其进行准确的营销推广，这对提升消费者出行体验和商家经济效益都有显著效果。

2.3.4　智能制造与工业生产

在智能制造业务中，高精度的空间位置数据是智能工厂前端感知质量的重要评价维度。借助位置感知通信技术，可以对工厂内的人、车、物、料等实现精确定位、无缝追踪、智能调配与高效协同，达到大幅提升工厂的精益生产及精细化管理水平的效果。

目前，位置感知在航空航天、汽车制造与装配、电子制造、家电制造等智能制造应用领域中均发挥了重要作用，主要体现在人员高效管理、物资物料定位追踪以及适配工具查找与防错三个方面。在智能制造领域中，位置感知有助于提高生产效率、管理供应链以及提高产品质量。智能制造对定位精度具有较高要求，需要 10～30 cm 的定位精度，且其作业场景对定位技术的抗干扰、抗遮挡能力也有较高要求[23]。

在矿井、隧道、地下管廊等工业生产场景中，工作环境通常较为恶劣，危险系数较高，位置感知在人员日常管理以及安全预警与灾后急救方面发挥了重要作用：通过对人员位置实时定位以实现人员考勤、跟踪定位、优化调配、智慧巡检，对特定区域设置人员权限及电子围栏以防止越界作业，对车辆实时定位以防止超速、人车碰撞现象发生，在危险情况发生时按区域对作业人员下发撤离命令以保障实时安全救援，对多种人员进行行为监测以预防安全事故等，有效保证作业秩序和人员安全。在矿井、隧道、地下管廊等场景下，位置感知精度需求通常为 1～3 m[23]。

2.3.5 通信性能优化

在基于位置的前摄式通信服务、基于位置的波束成形等通信应用中，位置信息起到了重要作用。在终端密集的热点高容量地区，网络资源竞争较为激烈，移动终端频繁的网络切换将会造成网络资源的损耗和网络接入时延的增大，导致终端的网络服务质量难以得到保障，通过预测终端的移动轨迹，根据终端轨迹预测可确定符合终端要求的候选网络集合，为终端提前预留相应资源，将能够减少终端因网络资源紧缺而请求网络服务失败的情况的发生，有效的路径预测可以在网络资源不变的情况下，提升终端的网络接入质量和服务质量，提高整个无线网络的性能[29]。基于位置的波束成形能够有效提升网络切换成功率，例如，在高铁环境下，当列车通过重叠区时，由于无线信号变化快，网络切换响应时间短，传统的切换算法可能会导致提前错误触发切换，网络切换成功率较低。而基于位置信息的波束成形辅助切换算法可以预判列车运行方向、触发位置及预触发起点位置，分别执行信道资源的预分配和触发判断任务，有效提升高铁环境中的网络切换成功率[30]。

无论是在人们的日常生活中，还是在工业生产中，甚至是在国防安全与军事领域中，位置感知通信技术都起着不可或缺的重要作用。随着无线通信技术的发展，基于位置的服务还将拥有更加广阔的市场。

2.4 位置感知通信挑战

随着移动通信设备数量与用户对室内外高精度位置服务需求的不断增长，位置感知通信面临着高精度定位能力的实现、定位与通信性能的协调以及定位能力的高效利用等方面的挑战。

2.4.1 高精度定位

伴随着位置感知通信对定位性能要求的不断提高，如何在现有网络基础上进一步提升定位精度是位置感知通信面临的最关键的挑战之一。基于移动通信基础设施的定位技术在不断发展当中,面向 5G 的定位技术将是实现高精度突破的有效途径,例如,毫米波通信技术可以基于大带宽实现多径组件的分离、采用定向波束成形精确获取 AoA、改善非视距路径下的定位效果[31],超密集网络高密度的蜂窝单元有助于提高用户设备的定位性能,大规模 MIMO 系统有助于解决基于 AoA 定位中的多径干扰问题[32]。如何在 5G 通信网络的基础上实现通信和定位一体化,充分利用移动网络管道和平台,实现不同异构定位技术之间的融合,是未来高精度位置感知通信的重要任务[33]。

2.4.2 定位与通信性能协调

随着通信和定位技术的快速发展,在通导一体化技术中,通信和导航的耦合程度不断加深。从 4G 系统开始,移动通信系统在设计过程中开始加入对定位功能的考虑,使定位信号与通信信号能够共存,从而实现了通信与导航的紧耦合。由于定位信号与通信信号共同占用频谱资源,如何保证通信、定位信号互不干扰,并以较少的频谱资源或复用 5G 已有的信号实现高精度定位能力,是未来位置感知通信的重要研究方向。例如,LTE 系统中加入了定位参考信号 PRS,PRS 在很短的周期内播发,以避免占用过多频带内资源,也被称为带内参考信号,如图 2.4.1(a)所示。由于带内定位信号连续播发会占用大量通信资源,降低通信容量,导致定位精度受限,因此不占用独立的频率资源的共频带定位信号被提出,如图 2.4.1(b)所示,通过在通信信号背景噪声中嵌入定位信号,使定位信号可以在通信的同时被连续捕获跟踪,从而达到在节约频谱资源的同时提升定位精度的效果。

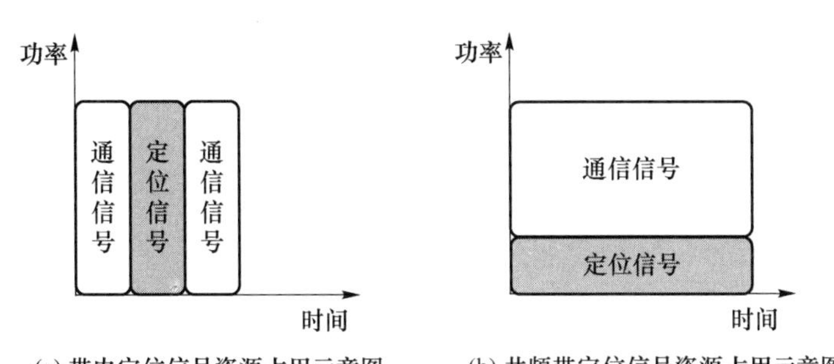

(a) 带内定位信号资源占用示意图　　(b) 共频带定位信号资源占用示意图

图 2.4.1 定位信号资源占用示意图[34]

另外,原则上任何链路参考信号均可作为定位参考信号,然而在通信过程中为了保证干扰最小化和资源优化,终端只需对单个基站进行连接,这将导致终端难以捕获足够数量的小区参考信号进行定位解算。因此,解决通信的单基站连接和定位的多基站解算形成的网络拓扑需求的矛盾是通导一体化设计中的关键挑战之一[34]。通信信号和导航信号在共同的频带内的叠加将会导致干扰的产生,例如,当接收通信信号时导航信号即为干扰信号。对系统的性能产生影响,如何改善位置感知系统内导航信号和通信信号的兼容性也是信号设计中必须考虑的问题[35]。

2.4.3 定位能力高效利用

随着定位技术的发展和社会对于基于位置服务需求的提升，如何高效利用高精度的位置信息，满足用户日常生活、工业生产以及国防安全的需求，是位置感知通信面临的重要挑战之一。另外，位置感知通信技术也可以应用于网络优化，如网络管理、无线可重构频谱、D2D通信的资源管理等，利用位置信息提高通信能力和网络效率也是位置感知通信的重要目标和关键挑战之一。

总而言之，位置感知通信技术的发展和提升将有利于满足多种垂直行业应用需求，提升网络通信服务性能，并将进一步促进新型基于位置服务的涌现。然而，尽管通信能力和定位能力在不断的发展之中，位置感知通信在应用中仍然存在巨大挑战，在5G/B5G及未来网络关键技术的推动下，位置感知通信技术还需做出进一步的探索和研究。

本章参考文献

[1] 田晨冬，李克昭．卫星导航与5G的融合在位置服务中的应用[C]//中国卫星导航系统管理办公室学术交流中心．第十一届中国卫星导航年会论文集——S02导航与位置服务．中国卫星导航系统管理办公室学术交流中心：中科北斗汇(北京)科技有限公司，2020：5.

[2] IMT-2020 (5G) Promotion Group. White Paper on 5G Concept[S]. 2015.

[3] 刘晓峰，孙韶辉，杜忠达，等．5G无线系统设计与国际标准[M]．北京：人民邮电出版社，2019.

[4] 江天明，邓伟．5G独立组网(SA)与非独立组网(NSA)研究[C]//TD产业联盟、《移动通信》杂志社．5G网络创新研讨会(2018)论文集．TD产业联盟、《移动通信》杂志社：中国电子科技集团公司第七研究所《移动通信》杂志社，2018：5.

[5] IMT vision-framework and overall objectives of the future development of IMT for 2020 and beyond: ITU-R M. 2083-0[R]. 2015.

[6] 赛迪智库无线电管理研究所．6G概念及愿景白皮书[R]．2020.

[7] 刁倩倩．5G促进VR/AR产业融合发展[J]．上海信息化，2020(5)：14-16.

[8] 杨月洲，文凤祥，杨思源，等．线上购物新体验——AR+VR购物的创新发展研究[J]．河南科技，2020(14)：24-26.

[9] 陆平，李建华，赵维铎．5G在垂直行业中的应用[J]．中兴通讯技术，2019，25(1)：67-74.

[10] 宋鹏飞．当工业物联网遇上5G[J]．中国招标，2019(19)：19-22.

[11] 王国法，赵国瑞，胡亚辉．5G技术在煤矿智能化中的应用展望[J]．煤炭学报，2020，45(1)：16-23.

[12] 常亮. 5G 技术在山钢日照公司的应用[J]. 山东冶金,2020,42(2):55-57.

[13] 王宏延,顾舒娴,完颜绍澎,等. 5G 技术在电力系统中的研究与应用[J]. 广东电力,2019,32(11):78-85.

[14] Habibi M A, Nasimi M, Han B, et al. A Comprehensive Survey of RAN Architectures Toward 5G Mobile Communication System[J]. IEEE Access, 2019(7):70371-70421. doi: 10.1109/ACCESS.2019.2919657.

[15] 刘彩霞,胡鑫鑫. 5G 网络切片技术综述[J]. 无线电通信技术,2019,45(6):569-575.

[16] MARZETTA T L. Noncooperative cellular wireless with unlimited numbers of base station antennas[J]. IEEE Transactions on Wireless Communications, 2010, 9 (11): 3590-3600.

[17] 王茜竹,邱聪聪,黄德玲. 面向 5G 的大规模 MIMO 关键技术研究分析[J]. 电子技术应用,2017,43(7):24-27.

[18] 谢莎,李浩然,李玲香,等. 面向 6G 网络的太赫兹通信技术研究综述[J]. 移动通信,2020,44(6):36-43.

[19] 刘秋妍,张忠皓,李福昌,等. 基于区块链的 6G 动态频谱共享技术[J]. 移动通信,2020,44(6):44-47.

[20] 蔡亚芬,胡博然,郭延东. 6G 展望:愿景需求、应用场景及关键技术[J]. 数字通信世界,2020(9):53-55.

[21] 曹红杰,陈应东,刘丹. 位置服务——理论、技术与实践[M]. 北京:科学出版社,2015.

[22] 赵军辉,李一博,王海明,等. 6G 定位的潜力与挑战[J]. 移动通信,2020,44(6):75-81.

[23] 中兴通讯股份有限公司,中国移动通信有限公司研究院. 5G 室内融合定位白皮书[R]. 2020.

[24] 马鑫迪. 移动感知推荐系统中隐私保护研究[D]. 西安:西安电子科技大学,2018.

[25] LI Linjing, LI Xin, CHENG Changjian, et al. Research collaboration and ITS topic evolution: 10 years at T-ITS [J]. IEEE Transactions on Intelligent Transportation Systems, 2010, 11 (3): 517-523. doi: 10.1109/TITS.2010.2059070.

[26] 郝强,李亚春. 定位技术在物联网中的应用现状与发展前景[J]. 数字通信世界,2018(7):193.

[27] 邓中亮. 导航与位置服务现状与发展[J]. 卫星应用,2016(2):41-45.

[28] 哈吉德玛. 基于位置服务(LBS)的应用研究[J]. 现代信息科技,2019,3(4):61-62.

[29] 何芬,程良伦,王涛. 业务驱动的密集移动终端网络资源预留方法[J]. 计算机工程,2019,45(9):87-94.

［30］ 王瑞峰，席皓哲，姚军娟，等. 基于位置信息与波束赋形辅助的 LTE-R 切换算法研究[J]. 云南大学学报(自然科学版)，2019，41(6)：1137-1143.

［31］ Abu-Shaban Z，Zhou X，Abhayapala T，et al. Error bounds for uplink and downlink 3D localization in 5G millimeter wave systems[J]. IEEE Transactions on Wireless Communications，2018，17(8)：4939-4954.

［32］ 程飞，章平，陈新泉，等. 5G 移动通信系统中协作定位技术展望[J]. 天津理工大学学报，2020，36(2)：45-51.

［33］ 欧阳俊，陈诗军，黄晓明，等. 面向 5G 移动通信网的高精度定位技术分析[J]. 移动通信，2019，43(9)：13-17.

［34］ 尹露，马玉峥，李国伟，等. 通信导航一体化技术研究进展[J]. 导航定位与授时，2020(4)：1-14.

［35］ 刘江. 频域复合的通导一体化 OFDM 调制方法[D]. 武汉：华中科技大学，2019.

第3章

无线通信系统中的定位技术

随着物联网和移动互联网相关技术的快速发展，定位技术已经逐渐从军事、航空航海等领域走进人们的日常生活当中。随着越来越多的定位需求的出现，定位技术变得越来越重要。本章主要介绍定位技术中的各种定位方法的原理，并加以仿真验证方法的可行性。在3.1节中，主要讨论网络定位的可行性条件，结合刚性图理论证明网络拓扑具有唯一可解性。在3.2节中，主要介绍定位系统需要的参数估计方法，包括到达时间、到达角度、指纹库、载波相位等，还推导了参数估计的克拉美罗下界。在估计出定位系统所需要的参数之后，将这些参数传入相应的定位方法，就可以实现待测节点的定位。相应地在3.3节中，对这些定位方法进行介绍。通过跟踪用户，获得用户的位置信息可以带来巨大的商业价值，同时为用户提供更加便捷的服务。在3.4节中，介绍位置跟踪技术、针对基于地理位置的社交网络，并介绍两种位置预测算法。

3.1 网络可定位性

随着无线通信技术的发展，网络中节点的联系更加紧密，节点之间可以相互协作实现定位。节点协作的无线定位指的是在蜂窝网、无线局域网等多种网络中的节点相互协作的场景下，根据无线信号、利用无线定位技术来确定物体的物理位置。网络中节点的相互协作为无线定位提供了更加丰富的参考信息，但为无线定位技术带来了参考信息可靠度不同、信息误差累计传播、高信息交互开销等新的挑战。网络定位的一个关键问题是网络拓扑是否具有唯一可解性，即待定位终端的位置能够被唯一确定下来。考虑到实际环境的复杂性和随机性，有时很难获得充足的视距(Line of Sight，LoS)测量信息来进行唯一定位，此时在某些场景下不得不采用非视距(Not Line of Sight，NLoS)测量信息。但是NLoS测量信息的误差较大，会使定位精度严重恶化。随着网络多元化的发展和用户终端数量的激增[1-3]，可以通过网络中的节点协作来解决理想参考点数量有限的问题，保证网络实现唯一定位的拓扑要求，例如，除了传统的蜂窝基站，还可以通过无线接入点、中继站和其他用户终端等小范围传输节点提供的相关LoS信息进行定位。

刚性图理论被证明是一种判断网络拓扑是否具有唯一可解性(实现唯一定位)的有效工具[4-6]。下面给出刚性图理论中的几个重要概念,它们将被应用于后面的分析之中。

- 全局刚性图:以最严格的方式约束节点之间的相对位置[4],是保证图中各节点唯一定位的必要条件。
- 刚性图:图中节点位置存在有限的不确定性。
- 冗余刚性图:一个刚性图去掉任何一条边后,仍然能够保持刚性,则称其为冗余刚性图。
- k 连接图:如果一个图去掉任意 n 个顶点且 $n\leqslant k-1$,它仍能保持连接,则这个图是 k 连接图,也可以说这个图的点连通为 k。

下面基于刚性图理论对网络定位唯一性进行介绍。将网络中的所有节点(终端)分为站点类和用户类两种。站点类包括蜂窝网络中的基站、无线接入点等网元节点,通常这些节点都已知自身精确的位置信息。而用户类是由各个网络中位置信息未知的用户终端组成的。基于此,将站点类节点及其之间的连接关系记为站点子图 $G_B=(V_B, E_B)$,其中 V_B是所有站点类节点,E_B是 V_B中节点之间的连接边;将所有用户类节点及其之间的连接关系记为用户子图 $G_U=(V_U, E_U)$,其中 V_U是所有用户类节点,E_U是 V_U中节点之间的连接边;协作子图 $G_C=(V_C, E_C)$,其中 E_C代表站点类节点和用户类节点的连接边,即连接 G_B和 G_U。图 3.1.1 给出了一个具体实例,图 $G=(V, E)$,其中 $V_B=\{A,B,C\}$,$V_U=\{D,E,F\}$,E_B中元素用---表示,E_U中元素用-·-表示,E_C中元素用—表示。

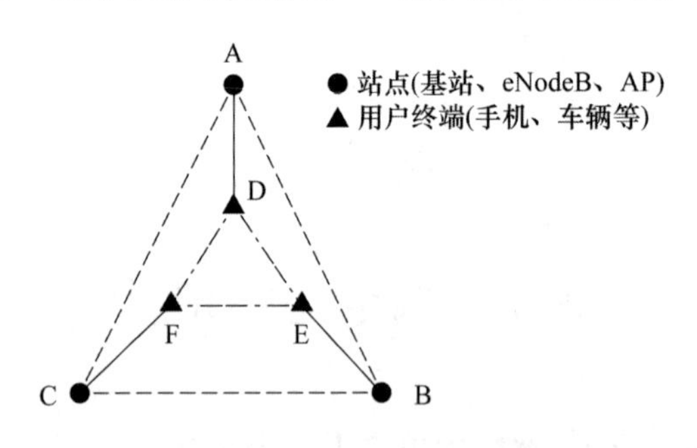

图 3.1.1 网络拓扑结构图

此外,针对节点协作网络全局交互开销大的问题,节点协作网络多采用分布协作定位。分布式算法的本质是在网络中不存在控制节点,各节点可通过与相邻节点进行局部信息交互,在用户终端完成定位[7],所以,应首先通过图分割来获得局部子图,此处命名为顶点导出子图。

图 G 中包含 m 个目标节点(用户终端),每个目标节点与其直接相关联的边和顶点可以组成一个本地子图,定义为顶点导出子图。数学表达为图 $G=(V, E)$,其中 $V=V_B\cup V_U$,$|V_B|=n$, $|V_U|=m$。把点集合 V_U分割成 m 个分别含有 m 个待定位目标节点的子图。第 i 个顶点导出子图 $G_i=(V_i, E_i)$,$i=1,2,\cdots,m$,其中 V_i是包含第 i 个目标节点和与其直接连接的所有相邻节点 $j\in\phi(i)$所构成的点集,$\phi(i)$是节点 i 的相邻节点构成的集合;E_i是 V_i所有节点中可进行直接连接的边集。

通过构建顶点导出子图,针对每个顶点导出子图分别进行定位(如在第 i 个顶点导出子图中只把第 i 个用户终端看作目标节点,其他节点都看作参考点),并通过各个子图的公共边进行信息交互。

基于以上节点分类、顶点导出子图和刚性图理论[4-6],定理1推导出基于分类拓扑信息和局部拓扑信息的实现节点协作网络唯一定位的必要条件。

定理1: 将节点协作网络抽象为一个二维平面图 $G=(V, E)$,其点形成(Point Formation[4-6])记作 $F_{\mathrm{p}}(G)$。其中站点子图为 $G_{\mathrm{B}}=(V_{\mathrm{B}}, E_{\mathrm{B}})$ 且 $|V_{\mathrm{B}}|=n$,其点形成记为 $F_{\mathrm{p}}(G_{\mathrm{B}})$;用户子图为 $G_{\mathrm{U}}=(V_{\mathrm{U}}, E_{\mathrm{U}})$ 且 $|V_{\mathrm{U}}|=m$,其点形成记作 $F_{\mathrm{p}}(G_{\mathrm{U}})$;协作子图为 $G_{\mathrm{C}}=(V_{\mathrm{C}}, E_{\mathrm{C}})$,其点形成记作 $F_{\mathrm{p}}(G_{\mathrm{C}})$,则

(1) 图 G 是刚性图的充要条件是

$$\operatorname{rank} \boldsymbol{R}(F_{\mathrm{p}}(G_{\mathrm{U}}))+\operatorname{rank} \boldsymbol{R}(F_{\mathrm{p}}(G_{\mathrm{C}}))=2m \tag{3.1.1}$$

其中,$\boldsymbol{R}(F_{\mathrm{p}}(G_{\mathrm{U}}))$ 和 $\boldsymbol{R}(F_{\mathrm{p}}(G_{\mathrm{C}}))$ 分别为图 G_{U} 和 G_{C} 的刚性矩阵,$\operatorname{rank} \boldsymbol{R}(\cdot)$ 代表刚性图的秩。

(2) 当 $m \geqslant 2$ 时,将图 $G=(V, E)$ 分解为 m 个顶点导出的子图,其中第 i 个顶点导出子图记为 $G_i=(V_i, E_i)$,$i=1,2,\cdots,m$。则节点协作网络实现唯一定位的必要条件是各个顶点导出子图的所有边之和满足 $\sum_{i=1}^{m}|E_i| \leqslant 2|E|-n(n-1)-4$。

(3) 当 $m \geqslant 3$ 时,节点协作网络实现唯一定位的必要条件是至少有3个用户类节点与站点子图建立连接。

定理2: 如果一个平面图具有不少于4个顶点,那么它是全局刚性图的充要条件为:冗余刚性且每个节点的度数不大于3。

定理3: 一个网络可以被唯一定位的充要条件是:该网络所对应的距离图是全局刚性的,且该网络至少包含3个已知位置的节点。

定理1证明如下。

(1) 在二维平面中图 $G=(V, E)$,$|V|=n+m$,$F_{\mathrm{p}(G)}$ 是图 G 对应的一个点形成,$\boldsymbol{p}_i$ 是第 i 个节点的位置,可以得出

$$(\boldsymbol{p}_i-\boldsymbol{p}_j)^{\mathrm{T}}(\boldsymbol{p}_i-\boldsymbol{p}_j)=d_{ij}^2 \tag{3.1.2}$$

其中,d_{ij} 是第 i 个节点与第 j 个节点之间的距离。通过对式(3.1.2)线性化得到

$$(\boldsymbol{p}_i-\boldsymbol{p}_j)^{\mathrm{T}}(\dot{\boldsymbol{p}}_i-\dot{\boldsymbol{p}}_j)=0 \tag{3.1.3}$$

其中,$(\dot{\boldsymbol{p}}_1, \dot{\boldsymbol{p}}_2, \cdots, \dot{\boldsymbol{p}}_n)$ 位于 F_{p} 的正切空间。由此可得整个网络中各点的线性连接关系为

$$\boldsymbol{R}(F_{\mathrm{p}})\dot{\boldsymbol{p}}=0 \tag{3.1.4}$$

其中 $\dot{\boldsymbol{p}}(\dot{\boldsymbol{p}}_1, \dot{\boldsymbol{p}}_2, \cdots, \dot{\boldsymbol{p}}_n)$,将 $\boldsymbol{R}(F_{\mathrm{p}})$ 记作点形成 F_{p} 的刚性矩阵[4]。相似地可以求出 $\boldsymbol{R}(F_{\mathrm{p}}(G_{\mathrm{B}}))$、$\boldsymbol{R}(F_{\mathrm{p}}(G_{\mathrm{U}}))$ 和 $\boldsymbol{R}(F_{\mathrm{p}}(G_{\mathrm{C}}))$。

由于图 G 中各边是独立的,可以得出

$$\operatorname{rank} \boldsymbol{R}(F_{\mathrm{p}}(G))=\operatorname{rank} \boldsymbol{R}(F_{\mathrm{p}}(G_{\mathrm{B}}))+\operatorname{rank} \boldsymbol{R}(F_{\mathrm{p}}(G_{\mathrm{U}}))+\operatorname{rank} \boldsymbol{R}(F_{\mathrm{p}}(G_{\mathrm{C}})) \tag{3.1.5}$$

其中,$\operatorname{rank} \boldsymbol{R}(\cdot)$ 代表刚性图矩阵的秩。

图 G 是刚性图的充要条件为[4,5]

$$\operatorname{rank} \boldsymbol{R}(F_{\mathrm{p}}(G))=2(n+m)-3 \tag{3.1.6}$$

此外，因为站点子图 G_{B} 是一个完全图，可以求得

$$\operatorname{rank} \boldsymbol{R}(F_{\mathrm{p}}(G_{\mathrm{B}}))=2n-3e \tag{3.1.7}$$

将式(3.1.6)和式(3.1.7)代入式(3.1.5)得

$$\operatorname{rank} \boldsymbol{R}(F_{\mathrm{p}}(G_{\mathrm{U}}))+\operatorname{rank} \boldsymbol{R}(F_{\mathrm{p}}(G_{\mathrm{C}}))=2m \tag{3.1.8}$$

公式(3.1.8)是图 G 为刚性图的充要条件。

(2) 网络实现唯一定位等价于其抽象图 G 是全局刚性图。若图 G 是全局刚性图，则其满足冗余刚性图并且点连通度至少为 3[4,6]。因此即使从其协作子图 G_{C} 中任意删去一条边 e，新产生的图仍是刚性图且不会产生孤立顶点，记为 $G'=(V, E')$。

• 对于 $m\geqslant 3$ 的情况：

G_{U} 为刚性图时可得到最大的 $\operatorname{rank} \boldsymbol{R}(F_{\mathrm{p}}(G_{\mathrm{U}}))=2m-3$；$G_{\mathrm{U}}$ 为树图时可得到最小的 $\operatorname{rank} \boldsymbol{R}(F_{\mathrm{p}}(G_{\mathrm{U}}))=m-1$。结合式(3.1.8)可以得到

$$3\leqslant \operatorname{rank} \boldsymbol{R}(F_{\mathrm{p}}(G_{\mathrm{C}}))\leqslant m+1 \tag{3.1.9}$$

考虑被删去的边 e 可以是图 G 中的任意一条边，所以 E_{C} 中至少要包含 4 条边，即 $|E_{\mathrm{C}}|\geqslant 4$。

• 对于 $m=2$ 的情况：

此时 G_{U} 只可能为树图且 $\operatorname{rank} \boldsymbol{R}(F_{\mathrm{p}}(G_{\mathrm{U}}))=1$。结合公式(3.1.8)可以推出 $\operatorname{rank} \boldsymbol{R}(F_{\mathrm{p}}(G_{\mathrm{C}}))=3$。考虑被删去的边 e 可以是图 G 中任意一条边，所以 E_{C} 中至少要包含 4 条边，即 $|E_{\mathrm{C}}|\geqslant 4$。

综上所述，当 $m\geqslant 2$ 时，网络实现唯一定位的必要条件是 $|E_{\mathrm{C}}|\geqslant 4$。

又由于站点子图是完全图，所以其边的数量为[8]

$$|E_{\mathrm{B}}|=\frac{n(n-1)}{2} \tag{3.1.10}$$

用户子图中的每一条边都会出现在两个顶点导出子图中，所以用户子图中边的数量为

$$|E_{\mathrm{U}}|=\frac{\sum_{i=1}^{m} q_i}{2} \tag{3.1.11}$$

其中，q_i 是第 i 个顶点导出子图中用户终端间的边的数量。

协作子图中的每一条边都会出现在两个顶点导出子图中，所以用户子图中边的数量为

$$|E_{\mathrm{C}}|=\sum_{i=1}^{n} l_i \tag{3.1.12}$$

其中，l_i 是第 i 个顶点导出子图中的用户终端和站点之间边的数量。

第 i 个顶点导出子图中边的总数量 $|E_i|$ 为

$$|E_i|=l_i+q_i \tag{3.1.13}$$

可以得出，图 G 中边的总数量

$$|E|=|E_B|+|E_U|+|E_C|=\frac{n(n-1)}{2}+\frac{\sum_{i=1}^{m}q_i}{2}+\sum_{i=1}^{m}l_i \tag{3.1.14}$$

即

$$|E_C|=\sum_{i=1}^{n}l_i=2|E|-n(n-1)-\sum_{i=1}^{n}(l_i+q_i)=2|E|-n(n-1)-\sum_{i=1}^{n}|E_i| \tag{3.1.15}$$

由上述分析可知，当 $m\geqslant 2$ 时，节点网络实现唯一定位的必要条件是 $|E_C|\geqslant 4$，结合式(3.1.15)可得

$$\sum_{i=1}^{m}|E_i|\leqslant 2|E|-n(n-1)-4 \tag{3.1.16}$$

即节点协作网络实现唯一定位的必要条件为式(3.1.16)。

(3)图 G 是全局刚性的充分必要条件是图 G 的点连通度为 3 且为冗余刚性[4,5]。所以，如果仅有 1 个或 2 个用户节点与站点节点建立连接，删除的 1 条或 2 条边中恰好包含所有这样的节点，则图 G 变成非连通图，这与图 G 的点连通度为 3 相矛盾。因此，需要至少 3 个用户终端与站点子图保持连接。所以，当 $m\geqslant 3$ 时，图 G 是全局刚性图的必要条件是至少有 3 个用户类节点与站点子图建立连接。

3.2 测量参数估计

3.2.1 ToA 参数估计

到达时间(Time of Arrival，ToA)是测距类定位方法的常用参量。由于已知传播信号的速度，通过测量该信号从发射机传播到接收机所经历的时间，就可以计算出发射机到接收机之间的距离。计算出各个接收机到发射机的距离后，便可以通过三边定位等基于测距的位置解算方法计算出目标节点的位置坐标。在无线通信系统中，信号采用电磁波形式进行传播。电磁波传播的速度很快，较小的时间误差会导致距离上很大的误差，因此，这种测距方法的基本问题就是如何精确地估计出电磁波信号的传播时间。一般的 ToA 估计系统中主要有两种系统结构，即单程传播的到达时间估计方式和往返传播的到达时间估计方式。对于到达时间的估计方法，常用的典型算法有采用快速傅里叶变换的到达时间估计方法和基于 PN 序列的到达时间估计方法等传统方法以及基于多重信号分类(Multiple Signal Classification，MUSIC)算法的到达时间估计算法和基于基于旋转不变技术的信号参数估计(Estimating Signal Parameter via Rotational Invariance Technique，ESPRIT)的到达时间估计算法等空间谱估计算法。

1. 系统结构

在单程传播的到达时间估计方式中，发射机和接收机分别处于两个目标中，系统结

构比较简单，如图 3.2.1 所示。为了实现精确的到达时间估计，该系统结构要求发射机和接收机之间严格时钟同步。到达时间估计的过程为发射机发射一个已知信号，信号经过时延 $\Delta\tau$ 后传播到接收机，接收机接收到信号利用相应的到达时间估计算法估计出到达时间τ_d。在已知传播速度 v 的条件下，那么利用公式 $d=v\cdot\tau_d$ 计算便可得到发射机到接收机之间的距离。

与单程传播的到达时间估计方式不同，在往返传播的到达时间估计方式中，发射机和接收机处于同一个目标中，如图 3.2.2 所示。该系统结构的一个明显优势就是不要求发射机和接收机之间的时钟同步。到达时间估计的过程是发射机发射一个已知信号，信号经过时延 $\Delta\tau$ 到达另外的终端，该终端经过转发时延τ_s将信号发出，信号再经过时延 $\Delta\tau$ 到达发射机所处终端的接收机，接收机接收到信号利用相应的到达时间估计算法估计出到达时间τ_d。在已知传播速度 v 的条件下，那么利用公式 $d=v\cdot\frac{\tau_d-\tau_s}{2}$ 计算得到发射机到接收机之间的距离。该系统结构虽然较复杂，但是由于估计的是往返的时延，对于 $\Delta\tau$ 的估计误差往往较小。

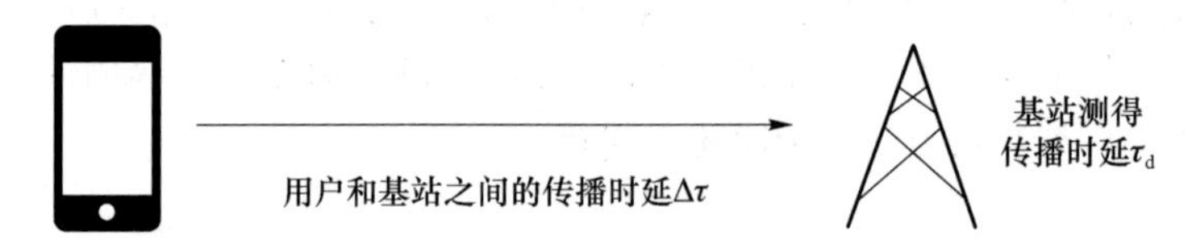

图 3.2.1　到达时间测量(发射机和接收机处于不同目标)

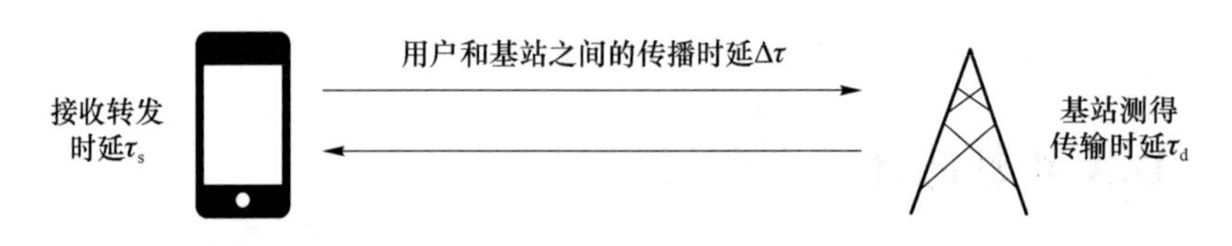

图 3.2.2　到达时间测量(发射机和接收机处于同一目标)

下面简单介绍传统到达时间估计算法中的 PN 序列法和超分辨率算法中的 MUSIC 算法以及该算法的改进方案。

2. 基于 PN 序列的 ToA 估计算法

基于 PN 序列的算法是一种传统的到达时间估计算法。其原理是发射机产生 PN 序列，调制成到达时间估计信号之后发射出去，接收机接收到到达时间估计信号，提取基带序列，将其与本地 PN 序列做相关检测，通过搜索相关峰位置来估计到达时间。设 PN 序列码片周期为T_c，本地序列为 $x(n)$，$n=0,\cdots,N-1$，接收机接收到的序列为 $r(n)$，则本地序列与接收序列之间的相关函数为

$$C(m)=\left|\sum_{n=0}^{N-1}x(n)r(n+m)\right| \tag{3.2.1}$$

则到达时间估计信号由发射机传播到接收机时，序列经过的码片周期数为

$$d=\arg\max_{m} C(m) \tag{3.2.2}$$

则到达时间估计为

$$\Delta\tau = dT_s \tag{3.2.3}$$

由此可见,基于 PN 序列的到达时间估计算法的分辨率与 PN 序列的码片周期T_s有关或者说与信道带宽有关。当两条多径的到达时间差小于一个码片周期时,基于 PN 序列的到达时间估计算法无法进行区分。所以当 PN 序列的码片周期T_s较大或信道带宽较窄时,到达时间估计的分辨率较低,反之,当 PN 序列的码片周期T_s较小时或信道带宽较宽时,到达时间估计的分辨率较高。所以如需提高基于 PN 序列的到达时间估计系统的分辨率,可以通过减小 PN 序列码片周期T_s或增加系统带宽来实现。

3. 基于 MUSIC 的 ToA 估计算法

MUSIC 算法属于空间谱估计理论范畴,是一种非常经典的超分辨率算法。它是由 Schmidt 和 Bienvenu 等人在 1979 年提出的。传统的基于 MUSIC 的 ToA 估计算法是首先对信道的频域响应进行采样,然后对采样数据进行自相关运算,得到自相关矩阵,通过对自相关矩阵进行特征值分解将其分解为信号子空间和噪声子空间,利用信号子空间和噪声子空间相互独立且正交的性质构造伪谱函数,从而估计出到达时间。下面介绍超分辨率到达时间估计算法的原理。

首先,多径环境下电磁波信号传播信道的等效低通传递函数可以表示为

$$h(t) = \sum_{k=0}^{L_p-1} \alpha_k \delta(t-\tau_k) \tag{3.2.4}$$

其中,L_p为多径的数量,α_k为第 k 条传播路径的衰减因子,τ_k为第 k 条传播路径的时间延迟,按照 0 到L_p-1 升序排列,直达路径时延为τ_0。α_k可以表示为

$$\alpha_k = |\alpha_k| e^{j\theta_k} \tag{3.2.5}$$

其中,θ_k为第 k 条传播路径的衰减因子的相位,在$[0,2\pi]$上服从均匀分布。

则发射机发射的电磁波信号经过多径信道后,接收机接收到的信号可以表示为

$$x(t) = s(t) \otimes h(t) + w(t) = \sum_{k=0}^{L_p-1} \alpha_k s(t-\tau_k) + w(t) \tag{3.2.6}$$

在上述参数中,α_k和τ_k为时变函数,但是它们的变化率和测量的时间间隔相比很慢,所以在一次测量中可以认为是时不变的。

发射机发射的电磁波信号到达接收机的过程可以看成电磁波信号通过一个低通滤波器,其传递函数如式(3.2.4)所示。

对式(3.2.4)作傅里叶变换得到等效低通多径信道的冲激响应:

$$x(l) = H(f_l) + w(l) = \sum_{k=0}^{L_p-1} \alpha_k\, e^{-j2\pi(f_0+l\Delta f)\tau_k} + w(l) \tag{3.2.7}$$

其中,l 取值为 $0\sim L-1$,L 为取样点的个数,f_0为信道的中心频率,Δf 为频域取样的间隔。

离散的信道频域响应可以表示为向量的形式:

$$\boldsymbol{x} = \boldsymbol{H} + \boldsymbol{w} = \boldsymbol{V}\boldsymbol{a} + \boldsymbol{w} \tag{3.2.8}$$

其中,

$$\boldsymbol{x} = (x(0), x(1), \cdots, x(L-1))^{\mathrm{T}}$$

$$\boldsymbol{H}=(H(f_0),H(f_1),\cdots,H(f_{L-1}))^{\mathrm{T}}$$

$$\boldsymbol{w}=(w(0),w(1),\cdots,w(L-1))^{\mathrm{T}}$$

$$\boldsymbol{V}=(v(\tau_0),v(\tau_1),\cdots,v(\tau_{L_{\mathrm{p}}-1}))^{\mathrm{T}}$$

$$\boldsymbol{v}(\tau_k)=(1,\mathrm{e}^{-\mathrm{j}2\pi\Delta f\tau_k},\cdots,\mathrm{e}^{-\mathrm{j}2\pi(L-1)\Delta f\tau_k})^{\mathrm{T}}$$

$$\boldsymbol{a}=(\alpha'_0,\alpha'_1,\cdots,\alpha'_{L_{\mathrm{p}}-1})^{\mathrm{T}}$$

其中，$\alpha'_k=\alpha_k\mathrm{e}^{-\mathrm{j}2\pi f_0\tau_k}$且符号 T 表示对矩阵进行转置操作。

基于 MUSIC 的超分辨率到达时间估计算法是基于 $\boldsymbol{x}$ 的自相关矩阵的估计算法，$\boldsymbol{x}$ 的自相关矩阵$\boldsymbol{R}_{xx}$可以表示为

$$\boldsymbol{R}_{xx}=E\{\boldsymbol{x}\,\boldsymbol{x}^{\mathrm{H}}\}=\boldsymbol{VAV}^{\mathrm{H}}+\sigma_w^2\boldsymbol{I} \tag{3.2.9}$$

其中，H 表示对矩阵的共轭转置操作，即埃尔米特运算，σ_w^2为加性高斯白噪声的方差，$\boldsymbol{I}$ 为单位矩阵。

矩阵 $\boldsymbol{A}$ 可以表示为

$$\boldsymbol{A}=E\{\boldsymbol{a}\,\boldsymbol{a}^{\mathrm{H}}\}=\mathrm{diag}(\alpha_0^2,\alpha_1^2,\cdots,\alpha_{L_{\mathrm{p}}-1}^2) \tag{3.2.10}$$

由于每条传输路径的传输时延τ_k都不一样，那么矩阵 $\boldsymbol{V}$ 是满秩的，即矩阵 $\boldsymbol{V}$ 的列向量是线性无关的。如果我们假设每条路径的衰减因子α_k的绝对值是固定的，相位是在$[0,2\pi]$上均匀分布的，那么L_{p}维矩阵 $\boldsymbol{A}$ 是可逆矩阵。依据线性代数的知识，假设 $L>L_{\mathrm{p}}$，则矩阵 $\boldsymbol{VAV}^{\mathrm{H}}$的秩为$L_{\mathrm{p}}$，相当于 $\boldsymbol{VAV}^{\mathrm{H}}$进行特征值分解时，有$L_{\mathrm{p}}$个非零的特征值和 $L-L_{\mathrm{p}}$个等于零的特征值。那么自相关矩阵$\boldsymbol{R}_{xx}$有 $L-L_{\mathrm{p}}$个等于σ_w^2的特征值。我们把 $L-L_{\mathrm{p}}$个等于σ_w^2的特征值所对应的特征向量所构成的空间叫作噪声子空间，另外的 L 个特征值对应的特征向量所构成的空间叫作信号子空间。因此，离散频域信道响应可以分解在两个子空间中。噪声子空间的投影矩阵可以由下式确定：

$$\boldsymbol{P}_w=\boldsymbol{Q}_w(\boldsymbol{Q}_w^{\mathrm{H}}\boldsymbol{Q}_w)^{-1}\boldsymbol{Q}_w^{\mathrm{H}}=\boldsymbol{Q}_w\boldsymbol{Q}_w^{\mathrm{H}} \tag{3.2.11}$$

其中，$\boldsymbol{Q}_w=(\boldsymbol{q}_{L_{\mathrm{p}}},\boldsymbol{q}_{L_{\mathrm{p}}+1},\cdots,\boldsymbol{q}_{L-1})$，$q_k$为噪声特征向量，$L_{\mathrm{p}}\leqslant k\leqslant L-1$。

由于 $\boldsymbol{v}(\tau_k)$一定位于信号子空间，$0\leqslant k\leqslant L_{\mathrm{p}}-1$，且噪声子空间和信号子空间具有相互独立和正交的性质，利用该性质可以得到：

$$\boldsymbol{P}_w\boldsymbol{v}(\tau_k)=0 \tag{3.2.12}$$

将其取倒数可构造伪谱函数：

$$S_{\mathrm{MUSIC}}(\tau)=\frac{1}{\|\boldsymbol{P}_w\boldsymbol{v}(\tau)\|^2}=\frac{1}{\boldsymbol{v}^{\mathrm{H}}(\tau)\,\boldsymbol{P}_w\boldsymbol{v}(\tau)}=\frac{1}{\|\boldsymbol{Q}_w^{\mathrm{H}}\boldsymbol{v}(\tau)\|^2}=\frac{1}{\sum\limits_{k=0}^{L_{\mathrm{p}}-1}|\boldsymbol{q}_k^{\mathrm{H}}\boldsymbol{v}(\tau)|^2} \tag{3.2.13}$$

伪谱函数的第一个峰值所对应的时间即频域 MUSIC 超分辨率到达时间估计算法所估计的到达时间。

图 3.2.3 所示是频域 MUSIC 超分辨率到达时间估计系统接收机的功能框图。超分辨率算法用于将信道的频域响应转换成时域的伪谱函数。通过检索时域伪谱函数的第一个峰值来获得所估计的到达时间。图 3.2.4 是频域 MUSIC 超分辨率到达时间估计算法的功能框图。

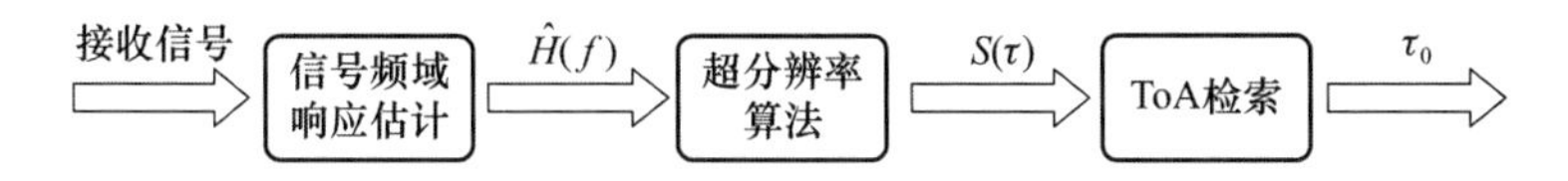

图 3.2.3 频域 MUSIC 超分辨率到达时间估计系统接收机的功能框图

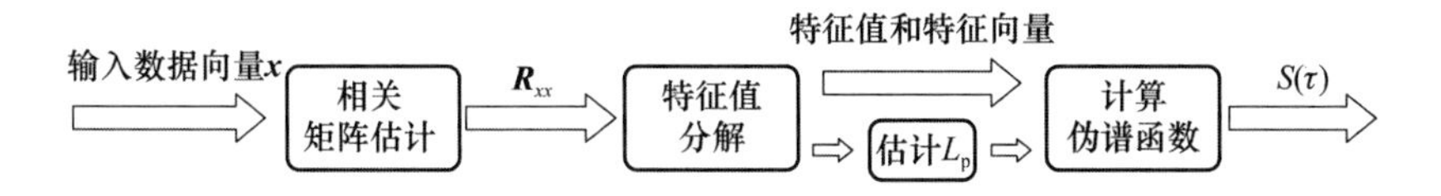

图 3.2.4 频域 MUSIC 超分辨率到达时间估计算法的功能框图

4. 基于 MUSIC 的 ToA 估计算法的改进算法

为了进一步提高 MUSIC 算法的时域分辨率，提出了两种改进方案：有限数据下自相关矩阵的改进估计和 EV(EigenValue)方法。

如果我们有 P 个对于信道频域响应的快拍，那么可以通过下面的式子来估计自相关矩阵$\boldsymbol{R}_{xx}$：

$$\boldsymbol{R}_{xx} = \frac{1}{P}\sum_{k=1}^{P} \boldsymbol{x}^{(k)} \boldsymbol{x}^{(k)\mathrm{H}} \tag{3.2.14}$$

如果为了满足到达时间估计的即时性，可只利用单个快拍内长度为 N 的信道频域响应的快拍，将快拍的数据序列分为 M 个长度为 L 的片段，则自相关矩阵$\boldsymbol{R}_{xx}$可以由式(3.2.15)确定：

$$\boldsymbol{R}_{xx} = \frac{1}{M}\sum_{k=0}^{M-1} \boldsymbol{x}(k)\boldsymbol{x}(k)^{\mathrm{H}} \tag{3.2.15}$$

其中，$M=N-L+1$，$\boldsymbol{x}(k)=(\boldsymbol{x}(k),\cdots,\boldsymbol{x}(k+L-1))^{\mathrm{T}}$。

对于只有一个信道频域响应快拍来估计自相关矩阵的情况，所需要的频域信道响应数据是对一定宽度的频带上的信道响应进行频域采样所得到的。与奈奎斯特抽样准则类似，为了避免时域混叠，频域的采样间隔 Δf 要满足 $1/\Delta f \geqslant 2\tau_{\max}$，$\tau_{\max}=\max\{\tau_k\}$，$k=0,1,\cdots,L_{\mathrm{p}}-1$。例如，对于室内定位应用，频域信道响应的取样间隔 Δf 取 1 MHz，根据 Δf 要满足的条件，所要估计的到达时间不能大于 500 ns，等价于所测量的距离不能大于 150 m。对于一个带宽为 20 MHz 的信道，信道频域响应的快拍长度为 21，这是远远不能准确估计自相关矩阵的。所以在实际应用中需采用相关技术以提高超分辨率算法中自相关矩阵的估计。

对于有限测量数据条件下的估计，如果我们只有一个长度为 N 的信道频域采样数据，那么在估计到达时间时，首先需要确定自相关矩阵的规模 L，L 的值越大意味着频域 MUSIC 超分辨率到达时间估计算法的分辨率越高。另外，从式(3.2.15)可以看出，L 和 M 的关系满足 $M+L-1=N$，L 的值越大，M 的值越小，M 越小意味着对于自相关矩阵的估计存在越大的波动，这将会导致在分解子空间时，自相关矩阵的特征值出现不稳定的情况。同时，在图 3.2.5 中可以看到，当减小 M 的值时，多径的相关性会增强，相应地会导致频域 MUSIC 超分辨率到达时间估计算法的分辨率受到影响。因此，对于 L 和 M

的取值，需要在频域 MUSIC 超分辨率到达时间估计算法的分辨率和稳定性方面做一个平衡。例如，L 可取值为$\frac{N}{2}$、$\frac{N}{3}$、$\frac{3N}{4}$和$\frac{3N}{5}$。

在频域 MUSIC 超分辨率到达时间估计算法中，另外一个需要确定的参数是多径数量L_p。如果理想环境条件下的自相关矩阵是可以获得的，那么参数L_p可以通过对自相关矩阵的理论推导确定。协方差矩阵分解之后的特征值中，最小的$L-L_p$个特征值都等于噪声的方差σ_w^2，而其他的L_p个特征值全部都大于噪声的方差σ_w^2。但不幸的是，在实际的应用环境当中，尤其是当使用有限测量数据来估计自相关矩阵时，噪声子空间的特征值一般都不同，这就使得参数L_p的确定变得十分困难。在文献[9]中，利用其中的 MDL 准则实现对参数L_p的估计，具体方法如下：

$$\mathrm{MDL}(k)=-\log\left(\frac{\prod_{i=k}^{L-1}\lambda_i^{\frac{1}{L-k}}}{\frac{1}{L-k}\sum_{i=k}^{L-1}\lambda_i}\right)^{M(L-k)}+\frac{1}{2}k(2L-k)\log M \tag{3.2.16}$$

其中，λ_i为自相关矩阵的特征值，$0\leqslant i\leqslant L-1$。

对于采取了前后向空间平滑方法处理的特征结果，MDL 准则需要调整为

$$\mathrm{MDL}(k)=-\log\left(\frac{\prod_{i=k}^{L-1}\lambda_i^{\frac{1}{L-k}}}{\frac{1}{L-k}\sum_{i=k}^{L-1}\lambda_i}\right)^{M(L-k)}+\frac{1}{4}k(2L-k+1)\log M \tag{3.2.17}$$

自变量 k 在$[0,\ L-1]$上对 MDL(k)进行检索，当 MDL(k)的值最小时 k 的取值即对参数L_p的估计。

(1) 有限数据下自相关矩阵的改进估计

假设所测量的数据是稳定的，那么自相关矩阵满足共轭对称和所有对角线上的元素都相等。但是由于自相关矩阵的估计是在十分有限的数据的基础上估计出来的，所估计的自相关矩阵不满足所有对角线上的元素都相等。对于有限数据下估计的自相关矩阵，我们可以利用空间谱估计领域的前后向平滑的方法对自相关矩阵进行一个改进，改进方法如下：

$$\hat{\boldsymbol{R}}_{xx}=\frac{1}{2}(\boldsymbol{R}_{xx}+\boldsymbol{J}\boldsymbol{R}_{xx}^{*}\boldsymbol{J}) \tag{3.2.18}$$

其中：* 表示矩阵的共轭操作；$\boldsymbol{J}$ 为与$\boldsymbol{R}_{xx}$规模相同的矩阵，其副对角线上为元素为 1，其余元素为 0；$\boldsymbol{R}_{xx}$为式(3.2.15)所估计的自相关矩阵，即利用前向空间平滑的方法估计自相关矩阵；$\boldsymbol{J}\boldsymbol{R}_{xx}^{*}\boldsymbol{J}$ 是利用空间前向平滑和空间后向平滑之间的关系通过前向矩阵的行变换和列变换获得的后向矩阵的形式，将前向矩阵和后向矩阵做平均得到对自相关矩阵的改进。在下面的描述中，我们将前向空间平滑估计的矩阵称为 FCM(Forward Correlation Matrix)，将做前后向空间平滑估计的矩阵称为 FBCM(Forward-Backward Correlation Matrix)。

如果假设多径的衰减因子的绝对值是恒定的，衰减因子的相位是在$[0,2\pi)$上均匀分布的，那么矩阵 $\boldsymbol{A}$ 是满秩的。但是如果衰减因子的相位不是随机的，那么在只有一次频

域采样数据的情况下，矩阵 **A** 的秩将变为 1，导致频域 MUSIC 超分辨率到达时间估计算法无法正常工作。此外，通过对自相关矩阵的改进，利用空间前后向平滑的方法估计的自相关矩阵具有去相关的效果。下面是利用前向空间平滑的方法推导出来的第 i 条多径和第 j 条多径的相关性，即向量 $\boldsymbol{a}$ 中第 i 个元素和第 j 个元素的相关性。相关系数为

$$\rho_{ij}^{(\mathrm{FCM})}=\frac{A_{ij}}{\sqrt{A_{ii}A_{jj}}}=K\mathrm{e}^{-\mathrm{j}\phi} \tag{3.2.19}$$

其中，$\phi=-(\theta_i-\theta_j)+2\pi f_0(\tau_i-\tau_j)+\pi(M-1)\Delta f(\tau_i-\tau_j)$，$K=\dfrac{\sin[M\pi\Delta f(\tau_i-\tau_j)]}{M\sin[\pi\Delta f(\tau_i-\tau_j)]}$，$A_{ij}$ 是矩阵 **A** 中位于 (i,j) 位置上的元素。从式(3.2.19)可以看出，前向空间平滑方法的去相关效果与信道频域响应的采样数据分段的段数 M、采样间隔 Δf 以及多径的时延差 $\tau_i-\tau_j$ 有关。而利用前后向空间平滑的方法估计的矩阵，所推导的相关系数为

$$\rho_{ij}^{(\mathrm{FBCM})}=\frac{A_{ij}}{\sqrt{A_{ii}A_{jj}}}=K\cos\left(\phi+\frac{\psi}{2}\right)\mathrm{e}^{-\mathrm{j}\frac{\psi}{2}} \tag{3.2.20}$$

其中，$\psi=2\pi(L-1)\Delta f(\tau_i-\tau_j)$，从式(3.2.20)可以看出，前后向空间平滑方法的去相关效果与信道频域响应的采样数据分段的段数 M、采样间隔 Δf、多径的时延差 $\tau_i-\tau_j$、多径衰减因子的相位差 $\theta_i-\theta_j$、信道频域响应分段的长度 L 和信道频域响应的最低频率 f_0 有关。

通过比较式(3.2.19)和式(3.2.20)可以得出

$$|\rho_{ij}^{(\mathrm{FBCM})}|=|\rho_{ij}^{(\mathrm{FCM})}|\times\left|\cos\left(\phi+\frac{\psi}{2}\right)\right| \tag{3.2.21}$$

从式(3.2.21)中可以看出，由于 $\left|\cos\left(\phi+\dfrac{\psi}{2}\right)\right|\leqslant 1$，所以利用前后向空间平滑方法所估计的自相关矩阵具有更好的去相关效果，因此将为频域 MUSIC 超分辨率到达时间估计算法带来更好的性能。通过 Matlab 对两种平滑方法估计的自相关矩阵的去相关效果进行仿真，结果如图 3.2.5 所示，横坐标为对信道频域响应分段的段数 M，纵坐标为相关系数的绝对值。从图 3.2.5 中可以看出，基于 FCM 的相关性在所有位置均大于基于 FBCM 的相关性。

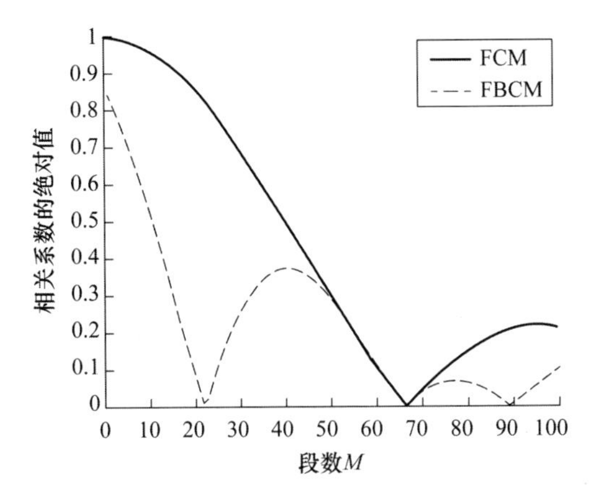

图 3.2.5 前向和前后向估计相关系数关系曲线(L 取值为$\frac{2N}{3}$)

(2) EigenVector(EV)方法

在理想情况下,对自相关矩阵进行特征值分解时,噪声子空间的特征值均为噪声的方差σ_w^2。但是,在实际的应用中,通过有限长的测量数据估计的自相关矩阵在进行特征值分解时,噪声子空间的特征值都不相等。根据上述问题,可对伪谱函数进行改进,即通过噪声子空间的特征值对相应特征向量进行归一化处理,使得每个噪声特征值对伪谱函数的增益相同,具体形式如下:

$$S_{\mathrm{EV}}(\tau)=\frac{1}{\sum\limits_{k=0}^{L_{\mathrm{p}}-1}\frac{1}{|\lambda_k|}\,|\,q_k^{\mathrm{H}}v(\tau)\,|^2} \tag{3.2.22}$$

其中,λ_k为噪声子空间的特征值,每个噪声子空间的特征向量与信号向量的乘积的平方通过相对应的特征值进行归一化。当噪声子空间的特征值都相等时,式(3.2.13)所示的MUSIC方法和式(3.2.22)所示的EV方法的性能是等价的。EV方法对于参数L_{p}的估计精度的敏感度相对较低,当噪声子空间的特征值不相等时,EV方法具有更好的性能。

(3) 仿真结果

本节基于无线信道频域响应通过Matlab进行仿真,进一步研究频域MUSIC超分辨率算法的性能。在仿真中,所模拟的多径环境中含有4条传播路径,多径时延在0~500 ns上均匀分布,多径的衰减因子的绝对值在0~1上均匀分布,多径的衰减因子的相位在0~2π上均匀分布。信道的中心频率为1 GHz,带宽为20 MHz,接收信噪比为10 dB。对于离散信道频域响应的获取,仿真在20 MHz的带宽上以频域取样间隔1 MHz进行取样,取样21个数据。自相关矩阵的估计方式采用式(3.2.18)的估计方式。下面分别对基于前向自相关矩阵FCM的MUSIC方法、基于前向自相关矩阵FCM的EV方法、基于前后向自相关矩阵FBCM的MUSIC方法和基于前后向自相关矩阵FBCM的EV方法进行仿真,仿真结果如图3.2.6、图3.2.7、图3.2.8和图3.2.9所示。

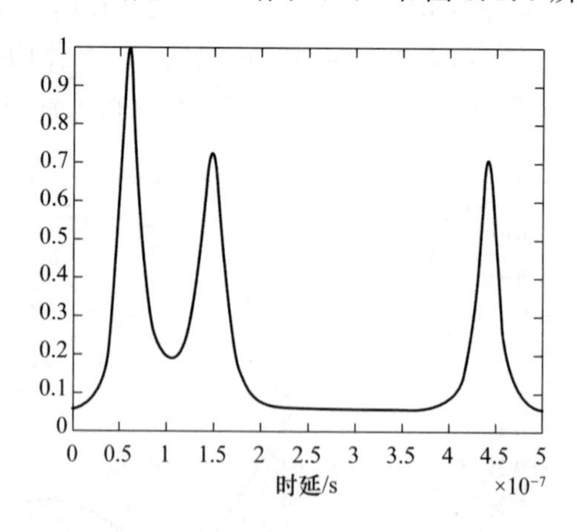

图 3.2.6 基于前向自相关矩阵的MUSIC方法

通过对大量多径环境的仿真,4种基于MUSIC的超分辨率到达时间估计算法所估计时间延迟的相对误差的均值和方差如表3.2.1所示。其中,到达时间估计算法测量数据的相对误差按式(3.2.23)计算:

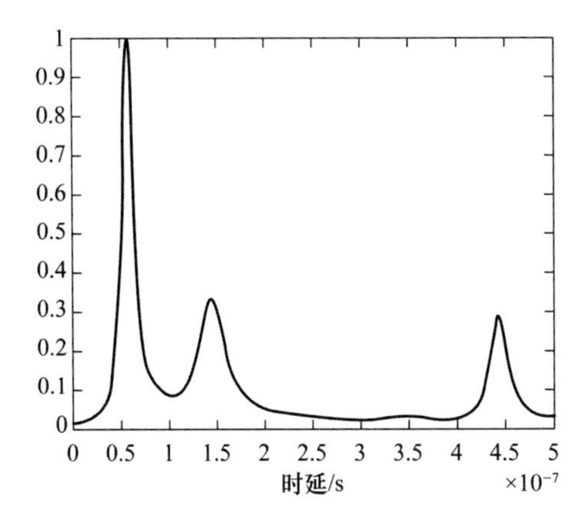

图 3.2.7 基于前向自相关矩阵的 EV 方法

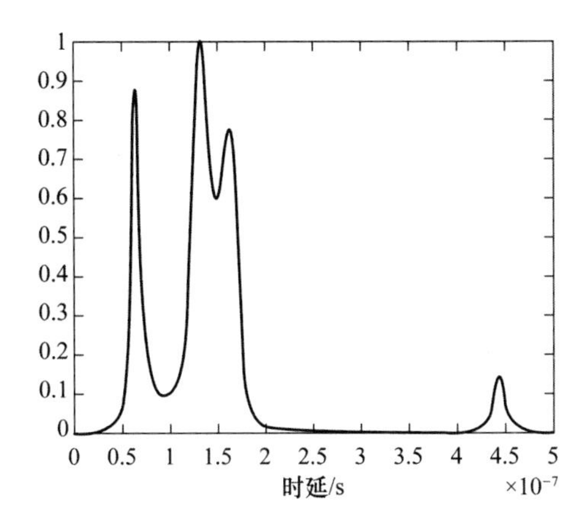

图 3.2.8 基于前后向自相关矩阵的 MUSIC 方法

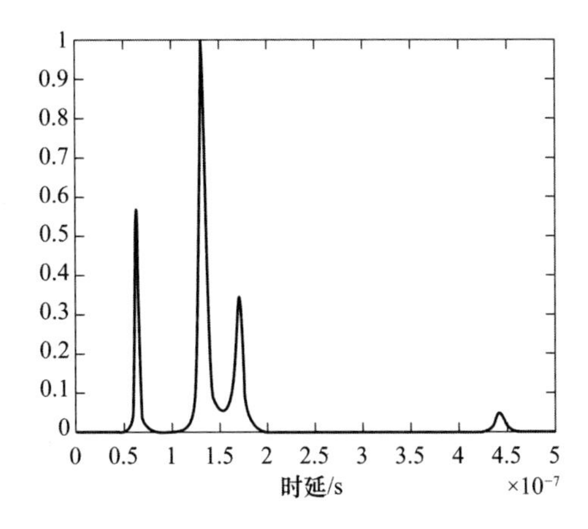

图 3.2.9 基于前后向自相关矩阵的 EV 方法

$$\delta = \frac{|\tau_1 - \tau_2|}{\tau_2} \tag{3.2.23}$$

τ_1 为到达时间估计算法测得的时间延迟，τ_2 为到达时间的真实值。

表 3.2.1　各估计方法相对误差的均值和方差

估计方法	MUSIC-FCM	EV-FCM	MUSIC-FBCM	EV-FBCM
相对误差的均值	0.086 4	0.082 3	0.073 1	0.070 4
相对误差的方差	0.027 9	0.027 9	0.018 4	0.017 9

从仿真结果可以看出，4 种估计方法都能有效检测到直达路径时延。其中，EV 方法是对 MUSIC 方法的改进方案，如果自相关矩阵是从有限测量数据中估计得到的，则优先选择 EV 方法。通过比较图 3.2.6 和图 3.2.7 或者图 3.2.8 和图 3.2.9，可以直观地看到，运用 EV 方法的超分辨率到达时间估计算法的伪谱函数的峰值相对于 MUSIC 方法更加尖锐。在表 3.2.1 中，通过比较 MUSIC-FCM 和 EV-FCM 或者 MUSIC-FBCM 和 EV-FBCM 的数据，我们可以看出，在估计到达时间的精度上，EV 方法较 MUSIC 方法更加精确，估计到达时间的稳定性更高。此外，前后向自相关矩阵 FBCM 是对前向自相关矩阵 FCM 的改进，具有很强的去相关效果。理论上，基于前后向自相关矩阵 FBCM 的频域 MUSIC 超分辨率到达时间估计算法具有更好的性能。通过比较图 3.2.6 和图 3.2.7 或者图 3.2.8 和图 3.2.9，可以直观地看出，基于前后向自相关矩阵 FBCM 的超分辨率到达时间估计算法具有更高的分辨率，基于前后向自相关矩阵 FBCM 的超分辨率到达时间估计算法可以分辨第二条传播路径和第三条传播路径，而基于前向自相关矩阵 FCM 的超分辨率到达时间估计算法不能对其进行区分。通过比较 MUSIC-FCM、MUSIC-FBCM、EV-FCM 和 EV-FBCM 的估计结果，基于前后向自相关矩阵的超分辨率到达时间估计算法较基于前向自相关矩阵的超分辨率到达时间估计算法对于到达时间的估计具有更小的相对误差和更高的稳定性。基于前后向自相关矩阵的 EV 方法相对于 MUSIC 估计方法具有最好的估计精度性能。

3.2.2　AoA 参数估计

到达角度（Angle of Arrival，AoA）是非测距类定位方法的常用参量。如果目标节点与各个参考节点之间的方向角度可测，那么便可以利用角度信息和已知参考节点位置信息来估计发射机的位置，从而实现定位。一种简单经典的角度定位模型就是三角测量法，如图 3.2.10 所示。为了防止目标节点的位置处于两个参考节点连线的直线上而出现无法确定发射机的具体位置的问题，在实际应用中应该保证三个及以上参考节点参与定位。

到达角度一般是利用天线阵列所接收到的信号来估计获得的。如果信源与天线阵列之间的距离足够远，那么可以认为天线阵列接收到的信号是一系列平行平面波的叠加。假设有一组由 M 根天线组成的天线阵列，每根天线之间的距离为 d，d 小于等于信号波长 λ 的一半，λ 为信号中心频率对应的电磁波波长。在每根天线接收到信号之后，可通过分析信号到达不同天线的相位差或者时间差等方式来计算信号的到达角度。如

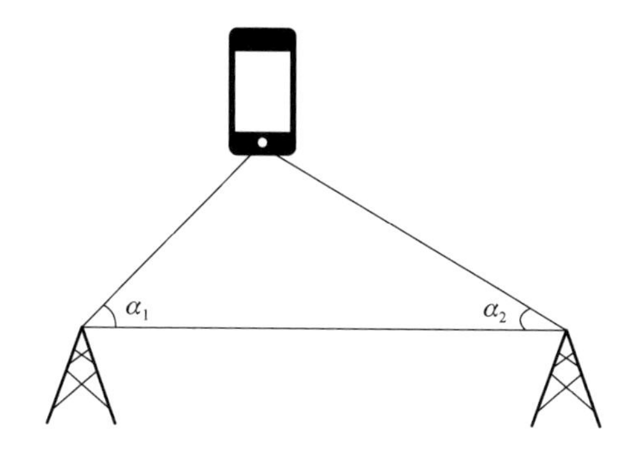

图 3.2.10 到达角度的三角测量法

图 3.2.11 所示，当信号的入射角度为 θ 时，我们只需要知道天线阵列中两根天线接收到信号的相位就可以估计出信号的到达角度。例如，只看天线 1 和天线 2，如果用 θ_1 和 θ_2 分别表示天线 1 和天线 2 测得的信号的相位，那么信号的到达角度可以按式(3.2.24)计算得到：

$$\theta=\arcsin\frac{\theta_2-\theta_1}{\pi} \tag{3.2.24}$$

如果以信道到达天线 1 的时刻为基准，天线 2 接收到信号的时刻与天线 1 接收到信号的时刻相差 τ，那么信号的到达角度可以通过式(3.2.25)计算得到：

$$\theta=\arcsin\frac{v\tau}{d} \tag{3.2.25}$$

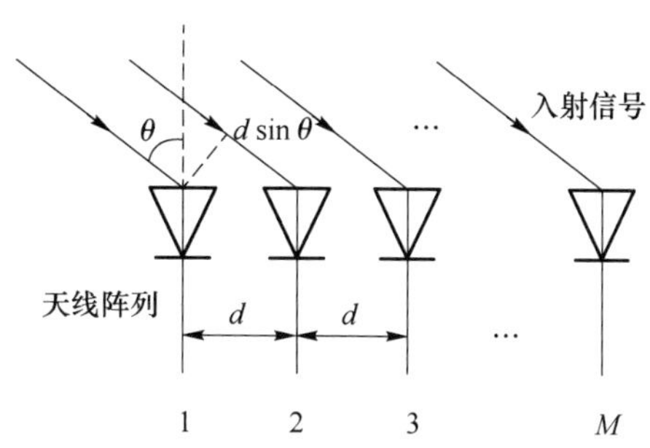

图 3.2.11 天线阵列接收原理

上述方法虽然简单，但受室内或者城市环境等多径传播环境的影响，所估计的误差较大。在实际的应用中，到达角度估计系统需要充分利用天线阵列获得的冗余信息，进一步提高信号到达角度的估计精度，如基于 MUSIC 和基于 ESPRIT 的角度估计算法。

运用空间谱估计算法进行到达角度估计的一个条件是已知信源数目，而在实际的应用中，由于存在严重的多径环境，所以先验的信源数目是难以获取的，一般需要根据接收信号对信源数目进行估计，可用 3.2.1 节中的 MDL 准则处理，然后再进行到达角度的估计。

除此以外，大规模天线阵列的使用催生了基于波束成形(Beam-forming)的到达角度估计算法，这类技术主要通过多输入多输出天线阵列(Multi Input Multi Output,

MIMO)给信号在空间上加权使得信号聚焦于某个角度发射,收端同样需要波束成形进行信号接收,通过在空域做全局扫描或快速全局扫描的方式找到来波方向。由此可以看出,基于波束成形的到达角度估计要求收发双方都具备波束成形能力,且波束成形的分辨率较大程度上决定了到达角度的估计精度。

1. 基于 MUSIC 的 AoA 估计算法

基于 MUSIC 的到达角估计算法[10]是经典的 AoA 估计方法。假设有 k 个信号源发射的平面波传播到各向均匀同性的天线阵列上,信源的方向分别为$\theta_1,\theta_2,\cdots,\theta_k$。天线阵列接收的信号可以表示为 $X(t)=AS(t)+N(t)$,$S(t)$为发射机发射的信号,$N(t)$为加性高斯白噪声,$X(t)$理论上是连续的,但是在实际应用中,为了满足系统实时性的要求,我们往往使用有限时间内的采样信号,即快拍。在第 n 次取样时,我们得到的数据向量为

$$\boldsymbol{X}(n)=\boldsymbol{AS}(n)+\boldsymbol{N}(n) \tag{3.2.26}$$

其中:$\boldsymbol{X}(n)=(x_1(n),x_2(n),\cdots,x_M(n))^{\mathrm{T}}$为天线阵列接收到的数据;$\boldsymbol{A}=(a(\theta_1),a(\theta_2),\cdots,a(\theta_k))$,称为流型矩阵,包含信号的方向信息;$\boldsymbol{a}(\theta_i)=(1,\mathrm{e}^{-\mathrm{j}w_i},\cdots,\mathrm{e}^{-\mathrm{j}(M-1)w_i})^{\mathrm{T}}$,$w_i=2\pi\dfrac{d}{\lambda}\sin\theta_i$;$\boldsymbol{S}(n)=(s_1(n),s_2(n),\cdots,s_k(n))^{\mathrm{T}}$,$s_i(n)$为第 i 个平面波的复振幅;$\boldsymbol{N}(n)=(n_1(n),n_2(n),\cdots,n_M(n))^{\mathrm{T}}$,$n_i(n)$为零均值、方差为$\sigma^2$的加性高斯白噪声;T 表示矩阵的转置;$\lambda$为载波波长;$w_i$为第 i 个天线和第一个天线接收信号之间的相位差。

在对接收信号进行采样时,由于采样时间很短,我们认为信号的来波方向不发生变化。由于加性高斯白噪声与信号相互独立,那么采样之后的数据向量的自相关矩阵可以表示为

$$\boldsymbol{R}_X=E[\boldsymbol{X}\boldsymbol{X}^{\mathrm{H}}]=\boldsymbol{A}\boldsymbol{R}_S\boldsymbol{A}^{\mathrm{H}}+\sigma^2\boldsymbol{I} \tag{3.2.27}$$

其中,H 表示矩阵的共轭转置运算,σ^2为加性高斯白噪声的方差,$\boldsymbol{I}$ 为单位矩阵,数据向量可以分为信号和噪声两部分。

MUSIC 的核心运算就是对自相关矩阵进行特征值分解。通过特征值分解,自相关矩阵可以分解为信号子空间和噪声子空间,如式(3.2.28)所示。自相关矩阵的一个重要特性就是信号子空间和噪声子空间理论上相互正交。

$$\boldsymbol{R}_X=\boldsymbol{U}_S\sum_S\boldsymbol{U}_S^{\mathrm{H}}+\boldsymbol{U}_N\sum_N\boldsymbol{U}_N^{\mathrm{H}} \tag{3.2.28}$$

其中,$\boldsymbol{U}_S$是信号子空间,自相关矩阵$\boldsymbol{R}_X$进行特征值分解后可得到若干特征值及对应的特征向量,其中较大特征值所对应的特征向量即可组成信号子空间。特征值的大小本质上反映的是天线阵列的接收信噪比。当信号子空间的特征值远大于噪声子空间的特征值时,天线阵列的接收信噪比较大;当信号子空间和在噪声子空间的特征值之间的差异不大时,天线阵列的接收信噪比较小,在这种情况下,划分子空间时会出现错误,从而导致该算法的分辨率降低。因此,在应用 MUSIC 算法时,如信噪比较低,则将对参数的精确估计造成较大影响。

理想情况下信号子空间和噪声子空间相互独立,处于信号子空间的信号向量在噪声子空间的投影为零,如式(3.2.29)所示:

$$\boldsymbol{a}^{\mathrm{H}}(\theta)\boldsymbol{U}_N=0 \tag{3.2.29}$$

在实际应用中，由于自相关矩阵是由有限的数据向量估计出来的，所以信号子空间和噪声子空间并不是严格正交的，式(3.2.29)的结果并不严格等于零。通过对式(3.2.29)进行模方运算并取倒数，得到伪谱函数：

$$P_{\mathrm{MUSIC}}=\frac{1}{\boldsymbol{a}^{\mathrm{H}}(\theta)\boldsymbol{U}_N\boldsymbol{U}_N^{\mathrm{H}}\boldsymbol{a}(\theta)} \tag{3.2.30}$$

通过在角度域进行全局检索，得到伪谱函数的最大值对应的角度，即信号的来波角度的估计。

2. 低信噪比条件下的 AoA 估计算法

由上面的分析可知，自相关矩阵的特征值大小和环境的信噪比直接相关。当环境的信噪比较小时，信号子空间的特征值和噪声子空间的特征值的大小差异不明显。这将会导致在划分子空间时出现混乱，从而使 MUSIC 算法的性能急剧下降。因此，低信噪比条件下的 MUSIC 算法是进一步研究的重点。并且，随着通信基础设施的全方位部署、位置服务需求的不断涌现，诸多应用场景都需要三维定位能力的支持，而三维角度估计是角度定位不可或缺的一环。由于线形天线阵列只可以进行二维角度估计，三维角度估计至少需要使用平面天线阵列进行估计。最常见的方式便是使用均匀平面天线阵列，即天线阵列阵元间各向同性，且阵元排列规律、间距恒定。

使用均匀平面天线阵列进行三维角度估计的原理如图 3.2.12 所示。均匀面阵有 N 行 M 列均匀各向同性的天线元素，自由空间中总共有 $D(D\leqslant MN)$ 路到达信号，包含直射径、反射径等，分别以 $\theta_i(i=1,2,\cdots,D)$ 的水平角和 $\varphi_i(i=1,2,\cdots,D)$ 的仰角入射到均匀平面天线阵列被接收。

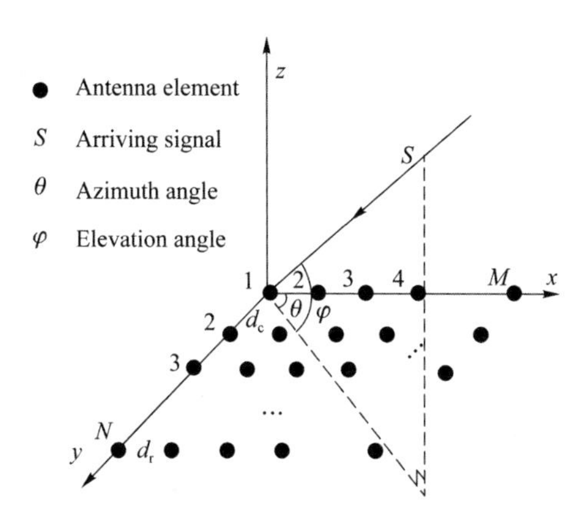

图 3.2.12 基于均匀平面阵 AoA 估计示意图

在 t 时刻天线阵列端的接收信号可描述为

$$\boldsymbol{x}(t)=\boldsymbol{A}\times\boldsymbol{s}(t)+\boldsymbol{n}(t) \tag{3.2.31}$$

其中，$\boldsymbol{s}(t)=(s_1(t),s_2(t),\cdots,s_D(t))^{\mathrm{T}}$ 是 D 路信号在 t 时刻的复幅值向量，$s_i(t)$ 代表第 i 路信号 t 时刻的复幅值，$\boldsymbol{n}(t)$ 代表天线阵列接收到的噪声向量，各个天线阵列阵元均遭受独立同分布均值为 0、方差为 σ^2 的高斯白噪声，白噪声和参考信号相互独立。图 3.2.12 所示的平面天线阵列导向向量和流型矩阵构成如下：

$$\boldsymbol{A}=(a(\theta_1,\varphi_1),a(\theta_2,\varphi_2),\cdots,a(\theta_D,\varphi_D)) \tag{3.2.32}$$

$$\boldsymbol{a}(\theta_i,\varphi_i)=(a^1(\theta_i,\varphi_i),a^2(\theta_i,\varphi_i),\cdots,a^N(\theta_i,\varphi_i))^{\mathrm{T}} \tag{3.2.33}$$

$$\boldsymbol{a}(\theta_i,\varphi_i)^k=\begin{pmatrix} \mathrm{e}^{\frac{2\pi \mathrm{j}(k-1)d_{\mathrm{r}}\sin\theta_i\cos\varphi_i}{\lambda}} \\ \mathrm{e}^{\frac{2\pi \mathrm{j}[(k-1)d_{\mathrm{r}}\sin\theta_i\cos\varphi_i+d_{\mathrm{c}}\cos\theta_i\cos\varphi_i]}{\lambda}} \\ \cdots \\ \mathrm{e}^{\frac{2\pi \mathrm{j}[(k-1)d_{\mathrm{r}}\sin\theta_i\cos\varphi_i+(M-1)d_{\mathrm{c}}\cos\theta_i\cos\varphi_i]}{\lambda}} \end{pmatrix}^{\mathrm{T}} \tag{3.2.34}$$

其中,θ_i是第 i 路信号入射的方位角,φ_i是第 i 路信号入射的仰角,d_{r}是平面天线阵列元素行间距,d_{c}是平面天线阵列元素列间距。式(3.2.32)是天线阵列的流型矩阵,式(3.2.33)是第 i 路信号的导向向量,式(3.2.34)是第 i 路信号在天线阵列第 k 行的导向向量,第 i 路信号的导向向量正是天线 N 行导向向量的顺序拼接。

接收的数据向量 $\boldsymbol{x}(t)$的自相关矩阵可以表示为

$$\hat{\boldsymbol{R}}_x=E[\boldsymbol{x}(t)\boldsymbol{x}(t)^{\mathrm{H}}]=\boldsymbol{A}\boldsymbol{R}_S\boldsymbol{A}^{\mathrm{H}}+\sigma^2\boldsymbol{I}_N \tag{3.2.35}$$

但实际计算中由于无法获取准确的噪声和信号的统计特征,因此一般采用式(3.2.36),通过求解 K 个不同时刻接收信号自相关的均值,近似求解信号的自相关。其中 K 被称为快拍数,根据大数定理可以得出,快拍数越多,近似效果越好。

$$\boldsymbol{R}_x=\frac{1}{K}\sum_{i=1}^{K}\boldsymbol{x}_i(t)\,\boldsymbol{x}_i(t)^{\mathrm{H}} \tag{3.2.36}$$

基于式(3.2.36)可求解天线接收信号的近似自相关矩阵$\boldsymbol{R}_x$,并对其进行特征值分解得到相互对应的特征值向量$\boldsymbol{V}_\lambda$和特征矩阵$\boldsymbol{T}_\lambda$。将特征值向量从大到小排序,较大的 D 个特征值$\lambda_1,\lambda_2,\cdots,\lambda_D$对应信号,之后的 $MN-D$ 个特征值$\lambda_{D+1},\lambda_{D+2},\cdots,\lambda_{MN}$对应噪声。

为提升低信噪比条件下 MUSIC 算法的性能,可对平面天线阵列的接收信号矩阵进行噪声消除的预处理操作。

(1) 拓普利兹调整抑制噪声法

理想状态下即信噪比极高时,天线阵列处接收信号的自相关矩阵是典型的拓普利兹矩阵,即主对角线上的元素相等,每条平行于主对角线的其他对角线上的元素相等,并且关于矩阵主对角线镜像对称位置的值互为共轭。当噪声统计特征不理想或者信噪比较低时,接收信号矩阵的理想拓普利兹性质被削弱。基于以上特点,可通过调整天线阵列处接收信号的自相关矩阵向典型的拓普利兹矩阵特性逼近,以此来削弱噪声对其的影响。

首先通过式(3.2.37)、式(3.2.38)计算接收信号的自相关矩阵每个对角线元素的均值:

$$\overline{x}_l=\frac{\sum\limits_{i-j=l}x_{i,j}}{MN-|l|} \tag{3.2.37}$$

$$l=-(MN-1),-(MN-2),\cdots,-1,0,1,\cdots,(MN-2),(MN-1) \tag{3.2.38}$$

其中，i、j 分别是自相关矩阵中元素的横纵下标，调整后自相关矩阵$\overleftrightarrow{\boldsymbol{R}}_x$如式(3.2.39)所示：

$$\begin{pmatrix} \bar{x}_0 & \bar{x}_1 & \cdots & \cdots & \bar{x}_{(MN-2)} & \bar{x}_{(MN-1)} \\ \bar{x}_{(-1)} & \bar{x}_0 & \bar{x}_1 & \cdots & \cdots & \bar{x}_{(MN-2)} \\ \cdots & \bar{x}_{(-1)} & \bar{x}_0 & \bar{x}_1 & \cdots & \cdots \\ \cdots & \cdots & \bar{x}_{(-1)} & \bar{x}_0 & \cdots & \cdots \\ \bar{x}_{[-(MN-2)]} & \cdots & \cdots & \bar{x}_{(-1)} & \cdots & \bar{x}_1 \\ \bar{x}_{[-(MN-1)]} & \bar{x}_{[-(MN-2)]} & \cdots & \cdots & \cdots & \bar{x}_0 \end{pmatrix} \tag{3.2.39}$$

将调整后获得的自相关矩阵$\overleftrightarrow{\boldsymbol{R}}_x$按照传统的 MUSIC 算法流程执行特征值分解、空间谱函数构建、空间全角度扫描，最终得到估算的信号到达角。

(2) 特征值抑制噪声法

理想状态下，噪声所对应的特征值应相等且等于噪声的方差，即$\lambda_{D+1}=\lambda_{D+2}=\cdots=\lambda_{MN}=\sigma^2$。基于此计算噪声特征值的平均值：

$$\hat{\sigma}^2=\frac{\lambda_{D+1}+\lambda_{D+2}+\cdots+\lambda_{MN}}{MN-D} \tag{3.2.40}$$

用式(3.2.40)估算值表征自由空间内的噪声水平，近似为噪声的方差。利用估算得到的噪声方差构成 $MN\times MN$ 对角矩阵$\boldsymbol{R}_n=\hat{\sigma}^2\boldsymbol{I}_{MN}$，$\boldsymbol{I}_{MN}$主对角线上的元素为 1，其余元素为 0。至此通过特征值平均的方法求得了噪声自相关的近似解，之后计算$\overleftrightarrow{\boldsymbol{R}}_x=\boldsymbol{R}_x-\boldsymbol{R}_n$作为新的接收端接收信号的自相关矩阵。通过近似求解噪声方差的方式，虽然不能完全消去噪声的影响，但一定程度上减弱了自相关矩阵里噪声的相关成分，削弱了低信噪比下噪声对于特征值分解的影响，使得信号空间的特征向量与噪声空间的特征向量更容易区分。

基站侧对自相关矩阵$\overleftrightarrow{\boldsymbol{R}}_x$进行特征值分解，并将特征值从大到小排序，特征矩阵根据对应关系做出相应调整，最终得到特征值向量$\boldsymbol{V}_\lambda$和特征矩阵$\boldsymbol{T}_\lambda$。前面 D 个特征值$\lambda_1,\lambda_2,\cdots,\lambda_D$对应信号，后面 $MN-D$ 个特征值$\lambda_{D+1},\lambda_{D+2},\cdots,\lambda_{MN}$对应噪声。在平面天线阵列处多路信号交错在一起到达，各路信号能量互相混叠，增大了 AoA 的估计难度，而特征值的大小在一定程度上表征角度检测的难易程度。结合式(3.2.41)与式(3.2.42)以及理想情况下$\lambda_{D+1}=\lambda_{D+2}=\cdots=\lambda_{MN}=\sigma^2$可知，特征值直接反映着噪声的能量。那么进一步推论可知，对应信号的特征值$\lambda_1,\lambda_2,\cdots,\lambda_D$实际反映着空间各路有用信号的能量，特征值越大代表空间某个角度方向来波能量越大，此角度信号受其他影响越小，则此角度就更容易被分辨出来，特征值越小代表空间某个方向来波能量越小。由于信号并不是理想的直线状的冲激而是波瓣式传播，能量小的信号往往容易被临近的或者能量大的来波信号淹没，导致角度估计难度加大。

$$\boldsymbol{R}_Y=E[\boldsymbol{Y}\boldsymbol{Y}^{\mathrm{H}}]=\boldsymbol{A}\boldsymbol{R}_X\boldsymbol{A}^{\mathrm{H}}+\sigma^2\boldsymbol{I} \tag{3.2.41}$$

$$\boldsymbol{R}_Y=\boldsymbol{U}_X\sum_X\boldsymbol{U}_X^{\mathrm{H}}+\boldsymbol{U}_N\sum_N\boldsymbol{U}_N^{\mathrm{H}} \tag{3.2.42}$$

基于以上观察，文献[11]设计了特征值调节因子 $\alpha=\lambda_1^2+\lambda_2^2+\cdots+\lambda_D^2$，通过迭代式调整相关矩阵特征值以提升角度估计性能。传统的 MUSIC 算法仅进行一次全局扫描确定多个来波角度，所提迭代式估计算法针对 D 路有用信号进行 D 次全局扫描，每次全局扫描用特征值调节因子加强某个特征值λ_i。这种方式近似于人为引入了 α 的能量增益，使得每次扫描更专注于特征值λ_i对应的来波方向信号的角度检测，每次扫描仅估算出一个有效来波角度，通过多次扫描最终得到全部的信号到达角。

α 之所以设计为 $\alpha=\lambda_1^2+\lambda_2^2+\cdots+\lambda_D^2$，其原因在于，首先本方案通过人为引入能量增益因子使得该增强信号可以有效地区别于其他信号，自然各路信号的近似能量和 $\lambda_1+\lambda_2+\cdots+\lambda_D$ 是首选。并且，由于信号的反射和折射损失严重，因此信号间的能量差距悬殊，通过 Matlab 数值仿真发现，近似能量的调节力度往往是不够的，因此开放式地选用了上述调节因子的计算方式。

特征值的大小一定程度上表征角度检测的难易程度，根据排序后特征值依次构建 D 个谱函数，检测出 D 对三维信号到达角度。第 i 个谱函数的构建过程如下。

（1）构建增强后的信号空间矩阵$\boldsymbol{E}_s^i=(v_1,v_2,\cdots,\alpha^* v_i,\cdots,v_D)$，其中$v_i$与特征值$\lambda_i$相对应，即$T_\lambda$的第 i 列。

（2）构建噪声空间矩阵$\boldsymbol{E}_n=(v_{D+1},v_{D+2},\cdots,v_{MN})$。

（3）谱函数构建为

$$P_i=\frac{\boldsymbol{a}(\theta,\varphi)^{\mathrm{H}}\boldsymbol{E}_s^i\boldsymbol{E}_s^{i\mathrm{H}}\boldsymbol{a}(\theta,\varphi)}{\boldsymbol{a}(\theta,\varphi)^{\mathrm{H}}\boldsymbol{E}_n\boldsymbol{E}_n^{\mathrm{H}}\boldsymbol{a}(\theta,\varphi)} \tag{3.2.43}$$

由于谱峰检测时更偏向于检测强信号，如上的构建方式相当于用所有信号的能量和调节信号 i，使其成为第 i 次检测时的强信号，有效解决邻居信号的谱峰干扰。

第 i 对角度的检验过程如下。

（1）将已检出的前 $i-1$ 对角度存于数组 Angle，采用第 i 次谱函数形式进行三维的 θ、φ 谱峰搜索。

（2）取出前 D 个谱峰值对应角度值，剔除 Angle 中已检出的 $i-1$ 对角度，剩余的 $D-i+1$ 的谱峰值中最大者对应的角度即为第 i 对角度值。

（3）经过 D 次相同的谱峰搜索过程，D 条信号的 D 对水平角和仰角将被成功检出。

综上，该低信噪比 MUSIC 算法[11]的流程表示如图 3.2.13 所示，其中白色框图代表传统的 MUSIC 算法的执行流程，灰色框图代表针对低信噪比环境的改进流程。

3. 仿真分析

基于上述方案设计，本节对低信噪比条件下基于噪声抑制和干扰抑制方案的 AoA 估计算法进行仿真分析。

（1）托普利兹调整抑制噪声法

仿真结果如图 3.2.14 和图 3.2.15 所示。仿真中有三路能量相等、生成序列相同的信号，经过相等的传播距离，分别以 30°、34°、38°到达均匀线性天线阵列，信噪比为 −15 dB，快拍数为 1 024。均匀线性天线阵列的天线元素数目为 20。图 3.2.14 是传统的 MUISC 算法，可以看出，图中只有模糊的两个峰值点，约在 30°和 38°附近，而 34°的来

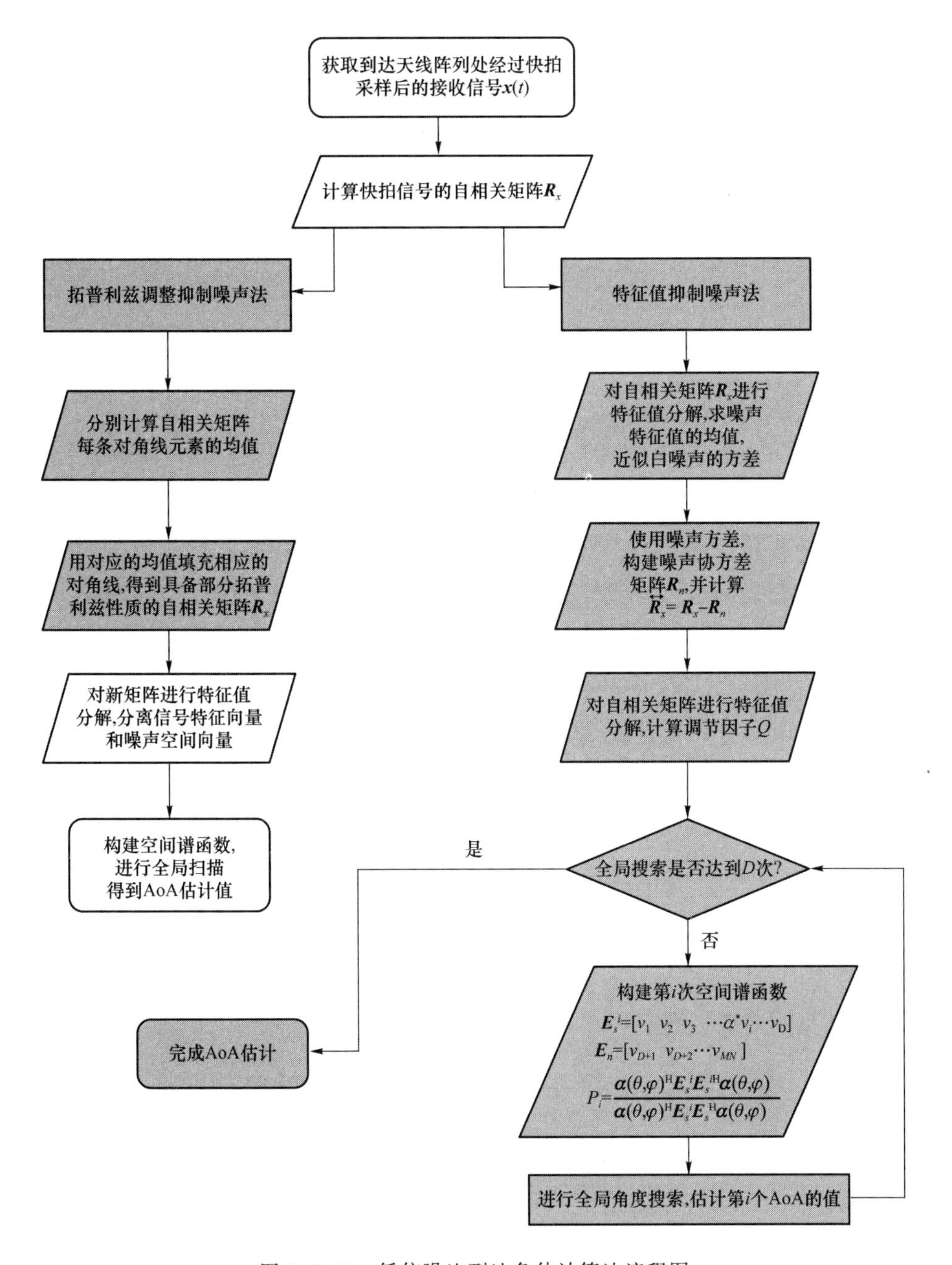

图 3.2.13 低信噪比到达角估计算法流程图

波信号被周围信号能量淹没而无法识别。图 3.2.15 是引入拓普利兹抑制噪声法的 MUSIC 方案,在图上能够清晰地分辨出三个峰值点,准确落在 30°、34°、38°,表明在该情形下拓普利兹调整法可以有效地抑制噪声,提高角度估计精度。

针对拓普利兹调整法,重新配置三路能量相等、生成序列相同的信号,经过相等的传播距离分别以 30°、33°、36°到达天线阵列。仿真结果如图 3.2.16 和图 3.2.17 所示。通

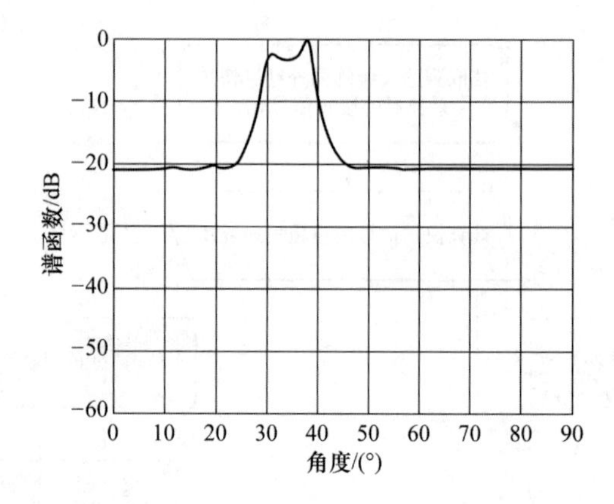

图 3.2.14　传统 MUSIC 角度检测

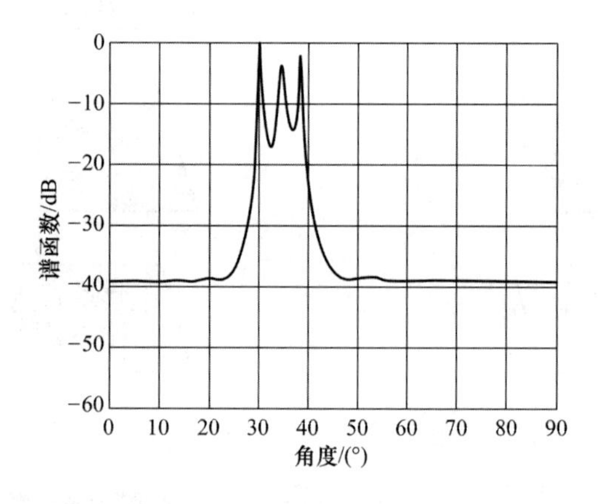

图 3.2.15　托普利兹抑制噪声法角度检测

过对比修改前后的仿真结果发现，此时拓普利兹调整操作只是增加了谱峰的锐利程度，并不能提升角度估计的精度和分辨率，拓普利兹消除噪声算法在角度差较小时存在局限性，无法有效抑制同源干扰。

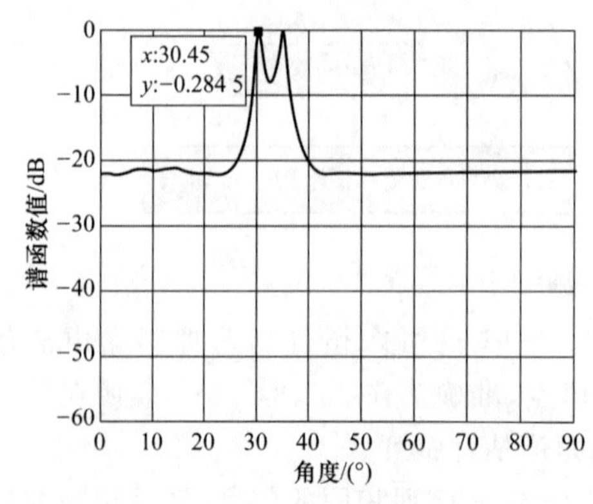

图 3.2.16　传统 MUSIC 角度检测（重新配置）

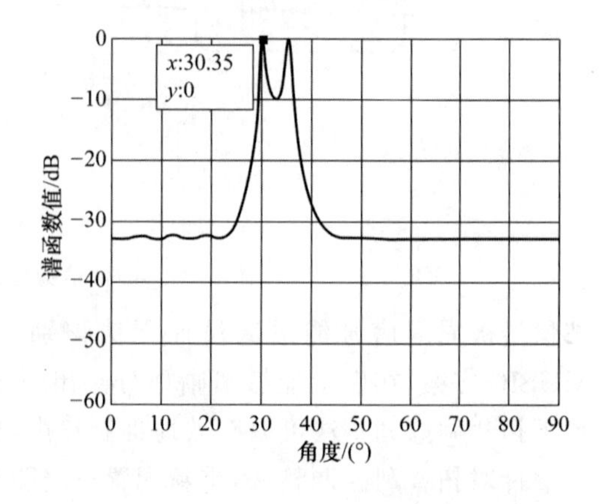

图 3.2.17　托普利兹抑制噪声法角度检测（重新配置）

(2) 特征值抑制噪声法

特征值抑制噪声法仿真结果如图 3.2.18、图 3.2.19 和图 3.2.20 所示。在同样的仿真环境下,采用特征值分解削弱噪声方法,经过三次谱峰扫描,可以得出三个信号到达角度分别为 30.95°、35.65°、33.25°,与真实值分别相差 0.95°、0.35°、0.25°。其中 30.95°和 35.65°在前两次谱峰扫描中被检出,因为这两路信号处于混合信号的边缘遭受的能量混叠影响较小,而受淹没影响严重的 33.25°最后一次被检出,仿真结果侧面证明了特征值反映了角度检出难度。由此可以得出,通过特征值分解削弱噪声影响,并采用所提的谱函数构建法和谱峰扫描策略可以在信号到达角度较近时提供较为准确的角度估计结果,在部分场景下特征值抑制噪声法具备更大的应用空间。

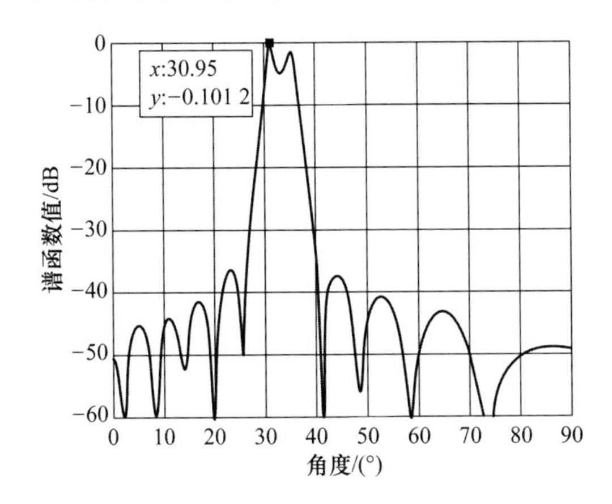

图 3.2.18 第一次谱峰搜索图

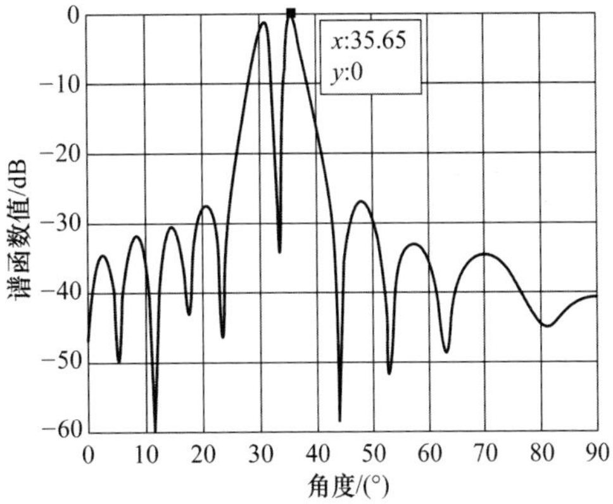

图 3.2.19 第二次谱峰搜索图

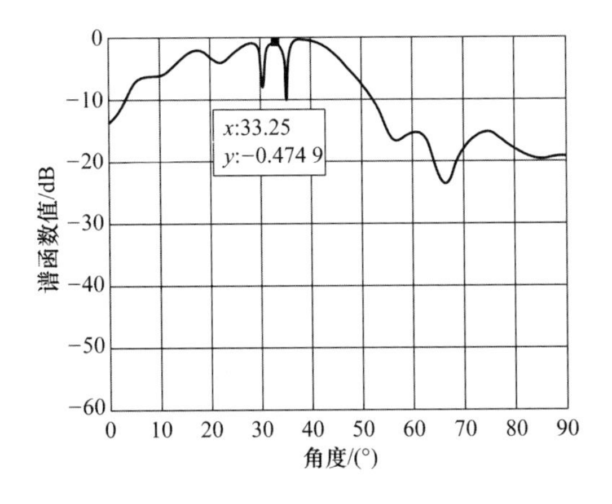

图 3.2.20 第三次谱峰搜索图

3.2.3 ToA 和 AoA 联合估计

如单独利用 ToA 或者 AoA 等估计参数进行定位时,往往需要多个参考节点,这无疑增加了系统的开销和复杂度。无线信号中既蕴含着时间信息，又同时包含着角度信息，如果参考/目标节点可以同时估计出目标/参考节点的 ToA 和 AoA 等参数，那么使用少量甚至只使用一个参考节点就可以估计出目标节点的位置坐标。下面介绍两种 ToA 和 AoA 联合估计的方案。

1. 基于空间平滑的联合估计

以图 3.2.21 所示的 3 天线 UCA 圆形阵列场景为例，对于来波信号，根据式(3.2.44)、式(3.2.45)和式(3.2.46)可构建流型矩阵 $\boldsymbol{H}$，维度为 $3K\times L$，其中 K 为子载波数，L 为来波数量。

$$\boldsymbol{a}(\theta_l,\varphi_l)=\begin{pmatrix}\exp(\mathrm{j}2\pi R\sin\varphi_l\cos\theta_l)\cdot f/c\\ \exp\left(\mathrm{j}2\pi R\sin\varphi_l\cos\left(\theta_l-\dfrac{2\pi}{3}\right)\right)\cdot f/c\\ \exp\left(\mathrm{j}2\pi R\sin\varphi_l\cos\left(\theta_l-\dfrac{4\pi}{3}\right)\right)\cdot f/c\end{pmatrix} \tag{3.2.44}$$

$$\boldsymbol{H}=(\boldsymbol{h}(\theta_1,\varphi_1,\tau_1),\boldsymbol{h}(\theta_2,\varphi_2,\tau_2),\cdots,\boldsymbol{h}(\theta_L,\varphi_L,\tau_L)) \tag{3.2.45}$$

$$\begin{aligned}\hat{\boldsymbol{h}}(\theta_l,\varphi_l,\tau_l)=(&a_1(\theta_l,\varphi_l),a_1(\theta_l,\varphi_l)\cdot\psi_l,\cdots,a_1(\theta_l,\varphi_l)\cdot{\psi_l}^{K-1},\\&a_2(\theta_l,\varphi_l),\cdots,a_3(\theta_l,\varphi_l)\cdot{\psi_l}^{K-1})\end{aligned} \tag{3.2.46}$$

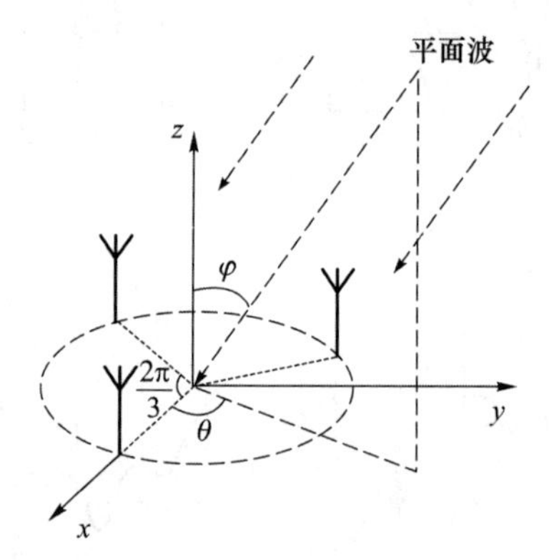

图 3.2.21　3 天线 UCA 圆形阵列

频域信道响应 CSI 测量矩阵 $\boldsymbol{c}$ 可描述为式(3.2.47)。矩阵 $\boldsymbol{c}$ 的维度为 $3K\times N$，其中 N 为 CSI 采样点数。$\boldsymbol{s}$ 为信源矩阵，维度为 $L\times N$。

$$\boldsymbol{c}(n)=\boldsymbol{H}\cdot\boldsymbol{s}(n)+\boldsymbol{n}(n),n=1,2,\cdots,N \tag{3.2.47}$$

对于测量矩阵，按空间平滑因子 m 将其分成 $K-m+1$ 个交叠的一维子阵 $\boldsymbol{C}_{\text{sub}}$。对每个子阵 $\boldsymbol{C}_{\text{sub}}$ 计算相应的协方差矩阵 $\boldsymbol{R}_{\text{sub}}\{i\}$，并取各子阵的均值可得到矩阵 $\boldsymbol{R}$。矩阵 $\boldsymbol{R}$ 维度为 $3m\times 3m$，且矩阵满秩。

对矩阵 $\boldsymbol{R}$ 进行特征值分解，可得到 $3m$ 个特征值和对应的特征向量。通过对特征值的阈值判定，可选择较大的 num 个特征值对应的特征向量构成信号空间，剩余的 $3m-$ num 个构成噪声空间。根据式(3.2.48)重构 $\hat{\boldsymbol{h}}(\theta_l,\varphi_l,\tau_l)$ 为

$$\hat{\boldsymbol{h}}(\theta_l,\varphi_l,\tau_l)=(a_1(\theta_l,\varphi_l),a_1(\theta_l,\varphi_l)\cdot\psi_l,\cdots,a_1(\theta_l,\varphi_l)\cdot{\psi_l}^{m-1}$$

$$a_2(\theta_l,\varphi_l),\cdots,a_3(\theta_l,\varphi_l)\cdot\psi_l^{m-1})\tag{3.2.48}$$

利用空间正交性，构建伪谱函数为

$$P=\frac{1}{\hat{\boldsymbol{h}}(\theta_l,\varphi_l,\tau_l)^*\cdot\boldsymbol{U}\cdot\boldsymbol{U}^*\cdot\hat{\boldsymbol{h}}(\theta_l,\varphi_l,\tau_l)}\tag{3.2.49}$$

对式(3.2.49)进行三维谱搜索，便可得到到达角度和到达时间的估计值。

在图 3.2.21 所示 3 天线 UCA 阵列的联合估计场景下，联合估计性能仿真结果如图 3.2.2所示。联合估计仿真参数为：子载波数量 $K=64$，待测路径数量 $L=2$，CSI 采样点数 $N=50$，空间平滑因子 $m=18$，信噪比 SNR$=10$，载频频率 $f_c=5.7$ GHz，波长 $\lambda=0.526\ 3$ cm，UCA 阵列天线部署半径为 1/2 波长。

如图 3.2.22 所示的仿真结果中，水平坐标分别对应仰角及方位角，垂直坐标对应谱峰高度，图中谱峰所对应坐标即为联合估计结果。从仿真结果可以看出，对应于时延 10 ns、仰角 25°、方位角−20°的来波被检出，在所述仿真条件下角度估计精度小于 0.5°。

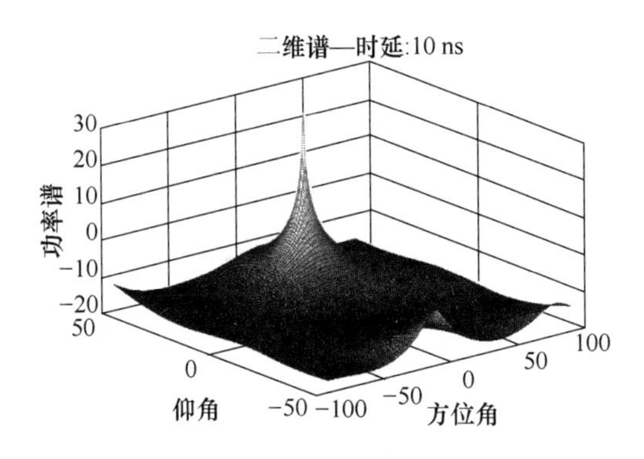

图 3.2.22 联合谱峰搜索结果

2. 基于 EV 的三维联合估计方法

对于时域来波信号，第 m 个天线处对第 l 条径的单快拍信号可理论建模为

$$y_{m,l}=\alpha_l\mathrm{e}^{-\mathrm{j}2\pi(f_c+k\cdot f_{\mathrm{scs}})(\tau_l-(m-1)d\cos\theta_l/c)}\tag{3.2.50}$$

传统 MUSIC 算法的谱函数构造利用了信号分解得到的噪声空间与天线流型矩阵正交的特性，且建立在噪声空间特征值与噪声功率相等的基础上，并由此构造的谱函数表达式如下：

$$S_{\mathrm{MUSIC}}=\frac{1}{\sum\limits_k|\boldsymbol{q}_k^{\mathrm{H}}\boldsymbol{v}(\tau,\theta)|^2}\tag{3.2.51}$$

其中：$\boldsymbol{q}_k$ 表示噪声空间的特征向量，对信号协方差矩阵进行特征分解得到；$\boldsymbol{v}(\tau,\theta)$ 表示三维空间的天线流型矢量，τ，θ 分别表示信号的 ToA 和 AoA；第 m 根天线处的流型矢量表示为

$$\boldsymbol{v}^m(\tau,\theta)=(\mathrm{e}^{-\mathrm{j}2\pi f_c(\tau-\frac{(m-1)d\cos\theta}{c})},\mathrm{e}^{-\mathrm{j}2\pi(f_c+f_{\mathrm{scs}})(\tau-\frac{(m-1)d\cos\theta}{c})},\cdots,\mathrm{e}^{-\mathrm{j}2\pi(f_c+(K-1)\cdot f_{\mathrm{scs}})(\tau-\frac{(m-1)d\cos\theta}{c})})^{\mathrm{T}}\tag{3.2.52}$$

为降低多径信号之间的相干性，可利用前后向空间平滑算法将天线阵划分为若干子

阵，每个子阵天线数量为 L_{sub}。基于天线子阵划分，参与构造谱函数的流型矢量表示为

$$\boldsymbol{v}(\tau,\theta)=(\nu^{0}(\tau,\theta),\cdots,\nu^{L_{\text{sub}}-1}(\tau,\theta)) \tag{3.2.53}$$

为消除多径信号之间的相关性，利用前后向空间平滑算法对接收信号进行处理，表达式如下：

$$\hat{\boldsymbol{R}}_{xx}^{\text{FB}}=\frac{1}{2}(\hat{\boldsymbol{R}}_{xx}+\boldsymbol{J}\hat{\boldsymbol{R}}_{xx}^{*}\boldsymbol{J}) \tag{3.2.54}$$

其中，$\hat{\boldsymbol{R}}_{xx}$ 表示子阵上接收信号的协方差矩阵，矩阵 $\boldsymbol{J}$ 表示反对角线上元素为 1、其余为 0。

在快拍数有限的情况下，噪声对应特征值并不等于噪声功率。因此可利用噪声特征值对式(3.2.54)构造的谱函数进行改进，利用噪声特征值对特征向量进行归一化处理，能在一定程度上降低快拍数不足造成的误差。基于特征值改造的谱函数表达式如下：

$$\boldsymbol{S}_{\text{EV}}=\frac{1}{\sum\limits_{k}\frac{1}{|\lambda_k|}\left|\boldsymbol{q}_k^{\text{H}}\boldsymbol{v}(\tau,\theta)\right|^2} \tag{3.2.55}$$

其中，λ_k 表示噪声子空间的特征值。在理想情况 λ_k 均等于噪声功率的条件下，式(3.2.55)与 MUSIC 算法等价。

以下分 4 种配置场景，在不同天线阵列及快拍数的情况下仿真分析基于 EV 的三维联合估计方法性能。

场景一：4 天线 ULA 线性天线阵列，空间平滑的子阵数目为 2，信噪比为 15 dB，设置 4 条径所对应的时延、角度信息及路径衰减因子分别为到达时间[2.52×10^{-7}，4.55×10^{-7}，1.03×10^{-7}，1.69×10^{-7}]s、到达角度[123.8°，102.3°，68.6°，114.2°]、路径的衰减因子[0.23，0.25，0.23，0.29]。

在单快拍数情况下，算法仿真结果如图 3.2.23 所示。到达角度的均方根误差为 6.9°，到达时间的均方根误差为 4.08 ns。

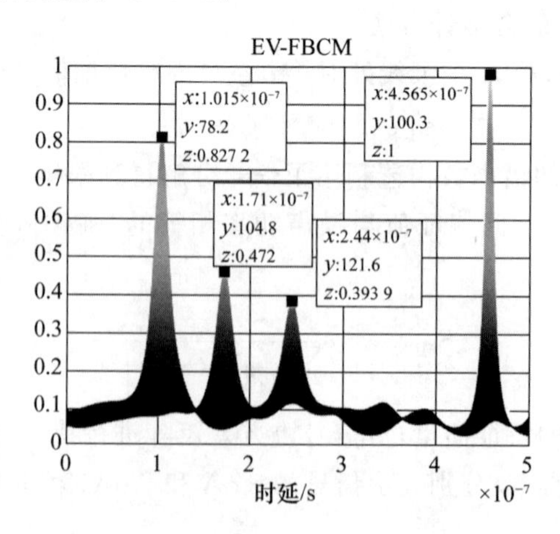

图 3.2.23 场景一联合估计结果

场景二：8 天线 ULA 线性天线阵列，空间平滑的子阵数目为 5，信噪比为 15 dB，设置 4 条径所对应的时延、角度信息及路径衰减因子分别为到达时间[2.52×10^{-7}，$4.55\times$

10^{-7},1.03×10^{-7},1.69×10^{-7}]s、到达角度[123.8°,102.3°,68.6°,114.2°]、衰减因子[0.23, 0.25, 0.23, 0.29]。

在单快拍数情况下,算法仿真结果如图 3.2.24 所示。到达角度的均方根误差为 1.27°,到达时间的均方根误差为 0.6 ns。可以看出,增加天线数量后估计精度有很大提升。

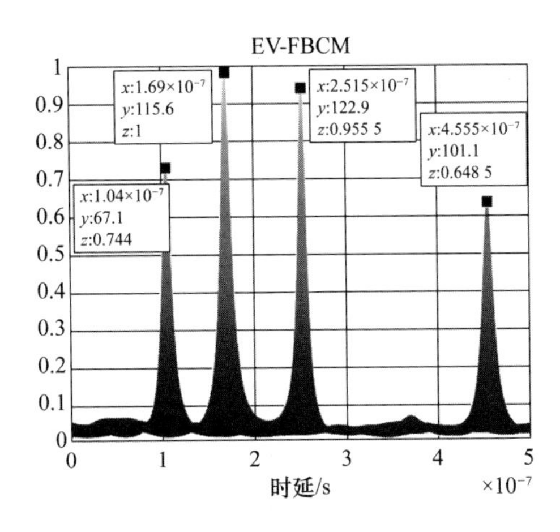

图 3.2.24 场景二联合估计结果

场景三:8 天线 ULA 线性天线阵列,空间平滑的子阵数目为 5,信噪比为 15 dB,快拍数为 100,设置 4 条径所对应的时延、角度信息及路径衰减因子分别为到达时间[2.52×10^{-7},4.55×10^{-7},1.03×10^{-7},1.69×10^{-7}]s、到达角度[123.8°,102.3°,68.6°,114.2°]、衰减因子[0.23, 0.25, 0.23, 0.29]。

在多快拍数情况下,算法仿真结果如图 3.2.25 所示。到达角度的均方根误差为 0.07°,到达时间的均方根误差为 0.5 ns。可以看出,增加快拍数量后估计精度有很大提升。

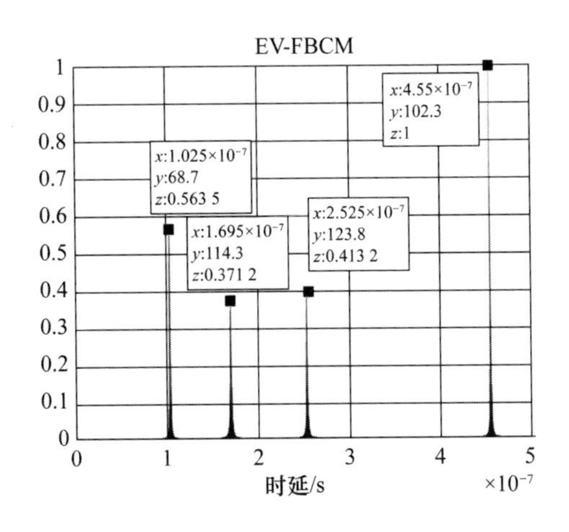

图 3.2.25 场景三联合估计结果

场景四：8 天线 ULA 线性天线阵列，空间平滑的子阵数目为 5，信噪比为 5 dB，快拍数为 100，设置 4 条径所对应的时延、角度信息及路径衰减因子分别为到达时间[2.52×10^{-7}，4.55×10^{-7}，1.03×10^{-7}，1.69×10^{-7}]s、到达角度[123.8°，102.3°，68.6°，114.2°]、衰减因子[0.23，0.25，0.23，0.29]。

在多快拍数情况下，算法仿真结果如图 3.2.26 所示。到达角度的均方根误差为 0.07°，到达时间的均方根误差为 0.5 ns。可以看出，该方案在低 SNR 条件下仍具有较好性能。

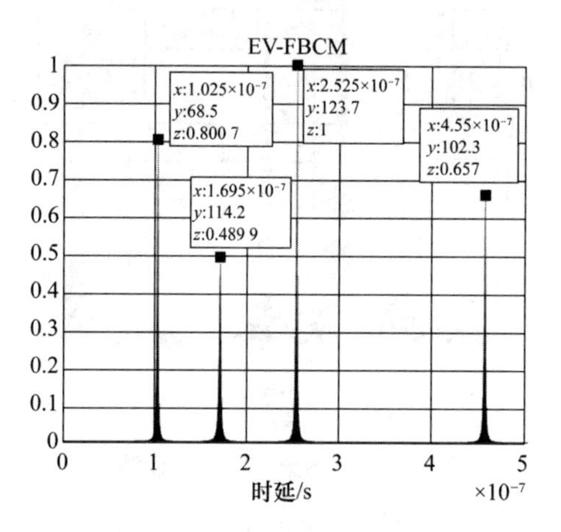

图 3.2.26　场景四联合估计结果

3.2.4　指纹库的建立

指纹是体现目标对象关键特征的重要信息。例如，在刑侦案件中，往往可以在犯罪现场采集罪犯留下的指纹，并通过在警方指纹数据库中的指纹匹配来确定嫌疑人。在定位技术中也有类似的应用，那就是基于指纹的定位方法。我们把实际环境中各个位置的某些特征看成“指纹”，那么我们就可以通过对“指纹”信息的匹配以实现定位。一个位置对应一个“指纹”，这个“指纹”可以包含单维信息或者多维信息，例如，待定位终端正在发送或者接收信息，那么“指纹”可以是这个信号的一个特征或者多个特征。

位置指纹可以是多种类型的，一个位置上任何独有的特征都可以用来作为位置指纹，如某个位置上的多径结构、是否能检测到接入点或者基站、某个位置上检测到的来自基站信号的接收信号强度(Received Signal Strength，RSS)、通信时间延迟、来波角度和信道状态信息(Channel State Information，CSI)等。下面介绍两种最常见的信号特征：多径结构和接收信号强度。

载频比较大(例如，大于 500 MHz)的无线电信号的传播可以近似看作光学射线的传播。无线电信号传播时，这些“射线”可以在光滑的平面(如建筑物的墙壁、地板)上进行反射，遇到锐利的边缘会发生衍射，遇到小型的物体(如树叶)会发生散射。发射源发出的无线电信号可以通过多条路径传播到同一位置，因此在一个位置上会接收到多径信号,每条径的信号有不同的能量强度和时延。时延取决于射线传播的距离,强度取决于距离和具体的传播情况(反射、衍射等)。每条到达接收器的射线称为一个多径分量,信道的多径结构指的是这一组多径来波信号的信号强度和时延。

信号的 RSS 或者接收功率主要取决于接收器的位置。RSS 的获取很简单,因为它是大多数无线通信设备正常运行中所必需的信息。很多通信系统需要通过 RSS 信息来感知链路的质量、实现切换、适应传输速率等。RSS 测量精度不受信号带宽的影响,并不需要使用高的带宽,因此 RSS 是一个很常见的信号特征。

假设有一个固定的信号发射源,在离它不同距离的位置上平均 RSS 的衰减(dB)和距离的对数成正比,RSS 可以简化表示为

$$\mathrm{RSS}=P_{\mathrm{t}}-K-10\alpha\log_{10}d \tag{3.2.56}$$

其中,α 为路径损耗指数,P_{t} 为发送功率,K 为一个取决于环境和频率的常数。RSS 可以被用来计算移动设备与 AP(或基站)之间的距离。然而,由于实际环境的影响(如阴影衰落),RSS 的波动范围会很大,因此单单基于 RSS 测距的三边角方法的定位误差往往很大,并不是一个好的定位方案。

然而,如果一个移动设备能接收到来自多个发射源的信号,或者固定的多个基站都能感知到同一个移动设备,那么我们可以使用来自多个发射源或者多个接收器的 RSS 组成一个 RSS 向量,作为和位置相联系的指纹。例如,在典型的 Wi-Fi 指纹定位场景中,大多数 Wi-Fi 的网卡可以测得来自多个 AP 的 RSS。并且在大多数室内场景中 Wi-Fi 节点部署数量很多,移动设备常常可以检测到多个 AP,因此使用来自多个 AP 的 RSS 作为位置指纹是可实现的。

使用位置指纹进行定位通常有两个阶段:离线阶段和在线阶段。在离线阶段,为了采集各个位置上的指纹,构建一个指纹数据库,需要在指定的区域进行烦琐的勘测,采集好的数据也称为训练集。在在线定位阶段,系统将利用相应的算法估计待定位设备的位置。下面以基于 Wi-Fi 的 RSSI 位置指纹定位方法为例介绍指纹库建立过程。

在待定位区域根据室内环境分布情况,均匀地选取 a 个参考位置 RP,标记为 RP_1,RP_2,…,RP_a;b 个 Wi-Fi 信号可接收点 AP,标记为 AP_1,AP_2,…,AP_b[12]。在第 i 个参考位置 RP_i 处采集到来自各 AP 的 RSSI 值标记为:$\mathrm{RSSI}_i=(\mathrm{RSSI}_{i1},\mathrm{RSSI}_{i2},\cdots,\mathrm{RSSI}_{ij},\cdots,\mathrm{RSSI}_{ib})$,将该参考点所在的区域、物理位置及其 RSSI 值共同构成一个位置指纹,所有参考点的位置指纹构成离线指纹数据库,如表 3.2.2 所示。为了避免单次测量波动对指纹库数据有效性的影响,可以在同一位置多次采集 RSSI,以更充分地获取对应位置的信息、分析信号特征的统计特性。

表 3.2.2 离散指纹库

RP	物理位置	区域	RSSI
RP_1	(x_1,y_1)	Area_1	$(\mathrm{RSSI}_{1,1},\mathrm{RSSI}_{1,2},\cdots,\mathrm{RSSI}_{1,m})$
RP_2	(x_2,y_2)	Area_2	$(\mathrm{RSSI}_{2,1},\mathrm{RSSI}_{2,2},\cdots,\mathrm{RSSI}_{2,m})$
…	…	…	…

续表

RP	物理位置	区域	RSSI
RP_i	(x_i, y_i)	$Area_i$	$(RSSI_{i,1}, RSSI_{i,2}, \cdots, RSSI_{i,m})$
…	…	…	…
RP_a	(x_a, y_a)	$Area_a$	$(RSSI_{a,1}, RSSI_{a,2}, \cdots, RSSI_{a,m})$

3.2.5 载波相位测量

载波相位测量技术广泛应用于全球导航卫星系统(Global Navigation Satellite System, GNSS)中,是实现高精度定位的有效手段之一。利用卫星信号的载波相位观测值进行室外定位的精度可以达到厘米级。载波相位定位技术能达到高精度的一个前提是精确地解算出初始锁定时遗留下来的整周模糊度。而载波相位测量受卫星钟差、传播媒介、接收机噪声和多径的影响,对解算整周模糊度造成困难,如何快速准确地解算整周模糊度是实现高精度载波相位定位的难点之一。因此,在测量及测量结果处理过程中需要尽可能处理各误差项的影响。下面介绍载波相位测量的原理和具体方法。

1. 载波相位测量接收机的工作原理

载波相位测量是在接收机中的载波跟踪环中实现的。接收机中的载波跟踪环的工作原理图如图 3.2.27 所示。载波跟踪环包含载波预检测积分器、载波环检相器和载波环路滤波器,其可编程的方案确定了接收机载波环的特性:载波环的热噪声误差和最大视距动态应力门限。

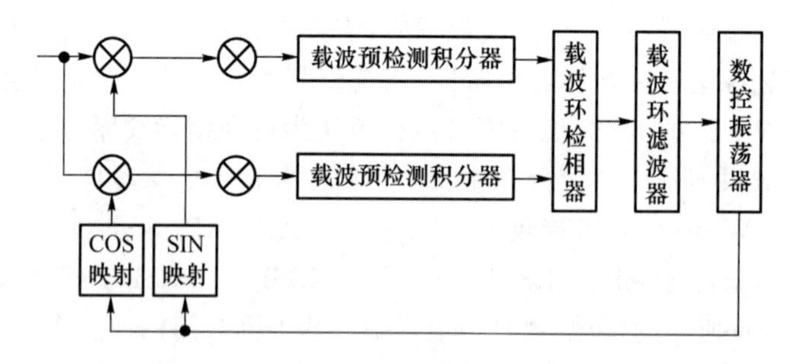

图 3.2.27 接收机载波环的原理示意图

载波环在工作时考虑到接收机最大视距动态应力等情况,往往由锁频环(FLL)和锁相环(PLL)组成,在 PLL 上输出相位误差,在 FLL 上输出频率误差。在实际工作中,FLL 与 PLL 设计上有一定的冲突,例如,为了提高接收机的动态应力,预检测积分时间应尽可能短,采用 FLL,并将载波环路滤波器的带宽设计宽些;而为了使载波测量精度提高,预检测积分时间应长,检相器采用 PLL,且载波环路滤波器的带宽窄些。要解决这个矛盾必须采用折中的方案。在实际接收机工作时,可由 FLL 首先完成对接收信号载波的快速频率捕获,再由 PLL 完成对载波相位的精确跟踪,协同完成对载波相位的精确测量。

环路滤波器的作用是降低噪声影响以便在其输出端对原始信号误差进行精确的估计,

其设计的滤波器阶数和噪声带宽也决定了环路滤波器对信号的动态响应能力。图 3.2.28 示出了 1 个 2 阶 FLL 和 3 阶 PLL 构成的载波环路滤波器,采用该方式构成的环路滤波器可以对存在的加速度等动态应力有很好的适应能力,在实际设计中经常被采用,通过调整滤波器内的各系数完成对滤波器性能的调整。

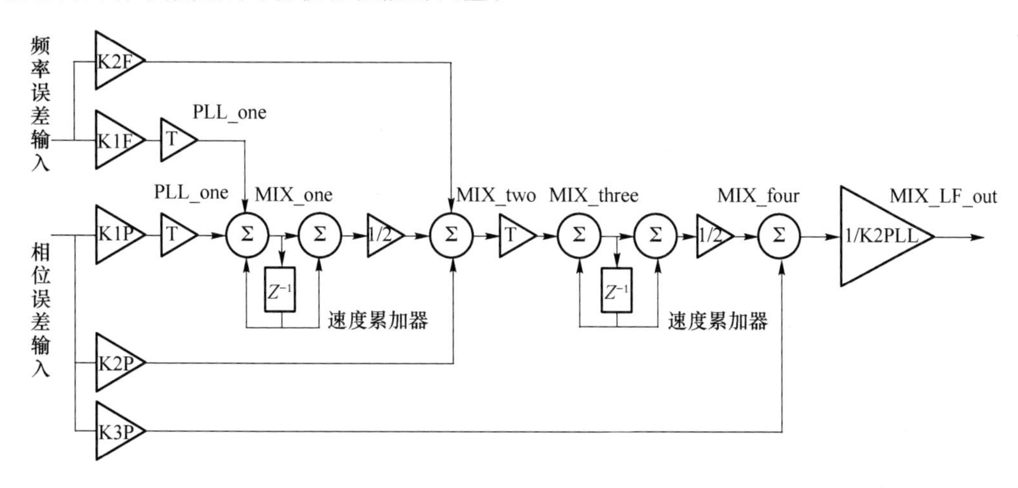

图 3.2.28 载波环滤波器原理示意图

2. GNSS 载波相位测量

载波相位测量系统中的接收机通过对接收信号的载波相位进行观测并利用相位差和距离的关系达到测距的目的。载波相位测量的原理如图 3.2.29 所示。

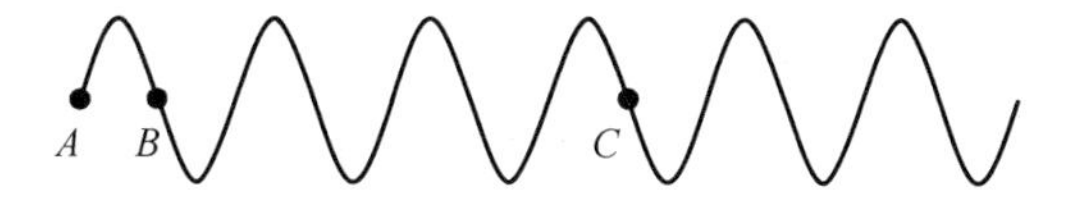

图 3.2.29 载波相位测量原理示意图

如果在载波(如正弦波)上的两个点之间的距离不超过一个波长(如 0.5 个波长),那么这两个点(如 A 点和 B 点)之间的距离和相位差的关系可以表示为

$$d_{AB}=\lambda \cdot \frac{\varphi_B-\varphi_A}{2\pi}=0.5\lambda \tag{3.2.57}$$

其中,φ_B 和 φ_A 分别为 B 点和 A 点对应在载波上的相位。

如果载波上的两个点之间的距离超过一个波长,那么这两个点(如 A 点和 C 点)之间的距离可以表示为两个部分的和,分别为整数波长部分和小数波长部分(如 0.5 个波长),距离和相位差的关系可以表示为

$$d_{AC}=\lambda \cdot \frac{\varphi_C-\varphi_A}{2\pi}=3\lambda+0.5\lambda \tag{3.2.58}$$

接收机在进行相位观测时需要在内部复制一个与卫星发射信号同频同相的连续信号,然后通过比较接收信号的相位和发射信号的相位得到相位差。接收机开始观测到的相位是一个小于 2π 的相位,即式(3.2.58)中的小数部分,由于载波具有周期性,所以整数波长部分无法直接观测到,便成为一个未知量,即整周模糊度。因此,要想实现精确的

距离估计,对于整周模糊度的解算是非常重要的。

上述例子适用于接收机初始观测到卫星信号载波相位的情况。当二者有相对运动时,接收机内部的锁相环或锁频环会始终保持对载波相位小于一个波长部分的跟踪,同时对运动产生的多普勒频偏进行积分从而得到载波相位的变化量[13,14]。值得注意的是,在卫星与接收机的相对运动过程中,即使相对运动距离超过一个波长也能够被记录下来,因此在相对运动过程中,只要 PLL 或 FLL 能够保持对载波相位的跟踪不失锁,最初锁定时的整周模糊度即保持不变。在实际系统中观测载波相位需要考虑环境误差,根据文献[15]中的表述,将载波相位的测量值表示如下:

$$\lambda\varphi_r^s(t_r)=\rho_r^s-(\delta t_r-\delta t_s)c+\lambda N_r^s-\delta_{\text{ion}}+\delta_{\text{tro}}+\varepsilon \tag{3.2.59}$$

其中,$\varphi_r^s(t_r)$表示在 t_r 时刻测量到的卫星信号相位值,ρ_r^s 表示卫星 s 对接收机 r 之间的物理距离,N_r^s 表示卫星 s 对接收机 r 的初始整周模糊度,其他符号依次表示时钟偏差、电离层延时、对流层延时、锁相环相位锁定误差等。

伪距和载波相位是 GNSS 中最基本的两种与定位相关的观测量,二者都包含了距离测量的信息。在能够观测到 4 颗以上卫星的情况下,可利用伪距观测值实现单点绝对定位,精度一般在十几米左右,但这样的精度在诸如飞机起降等对精度要求较高的场景中是远远不够的。影响伪距单点定位精度的因素主要有两个:一个是伪距观测的误差在单点定位中无法完全消除;二是伪码的设计原理使得码跟踪环路的测量精度与码片长度有关,其测量精度为米级。相比之下,载波相位能够被精确锁定在一个波长以内,精度通常为分米级甚至厘米级,这比伪距精度高出很多。但由于整周模糊度未知,单纯利用载波相位测量值无法进行绝对定位。考虑到测量误差,利用载波相位进行高精度的定位除了需要解算整周模糊度之外还需要消除误差对测量的影响。下面将介绍差分卫星定位技术,差分技术不仅能够消除测量误差,还能够有助于整周模糊度的估算。

差分 GNSS 定位需要一个或多个位置已知且固定的地面基准站对定位系统进行增强。当目标接收机与基准站的地理位置较近时,称之为短基线场景,可近似认为这两者的卫星信号传播条件相同,环境因素对信号的影响也近似相同。将二者接收到的来自同一卫星的信号作差,不仅可以消除环境因素导致的误差,还能够消除该卫星的时钟误差。假设基准站和流动接收机的编号分别为 i_1 和 i_2,那么对编号为 p 的卫星的载波相位观测值的单差值可近似表达为

$$SD_{i_1,i_2}^p=\rho_{i_2}^p-\rho_{i_1}^p-(\delta t_{i_2}-\delta t_{i_1})c+\lambda(N_{i_2}^p-N_{i_1}^p)+\varepsilon_{i_2}-\varepsilon_{i_1} \tag{3.2.60}$$

可以看到,除了基准站、目标接收机本身的时钟误差外,其他误差能够被近似消除。同样,对于编号为 q 的卫星也能够得到 SD_{i_1,i_2}^q,将这两个单差进一步地作差,即得到双差测量值

$$DD_{i_1,i_2}^{pq}=\rho_{i_1,i_2}^{pq}+\lambda N_{i_1,i_2}^{pq}+\varepsilon_{i_1,i_2}^{pq} \tag{3.2.61}$$

其中,$(\cdot)_{i_1,i_2}^{pq}=(\cdot)_{i_2}^q-(\cdot)_{i_1}^q-(\cdot)_{i_2}^p+(\cdot)_{i_1}^p$,可以看到在双差中除了测量噪声之外几乎没有其他的误差项。

在短基线场景下,双差不仅能够消除绝大部分环境误差及时钟误差,同时也有利于测量方程的线性化以及整周模糊度的解算。由于基准站与目标接收机之间的位置较近,

且相对于卫星距离地面的高度可以忽略，因此在方程(3.2.57)中可以直接以基准站的坐标值为展开点利用泰勒公式进行展开，仅仅保留一阶项便可以达到线性化的目的，这样的展开方式高阶误差会非常小。线性化完成后，便可以利用诸多基于线性化载波相位测量值的整周模糊度解算方法，如 LAMBDA 算法[16]、快速模糊度解算法[17]、优化 Cholesky 分解法[18]等，以快速解算整周模糊度的值。在解算完整周模糊度的值后，便通过此结果修正原测量值从而得到与距离对应的无模糊度的载波相位值，利用无模糊度的载波相位值可以进行精确到亚米级甚至厘米级的定位。

在中长基线的情况下，接收机与参考站之间的距离较远，信号传播环境相关度不高，环境误差无法通过双差被消除，在这种情况下需要首先估计这些环境误差，再对整周模糊度进行解算，这个过程需要更多的冗余信息进行辅助[19,20]。在有些广域差分系统中会布置更多的基准站和更复杂的地基、星基系统来进行联合校正[21]，或者利用三频甚至多频信号来对环境误差进行估计[22]。

求解整周模糊度的方法有很多，优缺点也各不相同，其中 LAMBDA 算法具有较好的性能。LAMBDA 算法的全称是最小二乘模糊度解相关调整(Least-Square Ambiguity Decorrelation Adjustment, LAMBDA)算法。下面介绍 LAMBDA 算法的原理[23]。

首先，载波相位观测方程的数学模型为[24]

$$\boldsymbol{y}=\boldsymbol{B}\boldsymbol{b}+A\boldsymbol{a}+\boldsymbol{e} \tag{3.2.62}$$

其中：若观测的卫星数为 N，则 y 表示载波相位的双差观测值矢量；$\boldsymbol{a}$ 为 $N-1$ 维列向量，表示两卫星间的双差整周模糊度，为 $N-1$ 维列向量；$\boldsymbol{b}$ 表示与基站构成的基线矢量矩阵，其维度为$(N-1)\times3$；A 是双差整周模糊度矩阵的系数，其值为-1；$\boldsymbol{B}$ 为原观测方程在线性化的过程中衍生的微分项矩阵，其维度为$(N-1)\times3$；$\boldsymbol{e}$ 表示观测过程中的噪声。运用普通最小二乘法对式(3.2.62)求解可得出 a、b 的浮点解及其协方差矩阵如式(3.2.63)所示：

$$\begin{pmatrix}\hat{a}\\ \hat{b}\end{pmatrix},\begin{pmatrix}\hat{\boldsymbol{Q}}_a & \hat{\boldsymbol{Q}}_{ab}\\ \hat{\boldsymbol{Q}}_{ba} & \hat{\boldsymbol{Q}}_b\end{pmatrix} \tag{3.2.63}$$

得出浮点解及协方差矩阵后，进行式(3.2.64)的整周模糊度求解：

$$(\hat{\boldsymbol{a}}-\boldsymbol{a})^{\mathrm{T}}\boldsymbol{Q}_{\hat{a}}^{-1}(\hat{\boldsymbol{a}}-\boldsymbol{a})\leqslant\chi^2 \tag{3.2.64}$$

其中，$\hat{\boldsymbol{a}}$属于 $N-1$ 维整数空间，其搜索空间是一个以 $\boldsymbol{a}$ 为中心的 $N-1$ 维超椭球体，而搜索效率与椭球体的形状和尺寸 χ 有很大的联系。而由浮点解及其构成的协方差矩阵相关性大，其构成的搜索空间形状狭长，搜索效率低，基于此，在对它进行整周模糊度解算前，对浮点解及其协方差矩阵进行 Z 变换，以使搜索空间较为规范，Z 变换的转换公式如式(3.2.65)所示[25]：

$$\boldsymbol{z}=\boldsymbol{Z}^{\mathrm{T}}\boldsymbol{a},\quad \hat{\boldsymbol{z}}=\boldsymbol{Z}^{\mathrm{T}}\hat{\boldsymbol{a}},\quad \hat{\boldsymbol{Q}}_z=\boldsymbol{Z}^{\mathrm{T}}\boldsymbol{Q}_a\boldsymbol{Z} \tag{3.2.65}$$

其中，变换矩阵 Z 满足以下 4 个条件[26]。

(1) 模糊度变换矩阵中的元素为整数。

(2) 变换前后的模糊度体积保持不变(网格点)。

(3) 变换后的模糊度方程之间的乘积减少。

(4) 变化后的协方差矩阵相关性减少。

基于以上4个条件,通过一系列的高斯变换和置换过程构建 Z 变换矩阵后,式(3.2.64)的整数搜索变换经过式(3.2.65)变换得到式(3.2.66)所示的搜索:

$$(\hat{\boldsymbol{z}}-\boldsymbol{z})^{\mathrm{T}}\boldsymbol{Q}_{\hat{z}}^{-1}(\hat{\boldsymbol{z}}-\boldsymbol{z})\leqslant\chi^{2} \tag{3.2.66}$$

将模糊度协方差阵 $\boldsymbol{Q}_{\hat{z}}$ 分解:

$$\boldsymbol{Q}_{\hat{a}}=\boldsymbol{L}^{-\mathrm{T}}\boldsymbol{D}^{-1}\boldsymbol{L}^{-1} \tag{3.2.67}$$

其中:$\boldsymbol{L}$ 为对角线元素为1的下三角矩阵;$\boldsymbol{D}$ 为对角矩阵,它们可从 $\boldsymbol{Q}_{\hat{z}}$ 的 Cholesky 分解因子得出。若 $\boldsymbol{Z}$ 等于 $\boldsymbol{L}^{-1}$,则式(3.2.68)成立:

$$\boldsymbol{Q}_{\hat{z}}=\boldsymbol{Z}^{\mathrm{T}}\boldsymbol{Q}_{\hat{a}}\boldsymbol{Z}=\boldsymbol{Z}^{\mathrm{T}}\boldsymbol{L}^{-\mathrm{T}}\boldsymbol{D}^{-1}\boldsymbol{L}^{-1}\boldsymbol{Z}=\boldsymbol{D}^{-1} \tag{3.2.68}$$

在形式上,虽然式(3.2.66)与式(3.2.64)相似,但从式(3.2.68)可以看出,经过 Z 变换后的协方差矩阵 $\boldsymbol{Q}_{\hat{z}}$ 近似等同于对角矩阵,其在空间上的形状更规范。

3.2.6 参数估计的克拉美罗界

在各种定位算法中,往往需要从接收到的信息中估计出定位所需要的参数,如基于到达时间的定位算法中需要估计的参数为到达时间。参数估计的准确程度直接影响定位算法的性能,所以评价定位算法的性能可以从参数估计的准确程度入手。克拉美罗下界(Cramer-Rao Lower Bound,CRLB)是参数估计性能评估中的重要概念。假设待估计参数的真实值为 θ,随机信号 $\boldsymbol{x}(t)$ 中包含参数的真实信息,那么我们可以得到参数 θ 的一个估计量,如果该估计量是无偏估计量,克拉美罗边界定理可给出该估计量为最优估计量的充要条件。克拉美罗下界是统计学中的一个经典结果,可以在不考虑任何特定估计方法的情况下计算误差协方差的下界。下面介绍克拉美罗边界定理[27]。

1. 克拉美罗边界定理

令 $\boldsymbol{x}=(x_1,\cdots,x_N)$ 为样本向量,如果参数估计量 $\hat{\theta}$ 为真实参数 θ 的无偏估计量,且条件分布密度函数 $f(\boldsymbol{x}|\theta)$ 满足 $\frac{\partial f(\mathbf{x}|\theta)}{\partial\theta}$ 和 $\frac{\partial^2 f(\boldsymbol{x}|\theta)}{\partial\theta^2}$ 均存在,那么 $\hat{\theta}$ 的均方误差可以达到的下界(克拉美罗下界)等于 Fisher 信息的倒数,即

$$\mathrm{var}(\hat{\theta})=E[(\hat{\theta}-\theta)^2]\geqslant\frac{1}{J(\theta)} \tag{3.2.69}$$

其中,$J(\theta)$ 为 Fisher 信息,不等式中等号成立的充要条件为

$$\frac{\partial}{\partial\theta}\ln[f(\boldsymbol{x}|\theta)]=K(\theta)(\hat{\theta}-\theta) \tag{3.2.70}$$

其中,$K(\theta)$ 为某个正函数,并与样本 $\boldsymbol{x}=(x_1,\cdots,x_N)$ 无关。

对于 N 个随机样本 $(x_1,\cdots,x_N)$,Fisher 信息量为

$$J(\theta)=E\left\{\left[\frac{\partial}{\partial\theta}\ln[f(\boldsymbol{x}|\theta)]\right]\right\}=-E\left\{\frac{\partial^2}{\partial\theta^2}\ln f(\boldsymbol{x}|\theta)\right\} \tag{3.2.71}$$

在二维空间中,Fisher 信息矩阵为$\boldsymbol{J}_\theta=\begin{pmatrix} J_{xx} & J_{xy} \\ J_{yx} & J_{yy} \end{pmatrix}$,克拉美罗下界为

$$\mathrm{CRLB}=\mathrm{Tr}\{(\boldsymbol{J}_\theta^{-1})_{2\times 2}\}=\frac{J_{xx}+J_{yy}}{J_{xx}J_{yy}-J_{xy}J_{yx}} \tag{3.2.72}$$

其中,Tr{ * }表示矩阵的迹。

对于基于时间测量的定位算法,是通过对时间的测量得到节点之间的距离信息,通常假定测量时间服从均值为实际值的正态分布。在二维空间中,设有 $N(N\geqslant 3)$个参考节点,坐标为(X_i, Y_i),$i=1,\cdots,N$,未知节点 $S(x, y)$。对于节点 i,测量得到的时间量 T_i服从均值为 b_i、方差为σ^2的正态分布,其中 b_i是一个和未知节点真实位置$\boldsymbol{\theta}=(x,y)^{\mathrm{T}}$相关的量。$T_i$关于未知节点位置的条件分布概率密度函数为

$$f(T_i|\boldsymbol{\theta})=\frac{1}{\sqrt{2\pi\sigma^2}}\exp\left[-(T_i-b_i)^2/2\sigma^2\right] \tag{3.2.73}$$

对测量得到的相互独立的时间量 $\boldsymbol{T}=(T_m, T_{m+1},\cdots,T_N)^{\mathrm{T}}$,若测量量为 ToA,则 $m=1$;若测量量为到达时间差(Time Difference of Arrival,TDoA),则 $m=2$。测量的联合条件概率密度函数为

$$f(T|\boldsymbol{\theta}) = \prod_{i=m}^{N} f(T_i|\boldsymbol{\theta}) \tag{3.2.74}$$

对式(3.2.74)进行对数处理可得

$$\begin{aligned} L(T|\boldsymbol{\theta}) &= \ln[f(T|\boldsymbol{\theta})] = \ln\left[\prod_{i=m}^{N} f(T_i|\boldsymbol{\theta})\right] \\ &= -\frac{N-m+1}{2}\ln(2\pi\sigma^2) - \frac{1}{2\sigma^2}\sum_{i=m}^{N}(T_i-b_i)^2 \end{aligned} \tag{3.2.75}$$

根据 Fisher 信息量的定义,Fisher 信息矩阵为

$$\boldsymbol{J}_\theta=\begin{pmatrix} J_{xx} & J_{xy} \\ J_{yx} & J_{yy} \end{pmatrix}=-\begin{pmatrix} \dfrac{\partial^2}{\partial x^2}L(t|\boldsymbol{\theta}) & \dfrac{\partial^2}{\partial x\partial y}L(t|\boldsymbol{\theta}) \\ \dfrac{\partial^2}{\partial y\partial x}L(t|\boldsymbol{\theta}) & \dfrac{\partial^2}{\partial y^2}L(t|\boldsymbol{\theta}) \end{pmatrix} \tag{3.2.76}$$

下面以 ToA 和 TDoA 为例分析定位误差的克拉美罗下界。

2. ToA 的克拉美罗下界

假设测量得到的参考节点与未知节点之间的到达时间向量为 $\boldsymbol{t}=(t_1, t_2,\cdots,t_N)$,对于到达时间值 t_i,服从均值为$b_i=\sqrt{(X-X_i)^2+(y-Y_i)^2}/c$、方差为$\sigma_1^2$的正态分布,其中 c 为信号传播速度,$i=1,\cdots,N$。则

$$J_{xx}=-E\left[\frac{\partial^2}{\partial x^2}L(\boldsymbol{t}|\boldsymbol{\theta})\right]=\frac{1}{c^2\sigma_1^2}\sum_{i=1}^{N}\left[\frac{(x-X_i)^2}{(x-X_i)^2+(y-Y_i)^2}\right]$$

$$J_{xy}=J_{yx}=\frac{1}{c^2\sigma_1^2}\sum_{i=1}^{N}\left[\frac{(x-X_i)(y-Y_i)}{(x-X_i)^2+(y-Y_i)^2}\right]$$

$$J_{yy}=-E\left[\frac{\partial^2}{\partial y^2}L(\boldsymbol{t}|\boldsymbol{\theta})\right]=\frac{1}{c^2\sigma_1^2}\sum_{i=1}^{N}\left[\frac{(y-Y_i)^2}{(x-X_i)^2+(y-Y_i)^2}\right]$$

代入 CRLB 的公式(3.2.72)可以得到 TOA 定位误差的克拉美罗下界。

3. TDoA 定位误差的克拉美罗下界

二维空间中的 $N(N\geqslant 4)$ 个参考节点,假设测量得到的到达时间差向量为 $\boldsymbol{D}=(d_2,\cdots,d_N)^{\mathrm{T}}$,对于到达时间差 d_i 服从均值为 $b_i=\left(\sqrt{(x-X_i)^2+(y-Y_i)^2}-\sqrt{(x-X_1)^2+(y-Y_1)^2}\right)/c$、方差为$\sigma_2^2$的正态分布。TDOA 的 Fisher 信息矩阵各元素为

$$J_{xx}=\frac{1}{c^2\sigma_2^2}\sum_{i=2}^{N}\left[\frac{(x-X_i)}{\sqrt{(x-X_i)^2+(y-Y_i)^2}}-\frac{(x-X_1)}{\sqrt{(x-X_1)^2+(y-Y_1)^2}}\right]^2$$

$$J_{xy}=J_{yx}=\frac{1}{c^2\sigma_2^2}\sum_{i=2}^{N}\left[\frac{(x-X_i)}{\sqrt{(x-X_i)^2+(y-Y_i)^2}}-\frac{(x-X_1)}{\sqrt{(x-X_1)^2+(y-Y_1)^2}}\right]\cdot\left[\frac{(y-Y_i)}{\sqrt{(x-X_i)^2+(y-Y_i)^2}}-\frac{(y-Y_1)}{\sqrt{(x-X_1)^2+(y-Y_1)^2}}\right]$$

$$J_{yy}=\frac{1}{c^2\sigma_2^2}\sum_{i=2}^{N}\left[\frac{(y-Y_i)}{\sqrt{(x-X_i)^2+(y-Y_i)^2}}-\frac{(y-Y_1)}{\sqrt{(x-X_1)^2+(y-Y_1)^2}}\right]^2$$

代入 CRLB 的公式(3.2.72)可得到 TDoA 定位误差的克拉美罗下界。

3.3 位置解算方法

3.3.1 三边定位

大多数的定位技术都可以看成级联的两个步骤。第一步是定位相关测量值的获取,如信号到达时间(Time of Arrival, ToA)、信号到达角度(AoA)和接收信号强度(Received Signal Strength Indicator, RSSI)等。第二步是将定位相关测量值传入位置解算算法估计出用户的位置。在定位解算算法中,三边定位算法是最简单、最基础的一种定位方法。下面对其原理进行介绍。

三边定位算法的模型可以简化为图 3.3.1 所示。如需在二维平面内确定一个目标节点 M 的位置坐标,至少需要在目标节点 M 附近设置三个参考节点 B_1、B_2、B_3。参考/目标节点发射电磁波信号到目标节点,目标/参考节点接收到电磁波信号通过相应的定位相关测量值的观测并利用观测值和距离的折算关系计算出各个发射机到接收机的距离R_1、R_2、R_3。三个参考节点分别以自己和接收机之间的距离为半径在二维平面上画圆,三个参考节点所画的圆相交的点的位置坐标,即目标节点的位置坐标。设目标节点的位置坐标为(x,y),三个参考节点的位置坐标分别为(x_1,y_1),(x_2,y_2),(x_3,y_3),可以列出方程组:

$$\begin{cases}(x-x_1)^2+(y-y_1)^2=R_1^2\\(x-x_2)^2+(y-y_2)^2=R_2^2\\(x-x_3)^2+(y-y_3)^2=R_3^2\end{cases}\tag{3.3.1}$$

通过求解方程组(3.3.1),可以得到目标节点的位置坐标。

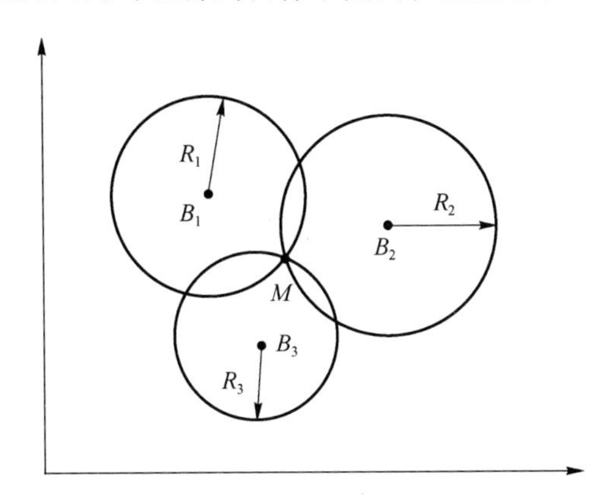

图 3.3.1 三边定位模型图解

双曲线定位算法可以看成对三边定位算法的一种改进。双曲线定位模型可以简化为图 3.3.2。如需在二维平面上确定一个目标节点 M 的位置坐标,至少需要在目标节点 M 附近设置三个参考节点 B_1、B_2、B_3。双曲线定位模型与三边定位模型不同,三边定位模型是通过参考节点和目标节点之间的到达时间等定位相关测量值来建立方程组的,而双曲线定位模型是通过任意两个参考节点到目标节点之间的 TDoA 来建立方程组的,其带来的优势就是可以克服参考节点和目标节点之间时钟不同步的问题,但是参考节点之间的时钟需同步。现假设参考节点之间的时钟是同步的,目标节点和参考节点之间的时钟相差为 t。双曲线定位模型可以通过不同参考节点和目标节点之间的到达时间差来消除参考节点与目标节点的时钟差,很好地解决了参考节点和目标节点之间时钟不同步所带来的对于到达时间估计的误差。R_1、R_2、R_3 分别为参考节点 B_1、B_2、B_3 与目标节点 M 之间的距离。距离测量之差可描述为

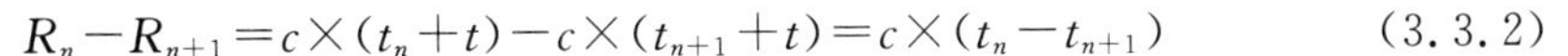

$$R_n - R_{n+1} = c \times (t_n + t) - c \times (t_{n+1} + t) = c \times (t_n - t_{n+1}) \tag{3.3.2}$$

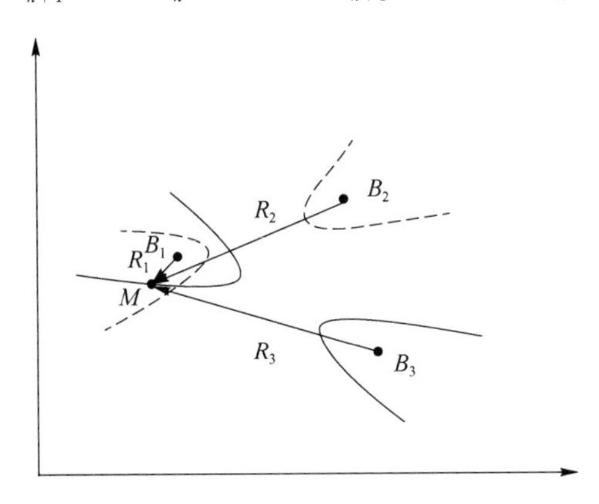

图 3.3.2 双曲线定位模型图解

三个参考节点之间两两通过所估计的距离差在二维平面上画出双曲线,两条双曲线的交点的坐标,即目标节点的位置坐标。基于式(3.3.2)的差分测量结果可以列出方

程组：

$$\begin{cases}\sqrt{(x_2-x)^2+(y_2-y)^2}-\sqrt{(x_1-x)^2+(y_1-y)^2}=R_2-R_1\\ \sqrt{(x_3-x)^2+(y_3-y)^2}-\sqrt{(x_1-x)^2+(y_1-y)^2}=R_3-R_1\end{cases} \tag{3.3.3}$$

通过求解方程组(3.3.3)，可以得到目标节点的位置坐标。

在实际测量中，定位测量值的观测往往和真实值存在误差，使得三边定位算法中三个圆不能相交于一个点，而是形成一块重叠区域，如图 3.3.3 所示。在这种情况下，需要采用其他方法确定定位结果，如采用最小二乘法求三边定位的近似解。

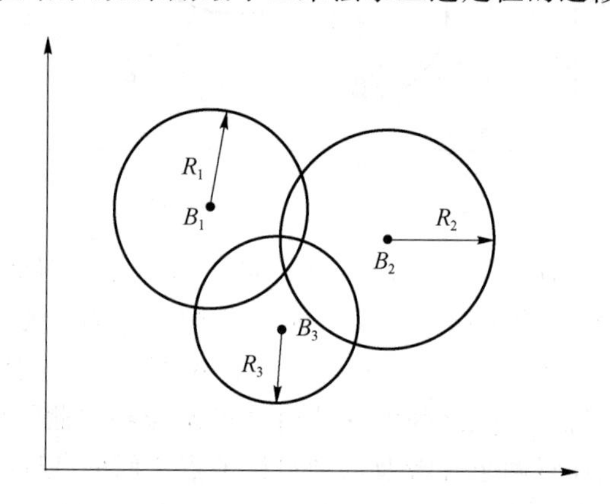

图 3.3.3　存在测量误差情况下的测距定位模型图解

如果想应用此方法在二维平面上估计目标节点的位置坐标，需要 k 个参考节点，且 $k\geqslant3$。设参考节点的位置坐标分别为 $(x_1,y_1),(x_2,y_2),\cdots,(x_k,y_k)$，目标节点的位置坐标为 (x,y)。参考/目标节点发射电磁波信号到目标节点，目标/参考节点通过相应的定位相关测量值计算出各个参考节点到目标节点的距离 $R_1,R_2,\cdots,R_k$。可以列出方程组：

$$\begin{cases}(x-x_1)^2+(y-y_1)^2=R_1^2\\ (x-x_2)^2+(y-y_2)^2=R_2^2\\ \qquad\cdots\\ (x-x_k)^2+(y-y_k)^2=R_k^2\end{cases} \tag{3.3.4}$$

对方程组(3.3.4)中的方程分别作差，得到 $k-1$ 个线性无关方程：

$$(x_k-x_1)\times x+(y_k-y_1)\times y=\frac{1}{2}[(x_k^2+y_k^2)-(x_1^2+y_1^2)+R_1^2-R_k^2] \tag{3.3.5}$$

设 $\boldsymbol{X}=\begin{pmatrix}x_2-x_1 & y_2-y_1\\ \vdots & \\ x_k-x_1 & y_k-y_1\end{pmatrix}$，$\boldsymbol{y}=\begin{pmatrix}(x_2^2+y_2^2)-(x_1^2+y_1^2)+R_1^2-R_2^2\\ \vdots\\ (x_k^2+y_k^2)-(x_1^2+y_1^2)+R_1^2-R_k^2\end{pmatrix}$，$\boldsymbol{\beta}=(x,y)$，方程(3.3.5)组成的方程组可以表示为

$$2\boldsymbol{X}\boldsymbol{\beta}=\boldsymbol{y} \tag{3.3.6}$$

据此，可以得到目标节点位置坐标的最小化误差平方的解为

$$\hat{\boldsymbol{\beta}}=\frac{1}{2}(\boldsymbol{X}^{\mathrm{T}}\boldsymbol{X})^{-1}\boldsymbol{X}^{\mathrm{T}}\boldsymbol{y} \tag{3.3.7}$$

关于最小二乘法的推导见下一节。

3.3.2 Chan 氏算法

Chan 氏算法[28]是面向 TDoA 的定位解算算法。在介绍 Chan 氏算法之前，先简单介绍一下最小二乘法(LS)和加权最小二乘法(WLS)。在诸多的无线定位系统中，最小二乘法是在定位估计中经常使用的一种方法。

在进行无线定位时，一般先利用某些已知的值和测量的值建立方程组，然后再对方程组进行求解来获得目标节点的位置坐标。现在假设建立的方程组为

$$\boldsymbol{Y}=\boldsymbol{A}\boldsymbol{X} \tag{3.3.8}$$

其中，$\boldsymbol{Y}$ 是 $n\times 1$ 维的已知向量，$\boldsymbol{X}$ 是 $m\times 1$ 维的未知的向量，$\boldsymbol{A}$ 是 $n\times m$ 维的系数矩阵。如果 $n>m$，那么建立的方程组为超定方程组，即方程的个数大于未知数的个数，那么可以应用最小二乘法实现对未知向量 $\boldsymbol{X}$ 的最优估计。现在定义残差向量：

$$\boldsymbol{r}=\boldsymbol{A}\boldsymbol{X}-\boldsymbol{Y} \tag{3.3.9}$$

要想得到未知向量 $\boldsymbol{X}$ 的最优解，需要使残差的平方和取最小值。残差的平方和可以表示为

$$F(X)=(\boldsymbol{A}\boldsymbol{X}-\boldsymbol{Y})^2=(\boldsymbol{A}\boldsymbol{X}-\boldsymbol{Y})^{\mathrm{T}}(\boldsymbol{A}\boldsymbol{X}-\boldsymbol{Y}) \tag{3.3.10}$$

其中，T 表示矩阵的转置。利用求导的方法并令相应的导数为零求得式(3.3.3)的最小值，得到

$$\frac{\mathrm{d}F(X)}{\mathrm{d}X}=2\,\boldsymbol{A}^{\mathrm{T}}\boldsymbol{A}\boldsymbol{X}-2\,\boldsymbol{A}^{\mathrm{T}}\boldsymbol{Y}=0 \tag{3.3.11}$$

如果$\boldsymbol{A}^{\mathrm{T}}\boldsymbol{A}$ 是非奇异矩阵，那么可以解得 $\boldsymbol{X}$ 为

$$\boldsymbol{X}=(\boldsymbol{A}^{\mathrm{T}}\boldsymbol{A})^{-1}\boldsymbol{A}^{\mathrm{T}}\boldsymbol{Y} \tag{3.3.12}$$

然而在实际的无线定位系统当中，为了提高定位的精度，常常对最小二乘法进行加权处理，即加权最小二乘法。加权最小二乘法的残差加权平方和可以表示为

$$F(X)=\boldsymbol{W}^2(\boldsymbol{A}\boldsymbol{X}-\boldsymbol{Y})^2 \tag{3.3.13}$$

其中，$\boldsymbol{W}$ 为加权矩阵，通过选择合理的加权矩阵可以有效地提高定位的精度。理论证明，当加权矩阵为测量值误差方差矩阵的逆矩阵时，所估计的目标节点的位置坐标具有最高的准确性。此时解得

$$\boldsymbol{X}=(\boldsymbol{A}^{\mathrm{T}}\boldsymbol{W}\boldsymbol{A})^{-1}\boldsymbol{A}^{\mathrm{T}}\boldsymbol{W}\boldsymbol{Y} \tag{3.3.14}$$

下面来介绍 Chan 氏算法的基本原理。Chan 氏算法是基于到达时间差系统而提出的算法。该算法应用了两次加权最小二乘法，算法的思想是先粗略估计接收机的位置坐标，然后用中间变量把非线性方程改写为线性方程，再利用加权最小二乘法进行估计；最后利用目标节点位置坐标变量和中间变量之间的相关性，第二次利用加权最小二乘法对目标节点的位置坐标进行估计。

该算法分为三个参考节点和三个以上参考节点定位两种情况，下面分别讨论这两种情况。

对于参与定位的参考节点为三个的情况，定义第 i 个参考节点到目标节点之间的估计距离为

$$R_i=\sqrt{(X_i-x)^2+(Y_i-y)^2} \tag{3.3.15}$$

其中，(X_i, Y_i) 为第 i 个参考节点的位置坐标，(x, y) 为目标节点的位置坐标。基于式(3.3.15)可得

$$R_i^2=K_i-2X_ix-2Y_iy+x^2+y^2 \tag{3.3.16}$$

其中，$K_i=X_i^2+Y_i^2$。令$R_{i1}=R_i-R_1$，可得

$$R_i^2=(R_{i1}+R_1)^2 \tag{3.3.17}$$

将式(3.3.16)代入式(3.3.17)可得

$$R_{i1}^2+2R_{i1}R_1+R_1^2=K_i-2X_ix-2Y_iy+x^2+y^2 \tag{3.3.18}$$

其中，当 $i=1$ 时，

$$R_1^2=K_1-2X_1x-2Y_1y+x^2+y^2 \tag{3.3.19}$$

用式(3.3.18)减去式(3.3.19)可得

$$R_{i1}^2+2R_{i1}R_1=K_i-2(X_i-X_1)x-2(Y_i-Y_1)y-K_1 \tag{3.3.20}$$

通过式(3.3.20)所示的线性方程建立方程组，可解得目标节点的位置坐标。

对于参与定位的参考节点为三个以上的情况，由于测量方程数大于未知量的数量，Chan 氏算法可以充分地利用所有测得的数据进行定位解算，可得到更加精确的定位结果。设 $\boldsymbol{Z}=(x, y, R_1)^{\mathrm{T}}$，当系统的测量误差为$n_{i1}$时，可以定义噪声的误差矢量为

$$\boldsymbol{\psi}=\boldsymbol{H}-\boldsymbol{G}\boldsymbol{z} \tag{3.3.21}$$

其中，$\boldsymbol{z}$ 为 $\boldsymbol{Z}$ 在无噪声条件下的值，$\boldsymbol{H}=\begin{pmatrix} R_{21}^2-K_2+K_1 \\ R_{31}^2-K_3+K_1 \\ \vdots \\ R_{i1}^2-K_i+K_1 \end{pmatrix}/(-2)$，$\boldsymbol{G}=\begin{pmatrix} X_{21}Y_{21}R_{21} \\ X_{31}Y_{31}R_{31} \\ \vdots \\ X_{i1}Y_{i1}R_{i1} \end{pmatrix}$，$R_{i1}=r_{i1}+cn_{i1}$，$r_i=r_{i1}+r_1$，$r_{i1}$、$r_i$、$r_1$为无噪声条件下的测量值。可得噪声的误差矢量：

$$\boldsymbol{\psi}=c\boldsymbol{B}\boldsymbol{n}+0.5c^2\boldsymbol{n}\cdot\boldsymbol{n} \tag{3.3.22}$$

其中，$\boldsymbol{B}=\operatorname{diag}\{r_2, \cdots, r_i\}$

在高信噪比条件下，所测量的值服从正态分布，因此，噪声矢量也服从正态分布。由于$r_i \gg cn_i$，所以式(3.3.22)中第二项可以忽略不计，则噪声的误差矢量的方差矩阵为

$$\boldsymbol{\phi}=E[\boldsymbol{\psi}\boldsymbol{\psi}^{\mathrm{T}}]=c^2\boldsymbol{BQB} \tag{3.3.23}$$

其中，$\boldsymbol{Q}$ 是 ToA 的方差矩阵。假设 $\boldsymbol{Z}$ 中各个量相互独立，第一次 WLS 结果为

$$\boldsymbol{Z}=(\boldsymbol{G}^{\mathrm{T}}\boldsymbol{\phi}^{-1}\boldsymbol{G})^{-1}\boldsymbol{G}^{\mathrm{T}}\boldsymbol{\phi}^{-1}\boldsymbol{H} \tag{3.3.24}$$

下面进行第二次 WLS 运算。先计算 $\boldsymbol{Z}$ 的期望和 $\boldsymbol{Z}\boldsymbol{Z}^{\mathrm{T}}$，得到估计位置的方差矩阵。采用扰动方法来计算该方差矩阵。由于$R_{i1}=r_{i1}+cn_{i1}$，$\boldsymbol{G}=\boldsymbol{g}+\Delta\boldsymbol{G}$，$\boldsymbol{H}=\boldsymbol{h}+\Delta\boldsymbol{H}$，由式(3.3.21)可得

$$\boldsymbol{\psi}=\Delta\boldsymbol{H}-\Delta\boldsymbol{G}\boldsymbol{z} \tag{3.3.25}$$

令 $\boldsymbol{Z}=\boldsymbol{z}+\Delta\boldsymbol{Z}$,则 $\Delta\boldsymbol{Z}$ 及其方差矩阵为

$$\Delta\boldsymbol{Z}=c\,(\boldsymbol{g}^{\mathrm{T}}\boldsymbol{\phi}^{-1}\boldsymbol{g})^{-1}\boldsymbol{g}^{\mathrm{T}}\boldsymbol{\phi}^{-1}\boldsymbol{Bn} \tag{3.3.26}$$

$$\mathrm{cov}(\boldsymbol{Z})=E[\Delta\boldsymbol{Z}\Delta\boldsymbol{Z}^{\mathrm{T}}]=(\boldsymbol{g}^{\mathrm{T}}\boldsymbol{\phi}^{-1}\boldsymbol{g})^{-1} \tag{3.3.27}$$

$\boldsymbol{Z}$ 中的元素可以表示为

$$\boldsymbol{Z}=[x_0+e_1,y_0+e_2,R_{10}+e_3] \tag{3.3.28}$$

其中,e_1、e_2、e_3为估计误差。现建立方程组:

$$\boldsymbol{\psi}'=\boldsymbol{H}'-\boldsymbol{G}'\boldsymbol{z}' \tag{3.3.29}$$

其中,$\boldsymbol{H}'=\begin{pmatrix}(x_0+e_1-X_1)^2\\(y_0+e_2-Y_1)^2\\(R_{10}+e_3)^2\end{pmatrix}$,$\boldsymbol{G}'=\begin{pmatrix}1&0\\0&1\\1&1\end{pmatrix}$,$\boldsymbol{z}'=\begin{pmatrix}(x-X_1)^2\\(y-Y_1)^2\end{pmatrix}$。

$\boldsymbol{\psi}'$的方差矩阵为

$$\boldsymbol{\phi}'=E[\boldsymbol{\psi}'\boldsymbol{\psi}'^{\mathrm{T}}]=4\boldsymbol{B}'\mathrm{cov}(\boldsymbol{Z})\boldsymbol{B}' \tag{3.3.30}$$

其中,$\boldsymbol{B}'=\mathrm{diag}\{x_0-X_1,y_0-Y_1,R_{10}\}$

利用 WLS 方法求解,得到

$$\boldsymbol{z}'=(\boldsymbol{G}'^{\mathrm{T}}\boldsymbol{\phi}'^{-1}\boldsymbol{G}')^{-1}\boldsymbol{G}'^{\mathrm{T}}\boldsymbol{\phi}'^{-1}\boldsymbol{H}' \tag{3.3.31}$$

则目标节点位置坐标表示为

$$\boldsymbol{X}=\pm\sqrt{\boldsymbol{z}'}+\begin{pmatrix}\boldsymbol{X}_1\\\boldsymbol{Y}_1\end{pmatrix} \tag{3.3.32}$$

最后基于式(3.3.32)选取位于定位区域的目标节点的位置坐标作为最终定位的结果。Chan 氏算法有个非常重要的假设,即测量误差较小并且该误差服从均值为零的高斯分布。在视距条件下,Chan 氏算法可以保证足够高的定位精度。但是在非视距条件下,该算法不能提供足够高的定位精度。

3.3.3 ToA 和 AoA 联合定位解算算法

定位的解算可基于一类测量量或多类测量量完成,不同的定位方法可以单独使用也可以结合使用。本节基于 Chan 氏算法[28],给出三维 ToA 和 AoA 的联合位置解算算法,介绍顺序如下:首先,分别给出基于 Chan 氏算法的 ToA、AoA 三维定位算法;然后,给出 ToA 和 AoA 联合三维定位算法。

3GPP TR38.901[29]中提供了关于到达仰角和到达顶角的示意图,如图 3.3.4 所示,其中 $\hat{\boldsymbol{n}}$ 是给定的方向,$\hat{\boldsymbol{\phi}}$和$\hat{\boldsymbol{\theta}}$是球面基向量。

1. 三维 ToA 定位算法

(1) 计算协方差矩阵 $\boldsymbol{\Psi}$,给出$\boldsymbol{z}_a$的 ML 估计如下:

$$\begin{aligned}\boldsymbol{z}_a&=\arg\min\,(\boldsymbol{h}-\boldsymbol{G}_a\boldsymbol{z}_a)^{\mathrm{T}}\boldsymbol{\Psi}^{-1}(\boldsymbol{h}-\boldsymbol{G}_a\boldsymbol{z}_a)\\&=(\boldsymbol{G}_a^{\mathrm{T}}\boldsymbol{\Psi}^{-1}\boldsymbol{G}_a)^{-1}\boldsymbol{G}_a^{\mathrm{T}}\boldsymbol{\Psi}^{-1}\boldsymbol{h}\end{aligned} \tag{3.3.33}$$

其中,

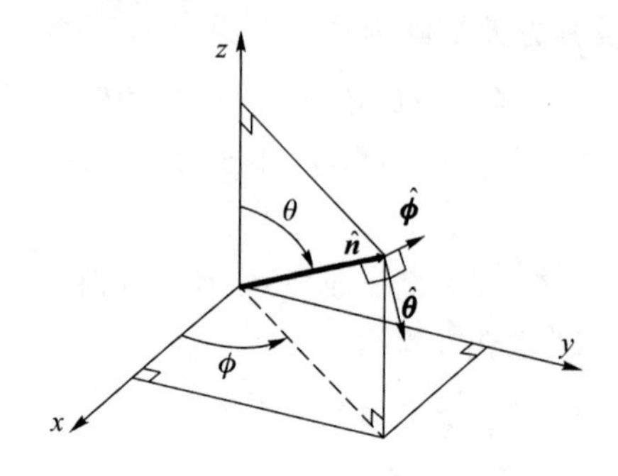

图 3.3.4 笛卡儿坐标系中关于球面角和球面单位向量的定义

$$\boldsymbol{h}=\frac{1}{2}\begin{pmatrix} r_1^2-K_1 \\ r_2^2-K_2 \\ \vdots \\ r_M^2-K_M \end{pmatrix},\quad \boldsymbol{G}_a=-\begin{pmatrix} x_1 & y_1 & z_1 & -\frac{1}{2} \\ x_2 & y_2 & z_2 & -\frac{1}{2} \\ \vdots & \vdots & \vdots & \vdots \\ x_M & y_M & z_M & -\frac{1}{2} \end{pmatrix},\quad \boldsymbol{z}_a=\begin{pmatrix} x \\ y \\ z \\ K \end{pmatrix} \tag{3.3.34}$$

$$K=x^2+y^2+z^2;K_i=x_i^2+y_i^2+z_i^2 \tag{3.3.35}$$

$$\boldsymbol{Q}=\sigma_t^2\begin{pmatrix} 1 & 0 & \cdots & 0 \\ 0 & 1 & \cdots & 0 \\ \vdots & \vdots & & \vdots \\ 0 & 0 & \cdots & 1 \end{pmatrix} \tag{3.3.36}$$

$$\boldsymbol{\Psi}=E[\boldsymbol{\psi}\boldsymbol{\psi}^{\mathrm{T}}]=\boldsymbol{BQB} \tag{3.3.37}$$

$$\boldsymbol{B}=\mathrm{diag}\ \{r_1^0,r_2^0,\cdots,r_M^0\} \tag{3.3.38}$$

(2) 利用$\boldsymbol{z}_a=(x,y,z,K=x^2+y^2+z^2)^{\mathrm{T}}$中各元素的相关性,给出更优的解:

$$\boldsymbol{z}_a'=(\boldsymbol{G}_a'^{\mathrm{T}}\boldsymbol{\Psi}'^{-1}\boldsymbol{G}_a')^{-1}\boldsymbol{G}_a'^{\mathrm{T}}\boldsymbol{\Psi}'^{-1}\boldsymbol{h}' \tag{3.3.39}$$

其中,

$$\boldsymbol{h}'=\begin{pmatrix} z_{a,1}^2 \\ z_{a,2}^2 \\ z_{a,3}^2 \\ z_{a,4} \end{pmatrix},\quad \boldsymbol{G}_a'=\begin{pmatrix} 1 & 0 & 0 \\ 0 & 1 & 0 \\ 0 & 0 & 1 \\ 1 & 1 & 1 \end{pmatrix},\quad \boldsymbol{z}_a'=\begin{pmatrix} x^2 \\ y^2 \\ z^2 \end{pmatrix} \tag{3.3.40}$$

权重矩阵 $\boldsymbol{\Psi}'$为

$$\boldsymbol{\Psi}'=E[\boldsymbol{\psi}'\boldsymbol{\psi}'^{\mathrm{T}}]=\boldsymbol{B}'\mathrm{cov}(\boldsymbol{z}_a)\boldsymbol{B}' \tag{3.3.41}$$

$$\begin{cases} \boldsymbol{B}'=\mathrm{diag}(2\,x^0,2\,y^0,2\,z^0,1) \\ \mathrm{cov}(\boldsymbol{z}_a)=E[\Delta\boldsymbol{z}_a\Delta\boldsymbol{z}_a^{\mathrm{T}}]=(\boldsymbol{G}_a^{0\mathrm{T}}\boldsymbol{\Psi}^{-1}\boldsymbol{G}_a^0)^{-1} \end{cases} \tag{3.3.42}$$

最终的位置估计为

$$\boldsymbol{z}_{p,i}=(\pm\sqrt{z_{a,1}{}'},\pm\sqrt{z_{a,2}{}'},\pm\sqrt{z_{a,3}{}'}) \tag{3.3.43}$$

对应 8 种不同的可能结果。令 $z_{p,i}$ 表示 $\boldsymbol{z}_p$ 三维坐标中的某一维，有两种可能的取值 $\pm\sqrt{z_{a,i}{}'}$，其判定准则如下：

$$z_{p,i}=\arg\min_{z_{p,i}}\left|z_{p,i}-z_{a,i}\right|,\quad 1\leqslant i\leqslant 3 \tag{3.3.44}$$

其中，$z_{a,i}$ 表示 $\boldsymbol{z}_a$ 前三维坐标中的某一维，即选取与 $\boldsymbol{z}_a$ 最接近的结果作为 $\boldsymbol{z}_p$ 的最终解。

2. 三维 AoA 定位算法

三维 AoA 定位算法的推导及 CRLB 证明可参照文献[30]，但需要说明的一点是，在垂直方向上，文献[30]选用的是仰角(Elevation Angle)，而本书中选用的是顶角(Zenith Angle)，因此二者在公式上存在一定的差异。考虑到顶角 $=90°-$ 仰角，因此将此关系直接代入即可。

(1) 得到 UE 坐标的初始估计值：

$$\boldsymbol{z}_{a0}=(\boldsymbol{G}_a^{\mathrm{T}}\boldsymbol{Q}^{-1}\boldsymbol{G}_a)^{-1}\boldsymbol{G}_a^{\mathrm{T}}\boldsymbol{Q}^{-1}\boldsymbol{h} \tag{3.3.45}$$

其中，

$$\boldsymbol{h}=\begin{pmatrix} -x_1\sin\phi_1+y_1\cos\phi_1 \\ \vdots \\ -x_M\sin\phi_M+y_M\cos\phi_M \\ 0.5\cdot(-\cos^2\theta_1 x_1^2-\cos^2\theta_1 y_1^2+\sin^2\theta_1 z_1^2) \\ \vdots \\ 0.5\cdot(-\cos^2\theta_M x_M^2-\cos^2\theta_M y_M^2+\sin^2\theta_M z_M^2) \end{pmatrix} \tag{3.3.46}$$

$$\boldsymbol{G}_a=\begin{pmatrix} -\sin\phi_1 & \cos\phi_1 & 0 & 0 & 0 \\ \vdots & \vdots & \vdots & \vdots & \vdots \\ -\sin\phi_M & \cos\phi_M & 0 & 0 & 0 \\ -x_1\cos^2\theta_1 & -y_1\cos^2\theta_1 & z_1\sin^2\theta_1 & 0.5\cos^2\theta_1 & -0.5\sin^2\theta_1 \\ \vdots & \vdots & \vdots & \vdots & \vdots \\ -x_M\cos^2\theta_M & -y_M\cos^2\theta_M & z_M\sin^2\theta_M & 0.5\cos^2\theta_M & -0.5\sin^2\theta_M \end{pmatrix} \tag{3.3.47}$$

$$\boldsymbol{z}_a=(x,y,z,x^2+y^2,z^2)^{\mathrm{T}} \tag{3.3.48}$$

$$\boldsymbol{Q}=\begin{pmatrix} \boldsymbol{Q}_\theta & 0 \\ 0 & \boldsymbol{Q}_\phi \end{pmatrix} \tag{3.3.49}$$

$$\boldsymbol{Q}_\theta=\boldsymbol{Q}_\phi=\sigma_\theta^2\begin{pmatrix} 1 & 0 & \cdots & 0 \\ 0 & 1 & \cdots & 0 \\ \vdots & \vdots & & \vdots \\ 0 & 0 & \cdots & 1 \end{pmatrix} \tag{3.3.50}$$

(2) 由初始估计值计算协方差矩阵 $\boldsymbol{\Psi}$，进一步给出 $\boldsymbol{z}_a$ 的 ML 估计如下：

$$\begin{aligned}\boldsymbol{z}_a&=\arg\min\,(\boldsymbol{h}-\boldsymbol{G}_a\boldsymbol{z}_a)^{\mathrm{T}}\boldsymbol{\Psi}^{-1}(\boldsymbol{h}-\boldsymbol{G}_a\boldsymbol{z}_a)\\&=(\boldsymbol{G}_a^{\mathrm{T}}\boldsymbol{\Psi}^{-1}\boldsymbol{G}_a)^{-1}\boldsymbol{G}_a^{\mathrm{T}}\boldsymbol{\Psi}^{-1}\boldsymbol{h}\end{aligned} \tag{3.3.51}$$

其中，

$$\boldsymbol{\Psi}=E[\boldsymbol{\psi}\boldsymbol{\psi}^{\mathrm{T}}]=\boldsymbol{BQB} \tag{3.3.52}$$

$$\begin{cases}\boldsymbol{B}=\operatorname{diag}\{\cos\phi_1^0(x-x_1)+\sin\phi_1^0(y-y_1),\cdots,\\ \cos\phi_M^0(x-x_M)+\sin\phi_M^0(y-y_M),\\ -\sin\theta_1^0\cdot\cos\theta_1^0\cdot[(x_1-x)^2+(y_1-y)^2+(z_1-z)^2],\cdots,\\ -\sin\theta_M^0\cdot\cos\theta_M^0\cdot[(x_M-x)^2+(y_M-y)^2+(z_M-z)^2]\}\end{cases} \tag{3.3.53}$$

(3) 利用$\boldsymbol{z}_a=(x,y,z,x^2+y^2,z^2)^{\mathrm{T}}$中各元素的相关性，给出更优的解：

$$\boldsymbol{z}_a'=(\boldsymbol{G'}_a^{\mathrm{T}}\boldsymbol{\Psi'}^{-1}\boldsymbol{G}_a')^{-1}\boldsymbol{G}_a'^{\mathrm{T}}\boldsymbol{\Psi'}^{-1}\boldsymbol{h'} \tag{3.3.54}$$

其中，

$$\boldsymbol{h'}=\begin{pmatrix}z_{a,1}^2\\ z_{a,2}^2\\ z_{a,3}^2\\ z_{a,4}\\ z_{a,5}\end{pmatrix},\quad \boldsymbol{G}_a'=\begin{pmatrix}1&0&0\\0&1&0\\0&0&1\\1&1&0\\0&0&1\end{pmatrix},\quad \boldsymbol{z}_a'=\begin{pmatrix}x^2\\y^2\\z^2\end{pmatrix} \tag{3.3.55}$$

权重矩阵$\boldsymbol{\Psi'}$为

$$\boldsymbol{\Psi'}=E[\boldsymbol{\psi'}\boldsymbol{\psi'}^{\mathrm{T}}]=\boldsymbol{B'}\operatorname{cov}(\boldsymbol{z}_a)\boldsymbol{B'} \tag{3.3.56}$$

$$\begin{cases}\boldsymbol{B'}=\operatorname{diag}(2x^0,2y^0,2z^0,1,1)\\ \operatorname{cov}(\boldsymbol{z}_a)=E[\Delta\boldsymbol{z}_a\Delta\boldsymbol{z}_a^{\mathrm{T}}]=(\boldsymbol{G}_a^{0\mathrm{T}}\boldsymbol{\Psi}^{-1}\boldsymbol{G}_a^0)^{-1}\end{cases} \tag{3.3.57}$$

最终的位置估计为

$$\boldsymbol{z}_{p,i}=(\pm\sqrt{z_{a,1}{}'},\pm\sqrt{z_{a,2}{}'},\pm\sqrt{z_{a,3}{}'}) \tag{3.3.58}$$

对应 8 种不同的可能结果。令$z_{p,i}$表示$\boldsymbol{z}_p$三维坐标中的某一维，有两种可能的取值$\pm\sqrt{z_{a,i}{}'}$，其判定准则如下：

$$z_{p,i}=\arg\min_{z_{p,i}}|z_{p,i}-z_{a,i}|,\quad 1\leqslant i\leqslant 3 \tag{3.3.59}$$

其中，$z_{a,i}$表示$\boldsymbol{z}_a$前三维坐标中的某一维，即选取与$\boldsymbol{z}_a$最接近的结果作为$\boldsymbol{z}_p$的最终解。

3. 三维 ToA+AoA 联合定位算法

将 ToA 与 AoA 的矩阵结合在一起即可，步骤同前。

(1) 得到 UE 坐标的初始估计值：

$$\boldsymbol{z}_{a0}=(\boldsymbol{G}_a^{\mathrm{T}}\boldsymbol{Q}^{-1}\boldsymbol{G}_a)^{-1}\boldsymbol{G}_a^{\mathrm{T}}\boldsymbol{Q}^{-1}\boldsymbol{h} \tag{3.3.60}$$

其中，

$$\boldsymbol{h}=\begin{pmatrix}-0.5(r_1^2-K_1)\\ \vdots\\ -0.5(r_M^2-K_M)\\ -x_1\sin\phi_1+y_1\cos\phi_1\\ \vdots\\ -x_M\sin\phi_M+y_M\cos\phi_M\\ 0.5(-\cos^2\theta_1x_1^2-\cos^2\theta_1y_1^2+\sin^2\theta_1z_1^2)\\ \vdots\\ 0.5(-\cos^2\theta_Mx_M^2-\cos^2\theta_My_M^2+\sin^2\theta_Mz_M^2)\end{pmatrix} \tag{3.3.61}$$

$$K_i = x_i^2 + y_i^2 + z_i^2$$

$$\boldsymbol{G}_a = \begin{pmatrix} x_1 & y_1 & z_1 & -0.5 & 0 & 0 \\ \vdots & \vdots & \vdots & \vdots & \vdots & \vdots \\ x_M & y_M & z_M & -0.5 & 0 & 0 \\ -\sin\phi_1 & \cos\phi_1 & 0 & 0 & 0 & 0 \\ \vdots & \vdots & \vdots & \vdots & \vdots & \vdots \\ -\sin\phi_M & \cos\phi_M & 0 & 0 & 0 & 0 \\ -x_1\cos^2\theta_1 & -y_1\cos^2\theta_1 & z_1\sin^2\theta_1 & 0 & 0.5\cos^2\theta_1 & -0.5\sin^2\theta_1 \\ \vdots & \vdots & \vdots & \vdots & \vdots & \vdots \\ -x_M\cos^2\theta_M & -y_M\cos^2\theta_M & z_M\sin^2\theta_M & 0 & 0.5\cos^2\theta_M & -0.5\sin^2\theta_M \end{pmatrix} \tag{3.3.62}$$

$$\boldsymbol{z}_a = (x, y, z, x^2+y^2+z^2, x^2+y^2, z^2)^{\mathrm{T}} \tag{3.3.63}$$

$$\boldsymbol{Q} = \begin{pmatrix} \boldsymbol{Q}_t & 0 \\ 0 & \boldsymbol{Q}_a \end{pmatrix}, \quad \boldsymbol{Q}_a = \begin{pmatrix} \boldsymbol{Q}_\theta & 0 \\ 0 & \boldsymbol{Q}_\phi \end{pmatrix} \tag{3.3.64}$$

$$\boldsymbol{Q}_t = \sigma_t^2 \begin{pmatrix} 1 & 0 & \cdots & 0 \\ 0 & 1 & \cdots & 0 \\ \vdots & \vdots & & \vdots \\ 0 & 0 & \cdots & 1 \end{pmatrix}, \quad \boldsymbol{Q}_\theta = \boldsymbol{Q}_\phi = \sigma_\theta^2 \begin{pmatrix} 1 & 0 & \cdots & 0 \\ 0 & 1 & \cdots & 0 \\ \vdots & \vdots & & \vdots \\ 0 & 0 & \cdots & 1 \end{pmatrix} \tag{3.3.65}$$

(2) 由初始估计值计算协方差矩阵 $\boldsymbol{\Psi}$,进一步给出$\boldsymbol{z}_a$的 ML 估计如下：

$$\begin{aligned} \boldsymbol{z}_a &= \arg\min\,(\boldsymbol{h} - \boldsymbol{G}_a\boldsymbol{z}_a)^{\mathrm{T}}\boldsymbol{\Psi}^{-1}(\boldsymbol{h} - \boldsymbol{G}_a\boldsymbol{z}_a) \\ &= (\boldsymbol{G}_a^{\mathrm{T}}\boldsymbol{\Psi}^{-1}\boldsymbol{G}_a)^{-1}\boldsymbol{G}_a^{\mathrm{T}}\boldsymbol{\Psi}^{-1}\boldsymbol{h} \end{aligned} \tag{3.3.66}$$

其中，

$$\boldsymbol{\Psi} = E[\boldsymbol{\psi}\boldsymbol{\psi}^{\mathrm{T}}] = \boldsymbol{BQB} \tag{3.3.67}$$

$$\begin{cases} \boldsymbol{B} = \mathrm{diag}\,\{r_1^0, r_2^0, \cdots, r_M^0, \cos\phi_1^0(x-x_1) + \sin\phi_1^0(y-y_1), \cdots, \\ \quad \cos\phi_M^0(x-x_M) + \sin\phi_M^0(y-y_M), \\ \quad -\sin\theta_1^0 \cdot \cos\theta_1^0 \cdot [(x_1-x)^2 + (y_1-y)^2 + (z_1-z)^2], \cdots, \\ \quad -\sin\theta_M^0 \cdot \cos\theta_M^0 \cdot [(x_M-x)^2 + (y_M-y)^2 + (z_M-z)^2]\} \end{cases} \tag{3.3.68}$$

(3) 利用$\boldsymbol{z}_a = (x, y, z, x^2+y^2+z^2, x^2+y^2, z^2)^{\mathrm{T}}$中各元素的相关性,给出更优的解：

$$\boldsymbol{z}_a' = (\boldsymbol{G}_a'^{\mathrm{T}}\boldsymbol{\Psi}'^{-1}\boldsymbol{G}_a')^{-1}\boldsymbol{G}_a'^{\mathrm{T}}\boldsymbol{\Psi}'^{-1}\boldsymbol{h}' \tag{3.3.69}$$

其中，

$$\boldsymbol{h}' = \begin{pmatrix} z_{a,1}^2 \\ z_{a,2}^2 \\ z_{a,3}^2 \\ z_{a,4} \\ z_{a,5} \\ z_{a,6} \end{pmatrix}, \quad \boldsymbol{G}_a' = \begin{pmatrix} 1 & 0 & 0 \\ 0 & 1 & 0 \\ 0 & 0 & 1 \\ 1 & 1 & 1 \\ 1 & 1 & 0 \\ 0 & 0 & 1 \end{pmatrix}, \quad \boldsymbol{z}_a' = \begin{pmatrix} x^2 \\ y^2 \\ z^2 \end{pmatrix} \tag{3.3.70}$$

权重矩阵 $\boldsymbol{\Psi}'$ 为

$$\boldsymbol{\Psi}'=E[\boldsymbol{\psi}'\boldsymbol{\psi}'^{\mathrm{T}}]=\boldsymbol{B}'\mathrm{cov}(\boldsymbol{z}_a)\boldsymbol{B}' \tag{3.3.71}$$

$$\begin{cases}\boldsymbol{B}'=\mathrm{diag}(2x^0,2y^0,2z^0,1,1,1)\\ \mathrm{cov}(\boldsymbol{z}_a)=E[\Delta\boldsymbol{z}_a\Delta\boldsymbol{z}_a^{\mathrm{T}}]=(\boldsymbol{G}_a^{0\mathrm{T}}\boldsymbol{\Psi}^{-1}\boldsymbol{G}_a^0)^{-1}\end{cases} \tag{3.3.72}$$

最终的位置估计为

$$\boldsymbol{z}_p=(z_{p,1},z_{p,2},z_{p,3})=(\pm\sqrt{z_{a,1}{}'},\pm\sqrt{z_{a,2}{}'},\pm\sqrt{z_{a,3}{}'}) \tag{3.3.73}$$

对应 8 种不同的可能结果。令$z_{p,i}$表示$\boldsymbol{z}_p$三维坐标中的某一维，有两种可能的取值$\pm\sqrt{z_{a,i}{}'}$，其判定准则如下：

$$z_{p,i}=\arg\min_{z_{p,i}}|z_{p,i}-z_{a,i}|,\quad 1\leqslant i\leqslant 3 \tag{3.3.74}$$

其中，$z_{a,i}$表示$\boldsymbol{z}_a$前三维坐标中的某一维，即选取与$\boldsymbol{z}_a$最接近的结果作为$\boldsymbol{z}_p$的最终解。

3.3.4 指纹定位

位置指纹定位技术一般分为两个步骤，分别是离线阶段和在线阶段。离线阶段所完成的指纹数据库收集及分析工作是实现指纹定位的前提。在线阶段基于指纹数据库利用相应的匹配算法可实现对用户的定位。

不同于测距的室内定位算法，位置指纹是一种不依赖于测距就可以实现待测用户终端位置估计的定位技术。下面以 Wi-Fi 系统 RSSI 信号指纹定位系统为例，位置指纹定位技术的基本思想：将限定区域进行离散化处理，在离散空间中采集每个离散点的指纹信息，将所有的指纹信息构建成一个指纹数据库，每个位置指纹和离散后的地理位置一一对应。在进行定位时，先获取目标终端当前时刻的实测信息，再通过匹配算法找到指纹数据库与该指纹信息相似度最高的指纹，相似指纹所对应的位置即可为认为是目标终端的当前位置。位置指纹定位技术的定位流程如图 3.3.5 所示。

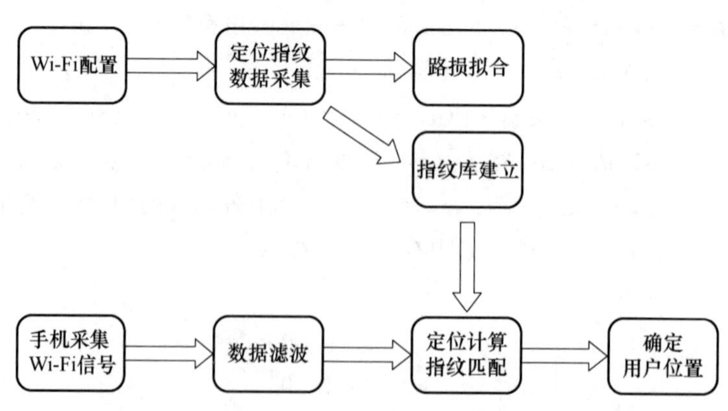

图 3.3.5 Wi-Fi 系统 RSSI 信号指纹定位流程示例

指纹库的建立过程已经在 3.2.3 节进行了介绍，下面主要介绍位置指纹定位技术中在线阶段的匹配算法。在线定位是位置指纹定位技术的最终目的，是实现未知节点定位的阶段。对于在线阶段而言,未知节点与指纹库中的指纹进行匹配是非常重要的,常用的相似度比较方法有欧氏距离和夹角余弦相似度等。欧氏距离是指在向量空间中,两个向量之间的真实距离越小,说明两个向量越相似,向量间的欧氏距离的表达式为

$$d = \sqrt{\sum_{i=1}^{n} (x_{1i} - x_{2i})^2} \tag{3.3.75}$$

其中,x_{1i}和x_{2i}分别是两个向量相应位置上的元素。

夹角余弦相似度指向量空间中两个向量之间的夹角余弦值越接近 1,说明两个向量之间的夹角越接近 0,两个向量越相似。向量间的夹角余弦相似度表达式为

$$\cos\theta = \frac{\sum_{i=1}^{n} x_{1i} x_{2i}}{\sqrt{\sum_{i=1}^{n} x_{1i}^2} \cdot \sqrt{\sum_{i=1}^{n} x_{2i}^2}} \tag{3.3.76}$$

实测数据与指纹数据向量之间相似度的比较可以看成对目标节点的位置粗匹配,其定位精度往往无法满足精细化位置服务的需求。因此可在位置指纹的定位算法粗定位的基础上,进一步进行精细定位以提升定位精度性能。当前使用较多的确定性算法主要有三种,分别是最近邻法[31]、K 近邻法[32,33]和加权 K 近邻法[34]。

最近邻(Nearest Neighborhood,NN)法是三种算法中最简单的一种。该方法是微软公司所提出的室内定位 RADAR 系统中所应用的一种匹配算法。该匹配算法的流程是:当用户携带移动终端进行定位区域时,先获取该区域的基站或者无线接入点发出信号的 RSSI 值,如果该区域有 n 个基站,那么用户获得的 RSSI 向量的表达式为(RSSI_1,RSSI_2,…,RSSI_n);然后,将获取的 RSSI 向量和指纹库中的指纹点对应的 RSSI 向量逐一进行相似度比对,使用的相似度分析方法为欧氏距离法;最后,将向量之间的相似程度的值进行排序,选取欧氏距离最小的指纹点作为匹配结果,该指纹点对应的物理坐标即为对用户位置物理坐标的估计。

最近邻法的匹配过程虽然简单且易于实现,但是存在明显的缺点。在室内环境,由于存在大量的障碍物,无线信号的 RSSI 值往往不存在规律,RSSI 值相似不代表待定位节点位置和估计的指纹点相近,只使用单一的指纹点作为用户节点位置的估计,往往存在较大误差,定位精度并不高。

K 近邻(K-Nearest Neighborhood,KNN)法是最近邻法的一种改进算法。该算法针对最近邻法只采用单一指纹点导致定位精度不高的问题做了改进。该算法所采用的匹配指纹点不是单一点,而是与目标用户节点相似的 K 个指纹点。与最近邻法相同的是两种方法都使用相似度对指纹库中的指纹进行筛选。该匹配算法的核心思想是:将向量之间的相似程度的值进行排序,选取前 K 个相似度最高的指纹点,将这 K 个指纹点对应的坐标进行算术平均运算后的结果作为用户位置的估计。位置估计结果的表达式为

$$(x, y) = \frac{1}{k} \sum_{i=1}^{k} (x_i, y_i) \tag{3.3.77}$$

加权 K 近邻(Weight K-Nearest Neighborhood,WKNN)法是 K 近邻法的改进算

法。K 近邻法采用对 K 个指纹点进行算术平均的结果进行定位，虽然降低了定位的偶然性，准确度得到了提升，但是同样存在缺点。由于 K 近邻法中的 K 个指纹点对最终的定位结果的贡献是同样的权重，但是用户获取的 RSSI 向量与这 K 个指纹点的欧氏距离往往不是相等的，因此使用等增益的模式一定会夸大某些指纹点的贡献，弱化某些指纹点的贡献，从而降低定位的精度。

加权 K 近邻法针对 K 近邻法的问题进一步作出改进，将相似度最高的前 K 个指纹点的权重进行分配，相似度高的指纹点拥有更高的权重，相似度低的指纹点只能得到更小的权重。每个指纹点的权重一般为目标用户节点与相应指纹点欧氏距离值的倒数。最后，将选取的 K 个指纹点对应的物理坐标和权重相乘再相加求平均得到的结果作为用户节点位置的估计。位置估计结果的表达式为

$$(x,y)=\sum_{i=1}^{k}\frac{\frac{1}{D_i+\delta}}{\sum_{i=1}^{k}\frac{1}{D_i+\delta}}(x_i,y_i) \tag{3.3.78}$$

其中，D_i 为用户节点和第 i 个指纹点的欧氏距离，δ 为一个较小的数，是为了防止出现分母为零的情况。

值得注意的是，为了减弱外界环境干扰对目标用户即时采集信号的影响，在指纹匹配之前可采用自适应时间滤波序列方式，将待定位节点多次采集到的基站信号分别进行处理，结合短时信号的时间序列预测，降低目标节点采集信号的波动，以达到更好的指纹匹配定位效果。

3.3.5 多径定位

在较为复杂的室内环境中，由于障碍物和墙面的存在，信号在传播的过程中有很大可能会通过反射或散射等途径到达接收端，因此非视距(Not Line of Sight，NLoS)径是室内定位必须考虑的因素。尤其是在参考节点数量不足的场景下，多径信息的有效利用成为实现定位能力的必要前提。然而，在 NLoS 条件下，信号通过反射或散射等途径到达接收端，这将导致到达时间的增加，以及到达角度的改变。如果直接将 NLoS 径的测量信息误当作视距(Line of Sight，LoS)径来计算，将会导致位置计算的错误。所以，在存在 LoS 及 NLoS 多径信息或缺乏 LoS 径的恶劣环境中，我们需要考虑利用 NLoS 径进行定位。考虑到 5G mmWave 具有易受遮挡、强衰减性以及似光传播的特性，与 NLoS 多次反射径相比，NLoS 一次反射径具有便于分析的几何特征和相对较小的误差。因此，NLoS 一次反射径的利用将在室内定位场景中发挥重要的作用。利用 LoS 径以及 NLoS 一次反射径进行定位，需要先对二者进行识别，将其从 NLoS 多次反射径中分离出来。因此，针对 LoS 径稀少但 NLoS 径相对丰富的室内定位场景，本节介绍基于 mean-shift 聚类的 LoS/NLoS 识别及定位的方法。

该算法在室内墙面位置已知的前提下，首先利用 mean-shift 聚类算法实现 LoS 径与 NLoS 的区分(NLoS 径包含一次反射径与多次反射径)。之后，基于成功识别的 LoS/

NLoS 径，选用其中的 LoS 径与 NLoS 一次反射径，并结合 AoA 定位算法可获取目标节点的位置。该算法步骤描述如下。

(1) 假设目标节点的可能位置

由于来波信号实际反射情况未知，因此仅根据测得的 TDoA 与 AoA 信息无法准确确定用户设备(User Equipment，UE)的位置。在这种场景下，对于每一条路径，对所有可能的有效反射情况(LoS/NLoS 一次反射)都做一次假设，即 LoS 直射径、上墙面反射、下墙面反射、左墙面反射、右墙面反射、前墙面反射、后墙面反射，共 7 种可能情况。对每一条路径的 7 种不同情况进行位置计算，可得到 7 种情况下不同的 UE 可能位置，其中最多有 1 个是 UE 的正确位置。

若假设路径为 LoS 径，利用基站(Base Station，BS)坐标、时间及角度信息可直接计算出 UE 的可能位置；若假设路径为 NLoS 一次反射径，首先需要根据假设的墙面做出 BS 的镜像对称点 BS′，然后利用对称性，根据墙面的位置重新计算 AoA 的角度信息，如图 3.3.6 所示。最后利用对称处理后的数据可计算 UE 的可能位置。

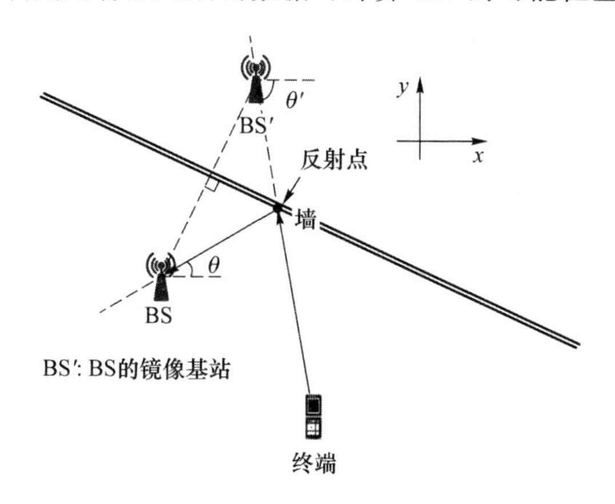

图 3.3.6 重新计算 AoA 信息

如图 3.3.7 所示，在实际的定位解算中，1 组 TDoA 的数据对应两条路径，即两个 BS(如 BS1 与 BS2)，并对应两组 AoA 数据。由于 1 个 TDoA 信息与 1 个 AoA 信息即可计算出 1 个位置坐标，因此，利用 TDoA 与 BS1 处的 AoA、TDoA 与 BS2 处的 AoA 可分别计算出两个坐标值。TDoA-AoA 位置计算方法如下。

给定BS_i、BS_j坐标 (x_i, y_i, z_i)，TDoA 的时间差 t_{ij} $(d_{ij}=c\cdot t_{ij})$，AoA 的方位角 θ_i、仰角 φ_i，可得出如下的关系式：

$$\begin{cases} d_{ij}=\sqrt{(x_i-x)^2+(y_i-y)^2+(z_i-z)^2}-\sqrt{(x_j-x)^2+(y_j-y)^2+(z_j-z)^2} \\ \dfrac{x-x_i}{\cos\theta_i\cos\varphi_i}=\dfrac{y-y_i}{\sin\theta_i\cos\varphi_i}=\dfrac{z-z_i}{\sin\varphi_i}=t \end{cases} \tag{3.3.79}$$

其中

$$
\begin{cases}
\cos\theta_i = \dfrac{x-x_i}{\sqrt{(x_i-x)^2+(y_i-y)^2}} \\
\sin\theta_i = \dfrac{y-y_i}{\sqrt{(x_i-x)^2+(y_i-y)^2}} \\
\cos\varphi_i = \dfrac{\sqrt{(x_i-x)^2+(y_i-y)^2}}{\sqrt{(x_i-x)^2+(y_i-y)^2+(z_i-z)^2}} \\
\sin\varphi_i = \dfrac{z-z_i}{\sqrt{(x_i-x)^2+(y_i-y)^2+(z_i-z)^2}}
\end{cases}
\tag{3.3.80}
$$

可知$(x-x_i)$与$\cos\theta_i$、$(y-y_i)$与$\sin\theta_i$、$(z-z_i)$与$\sin\varphi_i$均为同号，且$\cos\varphi_i>0$，因此$t>0$。

将 AoA 关系式代入 TDoA 关系式中，可解出t：

$$
t=\frac{d_{ij}^2-[(x_i-x_j)^2+(y_i-y_j)^2+(z_i-z_j)^2]}{2[\cos\theta_i\cos\varphi_i(x_i-x_j)+\sin\theta_i\cos\varphi_i(y_i-y_j)+\sin\varphi_i(z_i-z_j)+d_{ij}]}
\tag{3.3.81}
$$

将t代入 AoA 关系式，可解出 UE 的坐标：

$$
\begin{cases}
x=\cos\theta_i\cos\varphi_i\cdot t+x_i \\
y=\sin\theta_i\cos\varphi_i\cdot t+y_i \\
z=\sin\varphi_i\cdot t+z_i
\end{cases}
\tag{3.3.82}
$$

由于 LoS/NLoS 情况还是未知的，因此此步骤只进行初步的位置计算，对精度不作要求。更高的定位精度可由聚类后的 AoA 等其他算法实现。

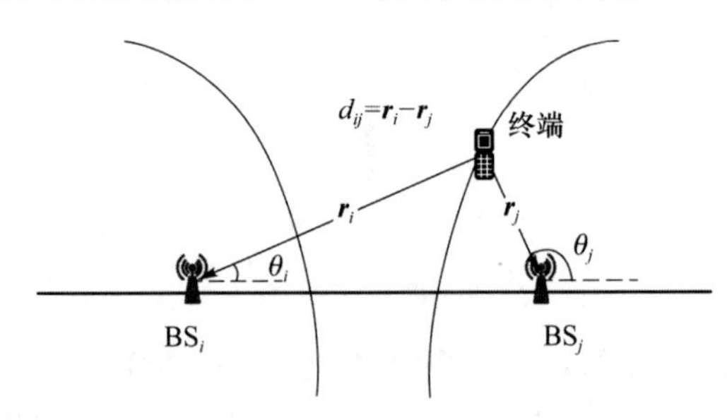

图 3.3.7 TDoA-AoA 定位示意图

(2) mean-shift 聚类

在步骤(1)中，对每一条路径，都有 7 种反射情况的假设，因而计算出了 7 个不同的坐标(我们称之为“假设点”)。假设结果中有且仅有 1 个是正确的，而其余 6 个是错误的；或者在无 LoS 径及 NLoS 一次反射径的情况下，各假设结果都是错误的。所有路径的所有假设点整合到一起后，可得到所有可能的 UE 位置的集合。由于 UE 的真实位置是实际存在且唯一确定的，因此假设正确的点总会聚集在真实位置的周围，而假设错误的点则往往会分布在其他各处，仿真结果也证实了这一现象。因此，可利用聚类算法得到部分正确假设点的点集。

令$\{\boldsymbol{x}_n\}_{n=1}^N\subset\mathbb{R}^D$为待聚类的数据点，基于 mean-shift 聚类算法，定义一种核密度估计(Kernel Density Estimation，KDE)为

$$p(x)=\frac{1}{N}\sum_{n=1}^{N}K\left(\left\|\frac{\boldsymbol{x}-\boldsymbol{x}_n}{\sigma}\right\|^2\right),\quad x\in\mathbb{R}^D \tag{3.3.83}$$

其中，$\sigma>0$ 为聚类带宽，$K(t)=\mathrm{e}^{-t/2}$ 为高斯核(Gaussian Kernel)函数。

为了找到 p(即密度)的局部最大值，令 p 的梯度为 0，化简后可得

$$\boldsymbol{x}_i=\sum_{n=1}^{N}\frac{K'\left(\left\|\frac{\boldsymbol{x}_i-\boldsymbol{x}_n}{\sigma}\right\|^2\right)}{\sum_{n'=1}^{N}K'\left(\left\|\frac{\boldsymbol{x}_i-\boldsymbol{x}_{n'}}{\sigma}\right\|^2\right)}\boldsymbol{x}_n,\quad i=1,\cdots,N \tag{3.3.84}$$

其中，$\boldsymbol{x}_i^{(0)}$ 为 $\{\boldsymbol{x}_n\}_{n=1}^N$ 中的点，$K'=\mathrm{d}K/\mathrm{d}t$。这相当于点 $\boldsymbol{x}_i$ 关于集合 $\{\boldsymbol{x}_n\}_{n=1}^N$ 中的所有其他点做了式(3.3.84)中的运算，运算后的 $\boldsymbol{x}_i$ 将移向局部点密度更大的位置。

定义一种简单的迭代方案：$\boldsymbol{x}^{(\tau+1)}=f(\boldsymbol{x}^{(\tau)})$，$\tau=0,1,2,\cdots$，即将式(3.3.84)的结果用 $f(x_i)$ 代替。由高斯核函数的性质及贝叶斯定理，迭代公式可化简为

$$\begin{cases} f(\boldsymbol{x}_i)=\sum\limits_{n=1}^{N}p(n\mid\boldsymbol{x}_i)\,x_n \\ p(n\mid\boldsymbol{x}_i)=\dfrac{\exp\left(-\frac{1}{2}\left\|\frac{\boldsymbol{x}_i-\boldsymbol{x}_n}{\sigma}\right\|^2\right)}{\sum\limits_{n'=1}^{N}\exp\left(-\frac{1}{2}\left\|\frac{\boldsymbol{x}_i-\boldsymbol{x}_{n'}}{\sigma}\right\|^2\right)} \end{cases} \tag{3.3.85}$$

算法的流程如下：

高斯 mean-shift 算法

　　循环　$i\in\{1,\cdots,N\}$

　　　　x_i

　　　　重复

$$\forall n: p(n\mid\boldsymbol{x}_i)\leftarrow\frac{\exp\left(-\frac{1}{2}\left\|\frac{\boldsymbol{x}_i-\boldsymbol{x}_n}{\sigma}\right\|^2\right)}{\sum\limits_{n'=1}^{N}\exp\left(-\frac{1}{2}\left\|\frac{\boldsymbol{x}_i-\boldsymbol{x}_{n'}}{\sigma}\right\|^2\right)}$$

$$x_i\leftarrow f(\boldsymbol{x}_i)=\sum_{n=1}^{N}p(n\mid\boldsymbol{x}_i)x_n$$

　　　　直到

　　　　$f(\boldsymbol{x}_i)-\boldsymbol{x}_i\leqslant 0.000\,001$

　　　　停止

　　　　$\boldsymbol{z}_i\leftarrow\boldsymbol{x}_i$

　　结束循环

算法的输入为 $\{\boldsymbol{x}_n\}_{n=1}^N$，对应各点的初始位置；算法的输出为 $\{\boldsymbol{z}_n\}_{n=1}^N$，为各点所在聚类的聚类中心。需要说明的是，公式中用到的 $\boldsymbol{x}_n$ 均为初始点坐标。

如前所述，假设正确的点总会聚集在 UE 真实位置的周围，如果不考虑误差，假设正确的点应全部重合于 UE 的真实位置处，而假设错误的点则往往会分布在其他各处。因

此，在本方案聚类的结果中，总会存在一个点数明显多于其他类别的聚类，我们认为这个聚类为假设正确假设点的聚类，简称为“正确的聚类”，设为 C_0，其聚类中心应与 UE 的真实位置较为接近。

在(1)中，每个数据点都对应着 1 条路径，对应 1 个 TDoA 信息与 1 个 AoA 信息，数据点对应的反射情况是假设出来的。那么，在正确的聚类中 C_0 中，每个点对应的这条路径，其反射情况的假设应当是正确的。因此，对这个聚类中的所有点，按照之前的假设，其对应路径的 LoS/NLoS 情况我们即可做出大致正确的判断。

设 C_0 中共有 M 个数据点，其中有 m 个数据点的路径反射情况假设是正确的，其余数据点(C_0 中)的路径反射情况假设是错误的，那么定义 LoS/NLoS 识别的准确率为

$$\varepsilon=\frac{m}{M} \tag{3.3.86}$$

仿真结果表明，mean-shift 聚类方案的识别准确率可达 90%以上。

(3) AoA 定位解算算法

如(2)中所述，mean-shift 聚类算法将给出各聚类的聚类中心，对于正确的聚类 C_0，其聚类中心会分布在 UE 的实际位置附近。然而，直接将其作为定位结果仍会有较大的误差。因此，在已知 LoS/NLoS 类型的情况下，需要根据 C_0 中各点的原始测量数据，重新利用 AoA 定位等算法得到精度更高的定位结果。

令 $\boldsymbol{z}_a=(x,y,z,x^2+y^2,z^2)^{\mathrm{T}}$ 表示未知向量，同时令 $\boldsymbol{z}_p=(x,y,z)^{\mathrm{T}}$。所提出的 AoA 定位算法可分为 3 部分。

① 得到 UE 坐标的初始估计值：

$$\boldsymbol{z}_{a0}=(\boldsymbol{G}_a^{\mathrm{T}}\boldsymbol{G}_a)^{-1}\boldsymbol{G}_a^{\mathrm{T}}\boldsymbol{h} \tag{3.3.87}$$

其中，

$$\boldsymbol{h}=\begin{pmatrix} -x_1\sin\theta_1+y_1\cos\theta_1 \\ \vdots \\ -x_M\sin\theta_M+y_M\cos\theta_M \\ 0.5(-\sin^2\varphi_1 x_1^2-\sin^2\varphi_1 y_1^2+\cos^2\varphi_1 z_1^2) \\ \vdots \\ 0.5(-\sin^2\varphi_M x_M^2-\sin^2\varphi_M y_M^2+\cos^2\varphi_M z_M^2) \end{pmatrix} \tag{3.3.88}$$

$$\boldsymbol{G}_a=\begin{pmatrix} -\sin\theta_1 & \cos\theta_1 & 0 & 0 & 0 \\ \vdots & \vdots & \vdots & \vdots & \vdots \\ -\sin\theta_M & \cos\theta_M & 0 & 0 & 0 \\ -x_1\sin^2\varphi_1 & -y_1\sin^2\varphi_1 & z_1\cos^2\varphi_1 & 0.5\sin^2\varphi_1 & -0.5\cos^2\varphi_1 \\ \vdots & \vdots & \vdots & \vdots & \vdots \\ -x_M\sin^2\varphi_M & -y_M\sin^2\varphi_M & z_M\cos^2\varphi_M & 0.5\sin^2\varphi_M & -0.5\cos^2\varphi_M \end{pmatrix} \tag{3.3.89}$$

② 根据角度 θ 与 φ 的协方差矩阵 $\boldsymbol{Q}$，进一步计算 UE 的坐标：

$$\boldsymbol{z}_a=(\boldsymbol{G}_a^{\mathrm{T}}\boldsymbol{\Psi}^{-1}\boldsymbol{G}_a)^{-1}\boldsymbol{G}_a^{\mathrm{T}}\boldsymbol{\Psi}^{-1}\boldsymbol{h} \tag{3.3.90}$$

其中，

$$\boldsymbol{\Psi}=E[\boldsymbol{\psi}\boldsymbol{\psi}^{\mathrm{T}}]=\boldsymbol{BQB} \tag{3.3.91}$$

$$\begin{cases}\boldsymbol{B}=\mathrm{diag}(\cos\theta_1^0(x-x_1)+\sin\theta_1^0(y-y_1),\cdots,\\ \cos\theta_M^0(x-x_M)+\sin\theta_M^0(y-y_M),\\ -\sin\varphi_1^0\cdot\cos\varphi_1^0\cdot[(x_1-x)^2+(y_1-y)^2+(z_1-z)^2],\cdots,\\ -\sin\varphi_M^0\cdot\cos\varphi_M^0\cdot[(x_M-x)^2+(y_M-y)^2+(z_M-z)^2])\end{cases} \tag{3.3.92}$$

$\boldsymbol{Q}$ 为 θ、φ 的协方差矩阵(假设 θ、φ 服从均值为0、方差为σ_θ^2的独立同分布),在这里取为

$$\boldsymbol{Q}=\begin{pmatrix}\boldsymbol{Q}_\theta & 0\\ 0 & \boldsymbol{Q}_\varphi\end{pmatrix} \tag{3.3.93}$$

$$\boldsymbol{Q}_\theta=\boldsymbol{Q}_\varphi=\sigma_\theta^2\begin{pmatrix}1 & 0 & 0 & \cdots & 0\\ 0 & 1 & 0 & \cdots & 0\\ 0 & 0 & 1 & \cdots & 0\\ \vdots & \vdots & \vdots & & \vdots\\ 0 & 0 & 0 & \cdots & 1\end{pmatrix} \tag{3.3.94}$$

③ 利用$\boldsymbol{z}_a=(x,y,z,x^2+y^2,z^2)^{\mathrm{T}}$中各元素的相关性,给出更优的解:

$$\boldsymbol{z}_a'=(\boldsymbol{G}_a'^{\mathrm{T}}\boldsymbol{\Psi}'^{-1}\boldsymbol{G}_a')^{-1}\boldsymbol{G}_a'^{\mathrm{T}}\boldsymbol{\Psi}'^{-1}\boldsymbol{h}' \tag{3.3.95}$$

其中,

$$\boldsymbol{h}'=\begin{pmatrix}z_{a,1}^2\\ z_{a,2}^2\\ z_{a,3}^2\\ z_{a,4}\\ z_{a,5}\end{pmatrix},\quad \boldsymbol{G}_a'=\begin{pmatrix}1 & 0 & 0\\ 0 & 1 & 0\\ 0 & 0 & 1\\ 1 & 1 & 0\\ 0 & 0 & 1\end{pmatrix},\quad \boldsymbol{z}_a'=\begin{pmatrix}x^2\\ y^2\\ z^2\end{pmatrix} \tag{3.3.96}$$

权重矩阵 $\boldsymbol{\Psi}'$ 为

$$\boldsymbol{\Psi}'=E[\boldsymbol{\psi}'\boldsymbol{\psi}'^{\mathrm{T}}]=\boldsymbol{B}'\mathrm{cov}(\boldsymbol{z}_a)\boldsymbol{B}' \tag{3.3.97}$$

$$\boldsymbol{B}'=\mathrm{diag}(2x^0,2y^0,2z^0,1,1) \tag{3.3.98}$$

$$\mathrm{cov}(\boldsymbol{z}_a)=E[\Delta\boldsymbol{z}_a\Delta\boldsymbol{z}_a^{\mathrm{T}}]=(\boldsymbol{G}_a^{0\mathrm{T}}\boldsymbol{\Psi}^{-1}\boldsymbol{G}_a^0)^{-1} \tag{3.3.99}$$

考虑到 UE 定位结果应处于室内定位空间中,因此,最终的位置估计结果为

$$\boldsymbol{z}_p=\sqrt{\boldsymbol{z}_a'} \tag{3.3.100}$$

基于 mean-shift 聚类的 LoS/NLoS 识别及定位方案仿真结果如下,其中仿真参数如表 3.3.1 所示。

表 3.3.1 仿真参数表

参数名称	参数值
BS 坐标	(15,10,7); (15,50,2); (15,90,6); (35,10,8.5); (35,50,5); (35,90,4)
UE 坐标	(20,15,5.4)
墙面位置	左墙面,xz 平面,$0\leqslant x\leqslant 50$ m 后墙面,yz 平面,$0\leqslant y\leqslant 20$ m 上墙面,$z=9$ m,$0\leqslant x\leqslant 50$ m,$0\leqslant y\leqslant 120$ m

续 表

参数名称	参数值
TDoA 误差分布	$d \sim N(0, 1\ \mathrm{m})$
AoA 误差分布	$\theta \sim N(0, 1^\circ)$　$\varphi \sim N(0, 1^\circ)$
mean-shift 算法带宽	$\sigma = 0.3$

图 3.3.8、图 3.3.9 为 mean-shift 聚类的结果，其中圆圈点为正确的聚类 C_0 中的数据点，星状点为其他聚类中的点，菱形及五角形点表示各聚类的聚类中心，其中 C_0 的聚类中心由箭头与文字标出。图 3.3.8 为一次仿真实验的完整聚类图。为更明显地展示结果，图 3.3.9 为该实验聚类图的局部放大图（限定了坐标范围，只显示正确点周围的聚类）。表 3.3.2 为聚类数据结果，结合图 3.3.9、表 3.3.2 可知，聚类 9 为点数最多的聚类，因此将其作为正确的聚类。由识别准确率的定义，553 个点中共有 502 个点为 UE 实际位置对应的正确的坐标点，因此此次实验中 LoS/NLoS 识别的准确率为 90.78%。标号为 9 的聚类的聚类中心（20.42,15.12, 5.31）与 UE 的实际位置（20,15,5.4）较为接近，误差在可接受的范围内。

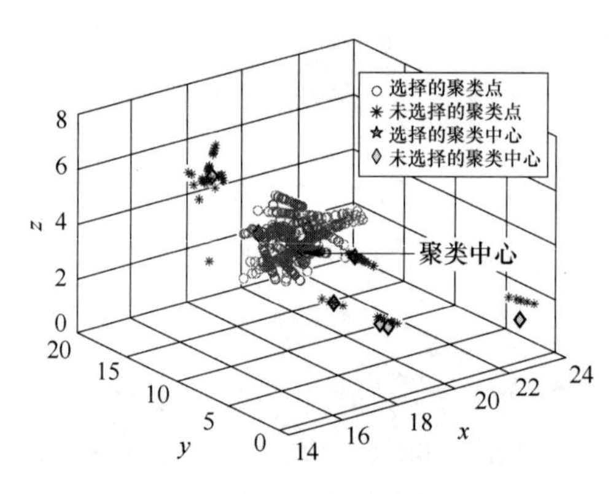

图 3.3.8　mean-shift 聚类结果

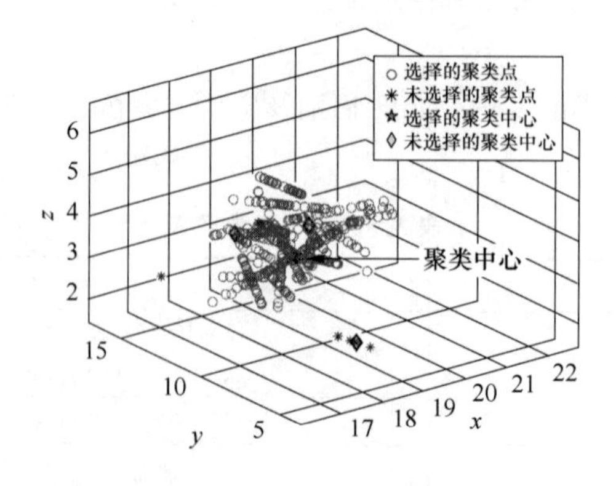

图 3.3.9　mean-shift 聚类结果（局部放大）

表 3.3.2　mean-shift 聚类数据结果

聚类	聚类中点的数量(>20)
1	23
9	553
16	28
109	28
131	22
134	43

以上为单次实验的结果,为统计 LoS/NLoS 识别的准确率,5 000 次实验的平均结果表明,LoS/NLoS 识别的准确率平均为 91.44%,即在我们所取的点数最多的聚类中,平均有 91.44%的数据点的 LoS/NLoS 识别都是准确的。

图 3.3.10 为 5 000 次仿真实验中,AoA 定位误差的 CDF 曲线图。z_{a0}代表利用基本 LS 算法计算出的坐标初始值的误差,z_a代表利用第一步 WLS 算法计算出的坐标误差,z_p代表利用第二步 WLS 算法计算出的坐标误差,其中 z_p 为最终的定位结果。由此可知,LoS/NLoS 聚类识别定位方案可实现较高的定位精度。

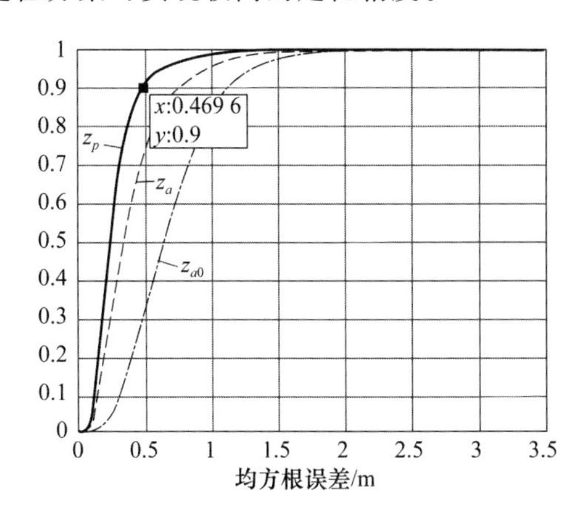

图 3.3.10　AoA 定位误差 CDF 曲线

3.3.6　协作定位

随着无线通信网络的发展,越来越多的终端节点接入网络,产生了大量的定位需求。协作定位可以利用位置未知节点间的无线测量量来获得终端节点之间的相对位置信息,进而实现整个网络节点的定位。如图 3.3.11 所示,节点 1、3、5 为参考节点,目标节点 2 不在参考节点 5 的通信范围内,目标节点 4 不在参考节点 1 的通信范围内。由于参考节点数量不足,两个目标节点都无法通过三边定位算法来确定各自的位置,存在歧义的位置估计点,即图中的黑点。但是目标节点 2 和目标节点 4 之间可以通过直接通信来明确两者的间距，并相应地实现自身的定位，这就是终端间协作定位的优势。

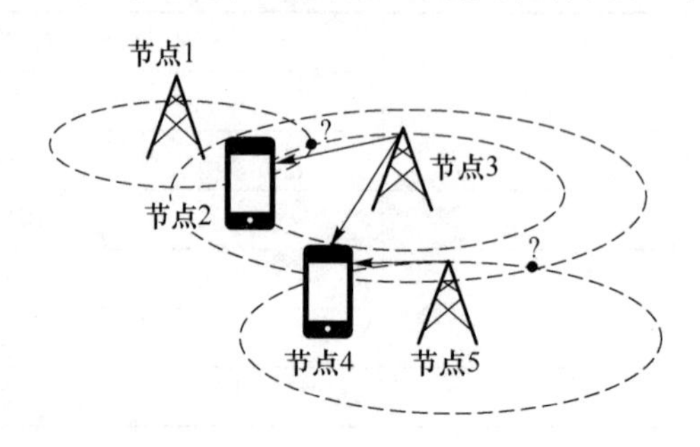

图 3.3.11　协作定位场景示例

协作定位算法可以分为集中式协作定位算法和分布式协作定位算法两大类算法。集中式协作定位是指一个总节点收集所有节点的测量数据，并进行统一解算给出多个用户终端的位置坐标，然后将位置信息返回给每个待测的用户终端。集中式协作定位所得到的结果是全局最优解，定位精度比较高，但是总节点的计算开销比较大，大规模的网络不适合集中式协作定位。分布式协作定位是迭代的计算过程，主要分为两个过程：自身定位和信息交互。每个目标节点利用自身的测量和之前的位置信息计算自身的位置坐标，然后将自身的位置信息发送给相邻的节点，邻居节点收到信息后更新自身的位置，通过节点间不断迭代直到所有节点全部收敛。每次迭代过程中，终端利用相邻节点的位置信息来估计自身位置，但是邻居节点的位置估计会存在误差，这就导致分布式协作定位算法的性能要低于集中式协作定位算法。由于分布式协作定位算法具有复杂度较低和分布式实现方式等优点，因此受到了国内外专家学者的关注，并且产生了大量的科研成果。下面我们具体介绍关于分布式协作定位的技术。

协作定位可以解决可视参考节点数量不足条件下的可定位性及定位精度不高等问题。异构协作是未来网络的重要特征，参考节点类型从传统的锚节点或者基站逐步拓展到用户终端，那么网络可以获得更加丰富的信息来进行定位，这将会给无线定位带来前所未有的机遇。异构协作定位在提高定位精度的同时也给网络定位带来了全新的挑战。异构协作定位的精度不仅和测量信号的精度有关，还和参考节点自身位置的准确性有关。在协作定位中不同类型的参考节点对自身位置估计的误差不同，普通用户终端的位置信息只能依靠先验信息和与其他节点的交互信息粗略估计，因此，其位置信息和真实位置存在较大误差。在分布式协作定位中，参考节点的位置误差在每次迭代过程中形成误差的累积和传播，从而影响定位的精度。因此，如何量化节点间测距的误差和节点自身位置的误差，有效利用参考节点来协助待定位终端实现较高精度的定位成为当前研究的重点。协作定位算法主要分为基于概率信息和基于非概率信息两大类定位算法，其中基于因子图的协作定位算法是基于概率的定位算法中最常用的算法。

1. 后验概率分布的因子图表示

在许多参数估计场景下，后验概率分布函数 $p_{x|z}(x|z)$ 可以被分解成很多因子 $\phi_k(\cdot)$ 的乘积。假设变量集合 x_k 是联合参量 X 的集合，即 $x_k \subset X$，有

$$p_{x|z}(x|z)=\frac{1}{Q}\prod_{k=1}^{M}A\phi_k(x_k) \tag{3.3.101}$$

其中，Q 是归一化常量，M 是可分解的因子的数量。

如图 3.3.12 和图 3.3.13 所示，对于每一个因子 $\phi(\cdot)$，可以用一个顶点表示，标记为"ϕ"。对于每一个变量 X，可以用一条边来表示，标记为"X"。当一个变量 X 影响到一个因子 $\phi(\cdot)$ 时，将边 X 和顶点 $\phi(\cdot)$ 相连。由于一条边至多只能和两个顶点相连，当一个变量出现两个以上因子时，将其视为一种特殊情况，用一个等价的顶点表示，标记为"＝"。所有与这个变量相连的因子都可以与这个等价的顶点相连。这些变量对应的边用特殊的名字表示（如 X'、X''）。这个等价的顶点可以表示为一个 δ 函数，等价的顶点的边为 X、X'、X'' 时，对应的 δ 函数为 $\delta(x-x')\delta(x-x'')$。为了便于标注，我们通常用相同的符号来标记所有连接到一个等价的顶点的边。让我们来看一个简单的例子，如图 3.3.12 所示，变量 $\boldsymbol{X}=(X_1,X_2,X_3)$ 的后验概率分布可以被分解为

$$p(x_1,x_2,x_3|z)=\frac{1}{Q}\phi_A(x_1)\phi_B(x_1,x_2)\phi_C(x_1,x_2)\phi_D(x_2,x_3) \tag{3.3.102}$$

其中，Q 为一个未知的常量，将 $\phi_B(\cdot)$ 和 $\phi_C(\cdot)$ 组合为一个新的因子 $\psi(\cdot)$，如图 3.3.13 所示，后验概率分布函数可以重新被分解为

$$p(x_1,x_2,x_3|z)=\frac{1}{Q}\phi_A(x_1)\psi(x_1,x_2)\phi_D(x_2,x_3) \tag{3.3.103}$$

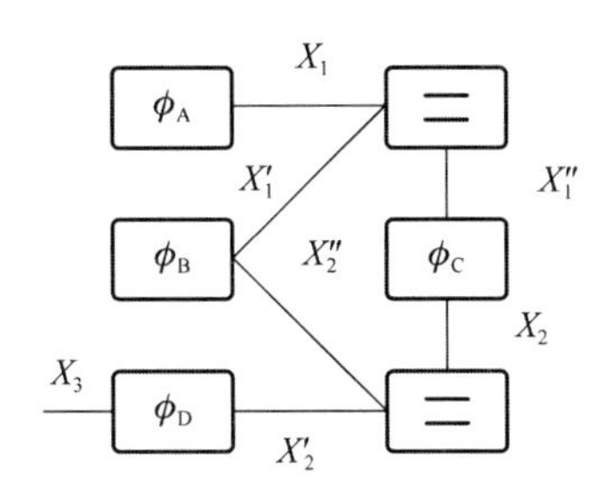

图 3.3.12 概率分布的因子图表示示例

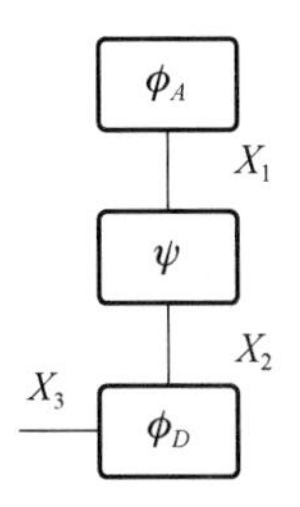

图 3.3.13 概率分布的因子图简化表示示例

2. 和积算法

和积算法（Sum-Product Algorithm，SPA）是一种消息传递算法，可以有效地从联合分布中求解出边缘概率。和积算法的操作包括计算内部顶点的信息和将信息通过边进行传播。信息通过边进行传播，其传播过程可以用一个函数来表示，记为 $\mu_{x\to\phi}(\cdot)$ 或者

$\mu_{\phi\to X}(\cdot)$，其中 ϕ 表示和边 X 相连的顶点。给定一个因子 $\phi(x_1, x_2, \cdots, x_D)$ 和输入信息 $\mu_{x_k\to\phi}(\cdot)$，$\forall k$，通过边 X_i 的输出信息可以表示为

$$\mu_{\phi\to X_i}(x_i) \propto \int \phi(x_1, x_2, \cdots, x_D) \prod_{k\neq i} \mu_{x_k\to\phi}(x_k) \mathrm{d}\, x_1 \cdots \mathrm{d}\, x_{i-1} \mathrm{d}\, x_{i+1} \cdots \mathrm{d}\, x_D \tag{3.3.104}$$

其中，信息 $\mu_{\phi\to x_i}(\cdot)$ 为归一化的信息，即 $\int \mu_{\phi\to x_i}(\cdot) \mathrm{d}\, x_i = 1$。在图 3.3.13 中，从 ψ 传到 X_2 的信息可以表示为

$$\mu_{\psi\to X_2}(x_2) \propto \int \psi(x_1, x_2)\, \mu_{x_1\to\psi}(x_1) \mathrm{d}x_1 \tag{3.3.105}$$

信息开始于边的一端，传播一个常量信息，如图 3.3.13 中的 $\mu_{x_3\to\phi_D}(x_3) \propto 1$。当顶点的度为 1 时，边直接传播该因子，如图 3.3.13 中的 $\mu_{\phi_A\to x_1}(x_1) = \phi_A(x_1)$，当顶点为等价的顶点时，输出信息为输入信息的乘积。例如，在图 3.3.13 中边 X_1' 到顶点 ϕ_B 的信息表示为

$$\mu_{X_1'\to\phi_B}(x_1') \propto \mu_{\phi_A\to X_1}(x_1') \mu_{\phi_C\to X''}(x_1') \tag{3.3.106}$$

变量 x_k 的边缘概率密度函数 $p_{x_k|z}(x_k|z)$ 可以通过经过这条边的两条信息的乘积获取。在图 3.3.13 中变量 x_2 的边缘概率分布可以表示为

$$p_{x_2|z}(x_2|z) \propto \mu_{\phi_D\to X_2}(x_2) \times \mu_{\phi_D\to X_2}(x_2) \tag{3.3.107}$$

3. 基于因子图的序贯估计

在某些场景下，变量会随着时间的推移而发生变化。序贯估计可以通过一系列的独立观察值 $z^{(1:t)} = (z^{(1)}, z^{(2)}, \cdots, z^{(t)})$ 来估计 t 时刻的变量 x^t。假设观测量只与系统当前状态有关，即

$$p(x^{(t)} | X^{(0:t-1)}) = p(x^{(t)} | X^{(t-1)})$$
$$p(x^{(t)} | X^{(0:t)}) = p(x^{(t)} | X^{(t)})$$

可以容易地得出

$$\begin{aligned} p(x^{(t)} | X^{(1:t)}) &= \int p(x^{(t)}, x^{(t-1)} | X^{(1:t)}) \mathrm{d}\, x^{(t-1)} \\ &\propto p(z^{(t)} | X^{(t)}) p(x^{(t)} | z^{(1:t-1)}) \end{aligned} \tag{3.3.108}$$

其中

$$p(x^{(t)} | z^{(1:t-1)}) = \int p(x^{(t)} | X^{(t-1)}) p(x^{(t-1)} | z^{(1:t-1)}) \mathrm{d}\, x^{(t-1)} \tag{3.3.109}$$

这表明，给定 $p(x^{(t-1)} | z^{(1:t-1)})$ 的情况下，可以通过下面的计算过程求解出 $p(x^{(t)} | z^{(1:t)})$。

(1) 预测过程：根据式(3.3.109)，可以使用 t 时刻之前所有的观察值来求出分布 $p(x^{(t)} | z^{(1:t-1)})$。

(2) 修正过程：根据式(3.3.108)，可以使用 t 时刻的观察值来求出 $p(x^{(t)} | z^{(1:t)})$。

因此，在任何时刻 t，给定了 t 时刻和 t 时刻之前的观察值，都可以求出后验概率分布 $p(x^{(t)} | z^{(1:t)})$，然后可根据 $x^{(t)}$ 的 MMSE 估计或者 MAP 估计就可以确定后验概率分布的均值或模式。另外，上面的整个过程需要初始的位置信息：$p(x^{(t)} | z^{(1:t)})|_{t=0} = p(x^{(0)})$。序贯估计可以通过创建 $p(x^{(0:T)} | z^{(1:T)})$ 的网络因子图和应用 SPA 算法的方式来进行求

解。考虑到测量值之间是相互独立的，使用马尔可夫估计可以发现：

$$p(x^{(0:T)} \mid z^{(1:T)})p(x^{(0)})\prod_{t=1}^{T}p(x^{(t)} \mid x^{(t-1)})p(z^{(t)} \mid x^{(t)}) \tag{3.3.110}$$

在图 3.3.14 所示的网络中，信息从实线箭头方向开始调度，在时刻 $t=1$ 虚线箭头处的信息$\mu_{\phi^{(1)}\to X^{(1)}}(\cdot)$表示预测过程：

$$\begin{aligned}\mu_{\phi^{(1)}\to X^{(1)}}(x^{(1)}) &\propto \int \mu_{X(0)\to\phi^{(1)}}(x^{(0)})\times\phi^{(1)}(x^{(1)},x^{(0)})\mathrm{d}\,x^{(0)} \\ &= \int p(x^{(0)})p(x^{(1)} \mid x^{(0)})\mathrm{d}\,x^{(0)} = p(x^{(1)})\end{aligned} \tag{3.3.111}$$

使用式(3.3.106)，点划线箭头处的信息$\mu_{x^{(1)}\to\phi^{(2)}}(\cdot)$表示修正过程：

$$\mu_{X^{(1)}\to\phi^{(2)}}(x^{(1)}) \propto \int \mu_{\phi^{(1)}\to X^{(1)}}(x^{(1)}) = p(z^{(1)} \mid x^{(1)})p(x^{(1)}) \tag{3.3.112}$$

在时刻 $t=2$，有

$$\mu_{\phi^{(2)}\to X^{(2)}}(x^{(2)})\int \mu_{X^{(1)}\to\phi^{(2)}}(x^{(1)})p(x^{(2)} \mid x^{(1)})\mathrm{d}\,x^{(1)} \tag{3.3.113}$$

$$\mu_{X^{(1)}\to\phi^{(3)}}(x^{(2)})\propto p(z^{(2)} \mid x^{(2)})\mu_{\phi^{(2)}\to X^{(2)}}(x^{(2)}) \tag{3.3.114}$$

预测过程（虚线箭头）后紧接着是修正过程（点划线箭头），其中伴随着信息由过去到现在、由现在到未来的信息传递过程。

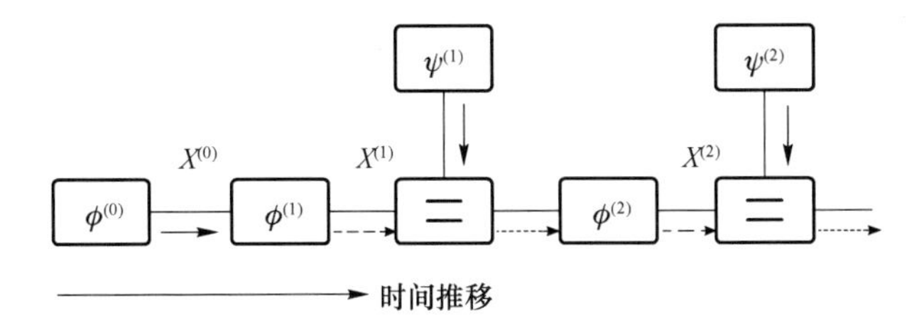

图 3.3.14 基于因子图的序贯估计

4. 基于因子图的 SPAWN 算法

我们考虑一个有 N 个节点的无线网络，节点可以独立地从时间点 $t-1$ 的位置移动到时间点 t 所在的位置。节点 i 在时间点 t 的位置用$x_i^{(t)}$表示。我们用$S_{\to i}^{(t)}$表示一组节点，节点 i 可能在时间点 t 接收到来自它们的信号。同样的，我们用$S_{i\to}^{(t)}$表示在时间点 t 接收到来自节点 i 的信号的一组节点。

在时间点 t，节点 i 可使用内部传感器估计自身位置测量值$z_{i,\mathrm{self}}^{(t)}$。基于从节点 j（节点 $j\in S_{\to i}^{(t)}$）接收到的信号，节点 i 可以根据信息获取外部测量值$z_{j\to i}^{(t)}$。我们用$z^{(t)}$表示所有节点在时间点 t 的所有内部测量值和内部测量值的集合。我们可以将$z^{(t)}$分为$z_{\mathrm{self}}^{(t)}$和$z_{\mathrm{rel}}^{(t)}$，$z_{\mathrm{self}}^{(t)}$包含所有节点的内部测量值，$z_{\mathrm{rel}}^{(t)}$包含来自所有节点关于它们邻居节点的所有外部测量值。节点 i 的目的是估计它自己在时间点 t 的位置$x_i^{(t)}$，并给出截止到时间点 t 的信息。理想情况下，定位的过程应该是低复杂度的，每个节点的通信开销很小，并且产生比较低的延迟。

考虑实际应用场景做如下合理的假设。

(1) 节点的状态是先验独立的：

$$p(x^{(0)}) = \prod_{i=1}^{N} p(x_i^{(0)}) \tag{3.3.115}$$

(2) 节点的移动是无记忆的：

$$p(x^{(0:T)}) = p(x^{(0)}) \prod_{t=1}^{T} p(x^{(t)} \mid x^{(t-1)}) \tag{3.3.116}$$

(3) 节点的移动是相互独立的：

$$p(x^{(t)} \mid x^{(t-1)}) = \prod_{i=1}^{N} p(x_i^{(t)} \mid x_i^{(t-1)}) \tag{3.3.117}$$

(4) 外部测量独立于内部测量，取决于节点的状态：

$$p(z_{\text{rel}}^{(1:T)} \mid x^{(0:T)}, z_{\text{self}}^{(1:T)}) = p(z_{\text{rel}}^{(1:T)} \mid x^{(0:T)}) \tag{3.3.118}$$

(5) 内部测量相互独立，仅取决于当前时刻和之前时刻的状态：

$$p(z_{\text{self}}^{(1:T)} \mid x^{(0:T)}) = \prod_{t=1}^{T} p(z_{\text{self}}^{(t)} \mid x^{(t-1)}, x^{(t)}) \tag{3.3.119}$$

(6) 节点 i 的内部测量仅与节点 i 的内部状态有关，与其他节点无关：

$$p(z_{\text{self}}^{(t)} \mid x^{(t)}, x^{(t-1)}) = \prod_{i=1}^{N} p(z_{i,\text{self}}^{(t)} \mid x_i^{(t)}, x_i^{(t-1)}) \tag{3.3.120}$$

(7) 各个时刻的外部测量是相互独立的，主要由外部环境决定：

$$p(z_{\text{rel}}^{(1:T)} \mid x^{(0:T)}) = \prod_{t=1}^{T} p(z_{\text{rel}}^{(t)} \mid x^{(t)}) \tag{3.3.121}$$

(8) 任何时间点 t 的外部测量都是条件独立的，仅依靠涉及的两个节点的状态：

$$p(z_{\text{rel}}^{(t)} \mid x^{(t)}) = \prod_{i=1}^{N} \prod_{j \in S_{\rightarrow i}^{(t)}} p(z_{j\rightarrow i}^{(t)} \mid x_i^{(t)}, x_j^{(t)}) \tag{3.3.122}$$

我们进一步假设节点 i 通过自身测量可知如下信息。

(1) 在时间点 $t=0$ 的先验状态分布 $p(x_i^{(0)})$。

(2) 在任何时间点 t 的转移概率分布 $p(x_i^{(t)} \mid x_i^{(t-1)})$。

(3) 内部测量 $z_{i,\text{self}}^{(t)}$ 和相应的概率分布函数 $p(z_{i,\text{self}}^{(t)} \mid x_i^{(t)}, x_i^{(t-1)})$。

(4) 外部信号特征 $z_{j\rightarrow i}^{(t)}$ 和相应的概率分布函数 $p(z_{j\rightarrow i}^{(t)} \mid x_i^{(t)}, x_j^{(t)})$。

由于这些信息在任何时间点 t 对于节点 i 都是可获得的，我们将这些信息叫作本地信息。对于其他节点 i 可以获得的信息必须通过网络传播进行获取。

为了构建协作定位网络模型，需要将网络拓扑构建为网络因子图，并将信息流映射到因子图中来执行和积算法。这种将协作网络构建成网络因子图并执行和积算法的过程称为 SPAWN(SPA over a Wireless Network)算法，其算法流程如下。

步骤 1：分解联合概率分布 $p(x^{(0:T)} \mid z^{(1:T)})$。根据联合分布的统计特性，我们将 $p(x^{(0:T)} \mid z^{(1:T)})$ 分解为

$$p(x^{(0:T)} \mid z^{(1:T)}) \propto p(x^{(0:T)} \mid z_{\text{self}}^{(1:T)}) p(z_{\text{rel}}^{(1:T)} \mid x^{(0:T)}) \tag{3.3.123}$$

将式(3.3.116)、式(3.3.119)和式(3.3.120)代入式(3.3.123)中，得到

$$p(x^{(0:T)} \mid z^{(1:T)})$$

$$\propto p(x^{(0)})\prod_{t=1}^{T}\{p(x^{(t)}\mid x^{(t-1)})$$
$$\times p(z_{\text{self}}^{(t)}\mid x^{(t-1)},x^{(t)})p(z_{\text{rel}}^{(t)}\mid x^{(t)})\} \tag{3.3.124}$$

由于节点之间的移动和内部测量是相互独立的，所以 $p(x^{(t)}|x^{(t-1)})$ 和 $p(z_{\text{self}}^{(t)}|x^{(t-1)},x^{(t)})$ 可以根据式(3.3.117)和式(3.3.120)进一步分解。按照对 $p(x^{(0:2)}|z^{(1:2)})$ 的分解方法，可以将 $p(x^{(0:T)}|x^{(1:T)})$ 分解为图 3.3.15。其中圆角长方形框部分对应因子 $p(z_{\text{rel}}^{(t)}|x^{(t)})$，根据式(3.3.122)，圆角长方形框部分可以进一步分解为图 3.3.16。

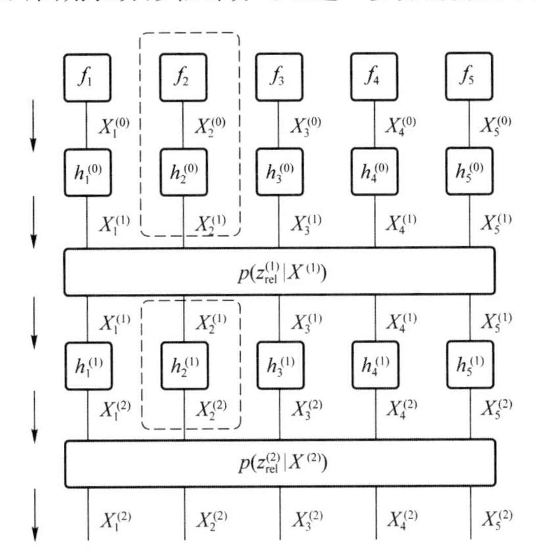

图 3.3.15 联合概率分布的因子图示例

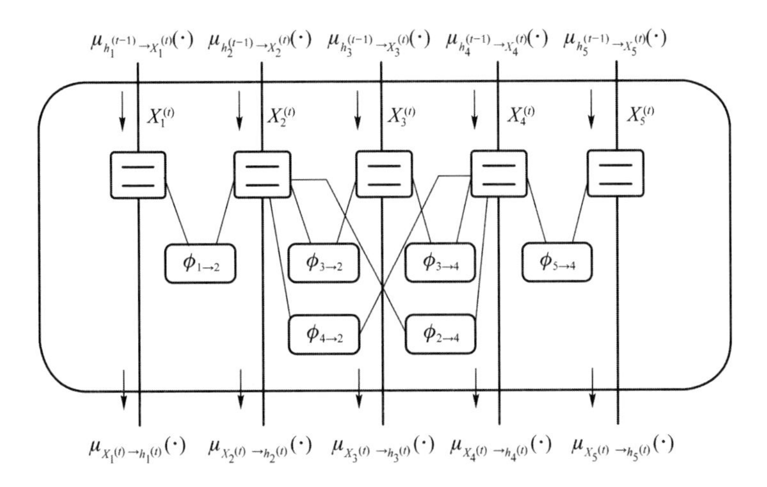

图 3.3.16 因子分解结构

步骤 2:创建网络因子。根据实际的信息流传播轨迹可以将图 3.3.16 和图 3.3.17 与实际的网络拓扑相映射。从图 3.3.15 中可以看到顶点 $h_i^{(t-1)}(X^{(t-1)},X^{(t)})=p(X_i^{(t)}|X_i^{(t-1)})p(z_{i,\text{self}}^{(t)}|X_i^{(t-1)},X_i^{(t)})$ 可以与节点 i 相映射，因为这个顶点内包含了本地信息到节

点 i 的信息流，如图 3.3.15 中的虚线方框表示了终端节点 2 的因子图结构。

对于每个变量$X_i^{(t)}$，都有一个等价的顶点和多个被标记为$\varphi_{j\to i}$的顶点，后者实际上是一个$z_{j\to i}^{(t)}$的概率函数。这些顶点与实际终端节点的映射关系被表示为图 3.3.16。在图 3.3.17 中，与节点 i 相连的所有顶点可以构成一个因子图，且这个因子图只与本地信息$z_{i,\mathrm{self}}^{(t)}$和节点 i 的测量信息$z_{j\to i}^{(t)}$有关。

步骤 3：创建 SPAWN 算法。由前面的分析可知，信息的流动包括节点内部信息流和节点外部信息流，前者需要节点内部通过计算来实现，而后者需要通过不同终端节点间的信息交换来实现。节点的内部信息流是一个预测过程，在预测过程中节点使用预测模型 $p(x_i^{(t)}|x_i^{(t-1)})$、输入信息$\mu_{x_i^{(t-1)}\to h_i^{(t-1)}}(x_i^{(t-1)})$以及内部测量数据 $p(z_{i,\mathrm{self}}^{(t)}|x_i^{(t)},x_i^{(t-1)})$来计算输出信息$\mu_{h_i^{(t-1)}\to X_i^{(t)}}(x_i^{(t)})$，SPAWN 算法的实现流程如下。

SPAWN 算法

1. 初始化 $p(x_i^{(0)})$，$\forall i$
2. 开始循环 $t=1$ to T
3. 节点 $i=1$ to N 并行执行
4. 根据式(3.3.104)执行预测

$$\mu_{h_i^{(t-1)}}\to x_i^{(t)}(x_i^{(t)})$$

$$\propto\int\underbrace{p(x_i^{(t)}\mid x_i^{(t-1)})p(z_{i,\mathrm{self}}^{(t)}\mid x_i^{(t-1)},x_i^{(t)})}_{=h_i^{(t-1)}(x_i^{(t-1)},x_i^{(t)})}\times\mu_{x_i^{(t-1)}\to h_i^{(t-1)}}(x_i^{(t-1)})\mathrm{d}x_i^{(t-1)}$$

5. 结束并行
6. 结束循环

在修正阶段，节点间需要传递信息流，这个过程需要节点间的测量数据，以及包含自身在内的所有节点在预测过程中的输出数据。信息在不同节点间的交换就是节点协作过程的体现。图 3.3.17 所示的修正过程的因子图结构中，实线箭头显示了信息流动的方向，虚线箭头表示了终端节点之间的信息流动，这个过程通过节点之间的无线连接发送数据包来实现。点划线箭头表示的信息流是在节点内部经过计算实现的。

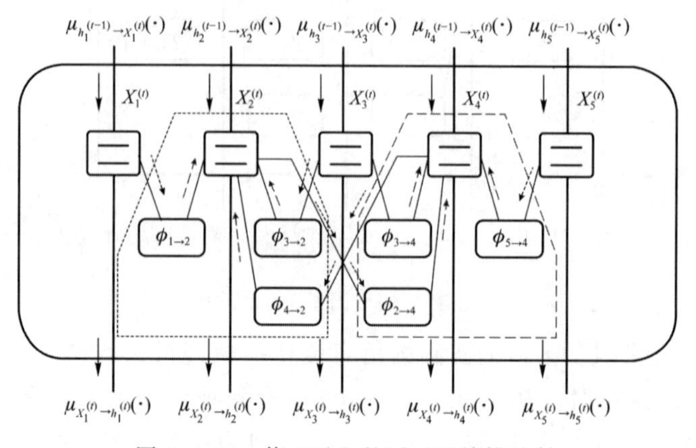

图 3.3.17　修正过程的因子图结构映射

在 SPAWN 算法中，所计算出的信任信息$b_{X_i^{(t)}}^{(l)}(x_i^{(t)})$表示 i 节点在 t 时刻经过 l 次迭代后向其他节点传递的消息。迭代结束后节点得到的信任为$\mu_{x_i^{(t)} \to h_i^{(t)}}(x_i^{(t)})$，该信任函数本质上体现的是待估计变量的联合边缘概率分布。据此节点 i 就可以通过边缘概率分布$\mu_{x_i^{(t)} \to h_i^{(t)}}(x_i^{(t)})$采用重心法等方式获取自身的位置估计结果。

3.3.7　高精度载波相位定位

载波相位定位在卫星通信系统中已相当成熟，其定位精度与信号波长有关，可实现高精度的定位。高精度载波相位定位精度依赖于整周模糊度的精度求解。在求解出载波相位的整周模糊度之后，便可以根据相位差和距离的关系计算出发射机和接收机之间的距离，并将距离向量代入三边定位或者 Chan 氏算法等基于距离的位置解算算法，最终可估计出用户的位置坐标。面向 5G 及 B5G 时代高精度定位需求挑战，如能在地面移动通信系统中实现载波相位定位，则有望解决室外到室内的“最后一公里”高精度定位问题，并将在车联网、工业互联网等具有高精度需求的场景中发挥更强的赋能和带动作用。受载波相位原理启发，本节介绍载波相位定位技术在地面移动通信系统室内定位场景下的几种实现方案。

1. 二阶段校准式载波相位定位

室内环境中的载波相位定位与 GNSS 载波相位定位有着极大的差别，对于整周模糊度的解算而言，室内空间中没有与待测目标足够近的基准站的校准信息，也没有多频等其他信息辅助，更没有距离能够比拟卫星高度的无线接入点，这使得载波相位测量方程的线性化处理较困难。文献[35]聚焦于整周模糊度解算问题，提出一种适用于室内环境的载波相位测量方法，下面将对方案的系统模型和算法流程进行详细叙述。

(1) 系统模型

考虑一个分布有 M 个位置已知且固定的无线接入点的室内场景，将这 M 个固定无线接入点依次进行编号，其中编号为 i 的固定无线接入点的位置坐标为$\boldsymbol{a}^{(i)}=(a^{(i)}, b^{(i)})^{\mathrm{T}}$，将编号为 1 的无线接入点设置为差分参考接入点。待定位移动终端在室内环境中自由运动，且运动的过程中始终在这 M 个无线接入点的通信范围内。在 t 时刻，移动终端的位置坐标为$\boldsymbol{x}_t=(x_t, y_t)^{\mathrm{T}}$。移动终端能够接收到来自这 M 个无线接入点的连续信号，且能够测量各个固定无线接入点发射的信号相对于参考接入点发射信号的 TDoA 值。假设这 M 个固定接入点的时钟是完美同步的，固定接入点与移动终端之间的时钟也是完美同步的，移动终端可以在任意时刻测量任意固定无线接入点相对于参考接入点的 TDoA，再将测量值乘以电磁波在真空中的传播速率从而转化为距离差(本节将到达时间差转化成的距离差统称为 TDoA 测量值)。根据上述假设，移动终端在 t 时刻测量到的编号为 i 的固定节点的 TDoA 值可以表示为

$$\Delta d_t^{(i,1)}=\Delta r_t^{(i,1)}+\Delta n_t^{(i,1)} \tag{3.3.125}$$

其中，$\Delta(\cdot)^{(i,1)}=(\cdot)^{(i)}-(\cdot)^{(1)}$，$r_t^{(i)}=\|\boldsymbol{x}_t-\boldsymbol{a}^{(i)}\|$表示在 t 时刻移动终端到编号为 i 的固定接入点的距离，$n_t^{(i)}$ 表示对编号为 i 的固定无线接入点的测距误差。假设各个无

线接入点之间均完美同步，那么可以认为 TDoA 的测量值是无偏的，进而可以将 TDoA 的测量误差建模为均值为 0、方差为 $\sigma_t^{(i)}-\sigma_t^{(1)}$ 的高斯随机变量，即 $n_t^{(i,1)}\sim\mathcal{N}(0,\sigma_t^{(i)}-\sigma_t^{(1)})$。

在 t 时刻，对于除了参考接入点之外的其他所有无线接入点，可以将各接入点 TDoA 测量值统一写成向量的形式：

$$\Delta\boldsymbol{d}_t=\Delta\boldsymbol{r}_t+\Delta\boldsymbol{n}_t \tag{3.3.126}$$

其中，$\Delta\boldsymbol{d}_t=(\Delta d_t^{(2,1)},\cdots,\Delta d_t^{(M,1)})^{\mathrm{T}}$，$\Delta\boldsymbol{r}_t=(\Delta r_t^{(2,1)},\cdots,\Delta r_t^{(M,1)})^{\mathrm{T}}$，$\Delta\boldsymbol{n}_t=(\Delta n_t^{(2,1)},\cdots,\Delta n_t^{(M,1)})^{\mathrm{T}}$。

同时，移动终端内部还具有能够测量信号载波相位的模块，包括锁相环、积分器等，载波相位测量模块能够在初始锁定信号之后，保持对信号的跟踪而不失锁。考虑到锁相环在初始锁定信号的载波相位时，会有整数倍的相位模糊，因此，移动终端在 t 时刻测量到的来自第 i 个固定无线接入点的载波相位信号可以表示为

$$\varphi_t^{(i)}=r_t^{(i)}-N^{(i)}\lambda+\gamma_t^{(i)} \tag{3.3.127}$$

其中，$r_t^{(i)}=\|x_t-\boldsymbol{a}^{(i)}\|$ 表示第 i 个固定无线接入点到移动终端的距离，$N^{(i)}$ 表示在初始锁定时存在的整周模糊度，且 $N^{(i)}\in\mathbb{N}$，λ 表示无线信号的波长，$\gamma_t^{(i)}$ 代表测量的载波相位的误差，且 $\gamma_t^{(i)}\sim\mathcal{N}(0,(\varepsilon_t^{(i)})^2)$。当 $t=0$ 时，即在初始锁定时，$\varphi_0^{(i)}$ 代表的是测量到的初始载波相位的分数部分，随着时间的推移，锁相环保持跟踪由于移动终端相对于固定无线接入点的位置的变化而产生的相位变化，并由积分器记录。因此，当 $t>0$ 时，移动终端测量到的 $\varphi_t^{(i)}$ 就不仅仅是分数部分了，而是由分数部分与变化产生的整周部分之和。无论后续时刻二者的相对位置如何变化，只要在这个过程中锁相环保持不失锁，在初始锁定时的载波相位整周模糊度总是保持不变的，这也是 $N^{(i)}$ 不随时间变化的原因。与此同时，锁相环对于载波相位分数部分的测量精度能够达到所接收信号波长的 1%。由于实际通信系统中信号波长很小，所以载波相位测量可实现很高的测量精度。

同理，将上述测量相对于参考接入点的测量值作差，则可以得到在 t 时刻移动终端测量到的相位差为

$$\Delta\varphi_t^{(i,1)}=\Delta r_t^{(i,1)}-\Delta N^{(i,1)}\lambda+\Delta\gamma_t^{(i,1)} \tag{3.3.128}$$

其中，$\Delta(\cdot)^{(i,1)}=(\cdot)^{(i)}-(\cdot)^{(1)}$。值得注意的是，对于未差分的整周模糊度而言，由于 $N^{(i)}$ 在一定程度上反映了移动终端与编号为 i 的固定无线接入点的距离关系，因此 $N^{(i)}$ 的取值一定是自然数，即 $N^{(i)}\in\mathbb{N}$。然而差分后的整周模糊度 $\Delta N^{(i,1)}$ 在一定程度上反映了距离的差值，此差值可能为负数，因此 $\Delta N^{(i,1)}$ 的取值应该是整数，即 $\Delta N^{(i,1)}\in\mathbb{Z}$。

对于除了参考接入点外的其他所有固定无线接入点，可以将测量值写成向量的形式，即

$$\Delta\boldsymbol{\varphi}_t=\Delta\boldsymbol{r}_t-\Delta\boldsymbol{N}_t\lambda+\Delta\gamma_t \tag{3.3.129}$$

其中，每一个粗体向量中都包含了上标编号从 2 到 M 的变量。

与载波相位的测量方式相比，由于测距精度受信号的带宽、信道条件以及移动终端对码片分辨率的影响，TDoA 这种基于时间测量的方法会比载波相位的测量产生更大的波动，且这种波动取决于具体的信道环境，很可能不在一个数量级上，因此可以进一步认为对于任意编号的固定无线接入点，都有 $\varepsilon_t^{(i)}\ll\sigma_t^{(i)}$ 成立。

由以上分析可以看出，如需利用高精度的载波相位测量值进行定位，首先需要解决的问题就是如何解算载波相位的整周模糊度。整周模糊度一旦解决，载波相位的测量值就能精确地反映出与真实距离的对应关系，将差分载波相位用于定位，则有望提高定位的精度和稳定性。接下来将重点介绍用于校准载波相位整周模糊度的二阶段校准法的算法原理及执行过程。

(2) 二阶段校准法

为了能够利用无偏的载波相位测量值进行定位，首要目标是完成载波相位整周模糊度的解算。在这一节提出的二阶段校准法主要是求解载波相位测量方程(3.3.129)中的差分整周模糊度，在解算整周模糊度完成后便可利用现有的测距类定位算法进行定位。为了方便叙述，在本节将用整周模糊度统一代表将要解算的差分整周模糊度。本节中所提出的二阶段校准法分别由粗校准阶段和细校准阶段两部分构成。二阶段校准法的主要技术流程如图 3.3.18 所示。

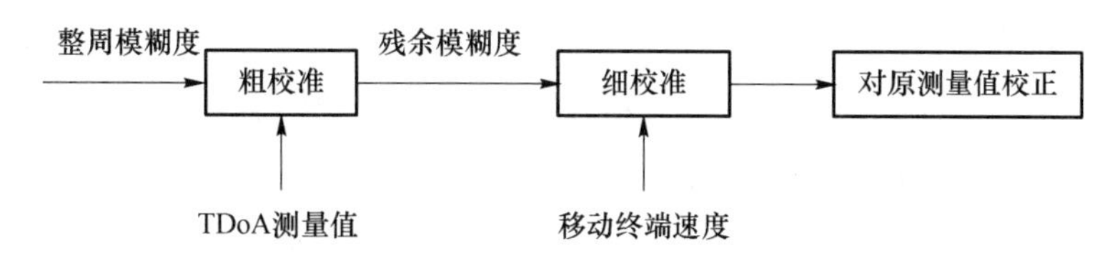

图 3.3.18 二阶段校准法整体流程

粗校准阶段主要是利用 TDoA 测量的无偏性对载波相位的测量值在多个连续周期内进行校准，其结果能够将未知的、无约束的整周模糊度修正为取值受限的残余整周模糊度，并为细校准确定一个较小的搜索空间。细校准阶段主要是在粗校准阶段的基础上，利用移动终端自测的运动速率与前后周期的约束关系对残余整周模糊度进行进一步的搜索和筛选，以找出残余整周模糊度的最佳估计值，并用来进一步修正差分载波相位测量。最后，用经过粗校准和细校准之后的差分载波相位修正值进行定位。由于差分载波相位测量值与 TDoA 测量值只是在对距离的测量方法上有所不同，因此同属于测距类定位方法。若差分载波相位测量值的整周模糊度被正确解算，针对 TDoA 测量值的位置解算算法同样适用于差分载波相位定位。

粗校准的算法以 TDoA 的无偏测量值为基准，将原本带有整周模糊度的载波相位测量值限制到接近真实值附近的一个区间内。粗校准按周期执行，在第 t 个周期内，对于编号为 i 的固定无线接入点，粗校准整周模糊结果为

$$\Delta n_{c,t}^{(i,1)}=\left\lceil\frac{\Delta d_t^{(i,1)}-\Delta\varphi_t^{(i,1)}}{\lambda}\right\rceil \tag{3.3.130}$$

其中，⌈·⌉表示向上取整，下角标 c 代表粗校准。对于每一个固定无线接入点，可形成向量

$$\Delta\boldsymbol{n}_{c,t}=(\Delta n_{c,t}^{(2,1)},\Delta n_{c,t}^{(3,1)},\cdots,\Delta n_{c,t}^{(M,1)}) \tag{3.3.131}$$

假设粗校准阶段从第 1 个周期开始，将上述过程在第 1 个至第 T_c 个连续周期内，每

个周期分别进行一次，因此可得到

$$\Delta \boldsymbol{N}_{c,T_c}=(\Delta N_{c,T_c}^{(2,1)},\Delta N_{c,T_c}^{(3,1)},\cdots,\Delta N_{c,T_c}^{(M,1)}) \tag{3.3.132}$$

其中

$$\Delta N_{c,T_c}^{(i,1)}=\left[\frac{1}{T_c}\sum_{t=1}^{T_c}\Delta n_{c,t}^{(i,1)}\right],\quad i=2,\cdots,M \tag{3.3.133}$$

在第 T_c 个周期末，粗校准已经完成，令 $\Delta \boldsymbol{N}_C=\Delta \boldsymbol{N}_{c,T_c}$ 代表对所有无线接入点信号的差分载波相位进行粗校准后的结果。在 T_c 之后的周期中，定义残余整周模糊度

$$\Delta \boldsymbol{N}_{res}=\Delta \boldsymbol{N}-\Delta \boldsymbol{N}_C \tag{3.3.134}$$

那么在 T_c 之后的任意周期中，经过粗校准后的载波相位测量值为

$$\Delta \boldsymbol{\varphi}_t=\Delta \boldsymbol{r}_t-\Delta \boldsymbol{N}_{res}\lambda+\Delta\gamma_t,\quad t\geqslant T_c \tag{3.3.135}$$

值得注意的是，粗校准之后的周期中，残余整周模糊度 $\Delta \boldsymbol{N}_{res}$ 仍是一个未知量，只不过与初始锁定状态下的整周模糊度相比，残余整周模糊度的取值范围能够被限制在一个较小的取值区间内，对残余整周模糊度的估计值会在之后的细校准阶段被固定下来。

残余整周模糊度的取值范围反映了粗校准结果的精确性，且与粗校准的周期数 T_c 有关。T_c 越长，参与粗校准的 TDoA 测量数据越多，粗校准结果越精确，残余整周模糊度的范围越小，后续精校准搜索耗时短。T_c 越短，参与进行粗校准的 TDoA 测量数据越少，其校准结果越不精确，残余整周模糊度的范围越大，后续精校准搜索耗时长。在实际的系统中，可根据一些先验测量数据来确定 T_c 的具体取值。一般来说，选择一定的 T_c 能够使得残余整周模糊度 $\Delta \boldsymbol{N}_{res}$ 中的任意元素都在 $-p$ 到 p 之间（$p\in\mathbb{N}$），即

$$-p\leqslant N_{res}^{(i,1)}\leqslant p,\quad i=2,3,\cdots,M,\ N_{res}^{(i,1)}\in\mathbb{Z} \tag{3.3.136}$$

通过整周模糊度的粗校准算法将残余整周模糊度向量中每一个元素的取值范围都限制在了 $-p$ 至 p 的区间内，这样的结果为细校准阶段限定了搜索空间。本小节将详细介绍细校准阶段的算法原理及算法流程，通过细校准阶段，能够在残余整周模糊度向量的取值空间中选出一个最优值作为残余整周模糊度的最终估计结果。

由于在粗校准阶段结束后，残余整周模糊度向量每一个元素被限制在 $-p$ 至 p 的区间内，且每一个元素取值都是整数，再结合残余整周模糊度的长度为 $M-1$，可以推算出在残余整周模糊度的取值空间内一共有 $(2p+1)^{M-1}$ 个候选值，分别从 $[\underbrace{-p,-p,\cdots,-p}_{M-1}]$ 至 $[\underbrace{p,p,\cdots,p}_{M-1}]$。为了方便叙述，将取值空间内的所有可能取值进行编号，假设编号为 j 的候选值表示为 $[a_{M-1},a_{M-2},\cdots,a_1]$，那么该候选值中的所有元素满足约束：

$$1+\sum_{k=1}^{M-1}(a_k+p)(2p+1)^{k-1}=j,\quad a_k\in\{-p,-p+1,\cdots,p-1,p\} \tag{3.3.137}$$

可以证明这种编号方式能够保证编号 j 遍历整个取值空间，且与取值空间中的向量具有一一对应关系。

在第 t 个周期末，将取值空间中编号为 j 的候选值代入式(3.3.130)能够得到该候选值对应的差分载波相位测量值，然后利用此测量值代入双曲线定位算法进行位置解算，

可以得到在 t 时刻对移动终端位置的估计值$\boldsymbol{x}_t^{(j)}=(x_t^{(j)},y_t^{(j)})^{\mathrm{T}}$。对于残余整周模糊度的取值空间中每一个可能的取值都进行上述过程，那么在第 t 个周期末能够得到$(2p+1)^{M-1}$个对移动终端位置的估计值。

假设整个细校准过程的完成一共需要 T_{p}个周期，且细校准在粗校准结束之后的下一个周期即开始，那么在细校准过程开始往后的连续 T_{p}个周期内，在每一个周期末都能够通过上述方法得到$(2p+1)^{M-1}$个对移动终端位置的估计值。假设移动终端在第 t 个周期内测量出的平均移动速率为 v_t，那么可以评估通过将编号为 j 的候选值解算出的位置坐标是否满足如下的约束条件：

$$\left|\,\|\boldsymbol{x}_t^{(j)}-\boldsymbol{x}_{t-1}^{(j)}\|-\Delta T\cdot v_t\right|\leqslant\delta \tag{3.3.138}$$

其中，δ 为约束松弛度，ΔT 为一个周期的实际时长。图 3.3.19 是对上述约束条件的几何原理解释。

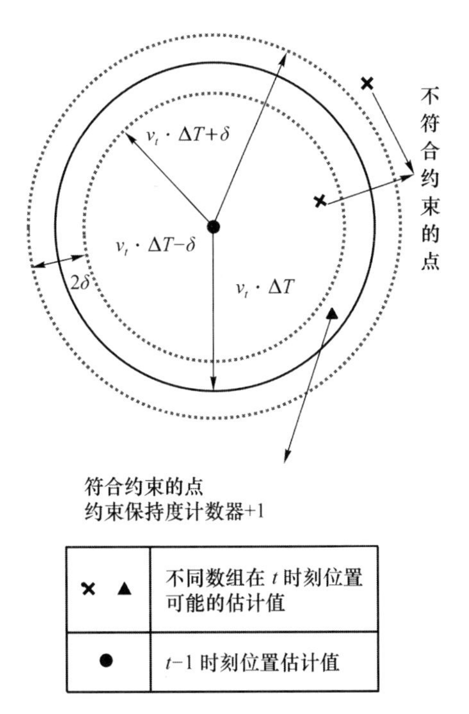

图 3.3.19　细校准原理示意图

由图 3.3.19 可以看出，如果取值空间中编号为 j 的候选值是真实的残余模糊度，那么在每一个周期内，通过此候选值解算出的位置估计值大概率能够落在两个红色虚线圆构成的圆环形区域内，如图 3.3.19 中三角形所在的位置。反之，如果该候选值不是真实残余模糊度，则通过该候选值解算出的位置将有较大可能落在圆环区域外，如图 3.3.19 中叉形所在的位置。但是考虑到载波相位的测量值、速度的测量值均有一定的波动，仅仅通过一个周期的评估即判定该候选值的真实性是有很大的误差的，极有可能出现多个满足约束条件的候选值。因此为了在众多的候选值中更准确地筛选出真实值，需要综合多个连续周期的情况进行综合评估。按照这样的想法，针对每一个候选值都可定义一个约束保持度：

$$K^{(j)}=\sum_{t=T_c+1}^{T_c+T_p}K_t^{(j)} \tag{3.3.139}$$

其中，$K_t^{(j)}$ 的取值表示的是在第 t 个周期内，通过编号为 j 的候选值解算出的位置所满足约束的情况，具体取值规则为

$$K_t^{(j)}=\begin{cases}1, & \text{约束满足}\\ 0, & \text{约束不满足}\end{cases} \tag{3.3.140}$$

T_p 是细校准的总周期数，这里假设细校准从粗校准完成后的下一个周期即开始。根据之前的分析，在全部的 T_p 个周期内能够使得其自身的约束保持度最大的候选值即为残余整周模糊度的最优估计值，因此最优估计值对应的候选值编号应该为

$$j^*=\underset{j=1,2,\cdots,(2p+1)^{M-1}}{\arg\max}\{K_j\} \tag{3.3.141}$$

将此编号对应的整周模糊度的候选值记为 $\Delta\boldsymbol{N}_P$，此候选值即为残余整周模糊度的最优估计值。结合在粗校准阶段获得的粗校准结果 $\Delta\boldsymbol{N}_C$，可以将载波相位测量值修正为

$$\Delta\boldsymbol{\varphi}_t\leftarrow\Delta\boldsymbol{\varphi}_t+(\Delta\boldsymbol{N}_C+\Delta\boldsymbol{N}_P)\lambda,\quad t\geqslant T_c+T_p \tag{3.3.142}$$

定位阶段即可采用测距类定位解算算法（如 Chan 氏算法）确定目标终端的估计位置，位置解算算法的输入值为差分后的距离测量值。

(3) 仿真说明

首先进行的是对粗校准性能的仿真，仿真评估的是在不同的粗校准周期数 T_c 下，通过粗校准解算后残余整周模糊度的最大单元素误差（Maximum Error per Element, MEPE），定义为

$$\text{MEPE}_c=\max\{|\Delta N^{(2,1)}-\Delta N_{c,T_c}^{(2,1)}|,\cdots,|\Delta N^{(M,1)}-\Delta N_{c,T_c}^{(M,1)}|\} \tag{3.3.143}$$

仿真结果如图 3.3.20 所示。

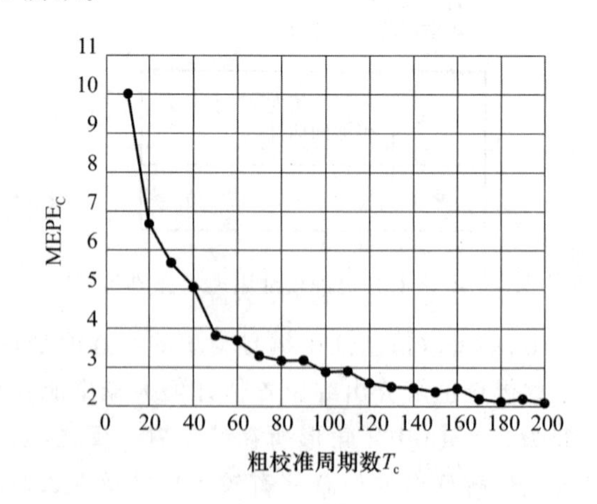

图 3.3.20　MEPE_c 与 T_c 的关系曲线

值得注意的是，每一个 T_c 值对应的 MEPE_c 数据都是仿真 1 000 次后取平均的结果，因此图线中的 MEPE_c 取值并不一定为整数。由图线的整体变化趋势可以看出，随着粗校准周期数的增加，MEPE_c 整体在不断减小，这是因为当 T_c 增加时，粗校准使用的

TDoA 测量点数越来越多，因此校准结果越准确。当 T_c 值大于 100 时，$MEPE_c$ 随 T_c 的增长减小幅度放缓，且 $MEPE_c$ 值保持在 3 以内。因此可以得出结论，在本次仿真条件下，在 T_c 大于等于 100 时，通过粗校准能够将残余整周模糊度中每一个元素的取值范围限制在[−3,3]区间内。

接下来进行的是对细校准阶段的仿真，仿真评估的是在不同的细校准周期 T_p 下，整周模糊度的估计值的最大单元素误差 $MEPE_p$，其计算方式为

$$MEPE_p = \max\{|\Delta N_{res}^{(2,1)} - \Delta N_p^{(2,1)}|, \cdots, |\Delta N_{res}^{(M,1)} - \Delta N_p^{(M,1)}|\} \tag{3.3.144}$$

值得注意的是，对 $MEPE_p$ 的评估需要以特定的 $MEPE_c$ 取值为基础，根据图 3.3.20 的仿真结果，在本次仿真中令 $p=3$，在每个 T_p 的取值下进行 10 次仿真并将结果取平均值，仿真结果如图 3.3.21 所示。

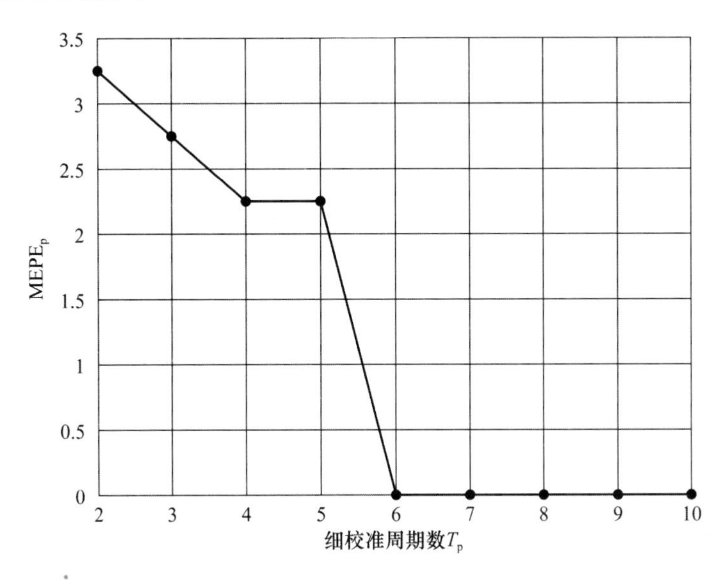

图 3.3.21　$MEPE_p$ 与 T_p 关系曲线

由仿真结果可以看出，细校准的周期数 T_p 越大，对于残余整周模糊度的估计误差就越小，对残余整周模糊度估计的误差在细校准开始后的 6 个周期左右即能够收敛至零。

在对粗校准和细校准阶段进行仿真评估后，将评估利用载波相位测量值进行定位的精度。本次仿真在完美解算整周模糊度的情况下进行，此时有 $MEPE_p=0$，仿真对比利用 TDoA 测量值和载波相位测量值在相同条件下分别对移动终端进行定位的结果的误差，仿真结果如图 3.3.22 所示。

图 3.3.22(a)表示利用 TDoA 测量值进行定位的误差 CDF 曲线，图 3.3.22(b)表示利用经过二阶段校准之后的载波相位测量值进行定位的误差 CDF 曲线，二者所用的定位算法均为双曲线定位算法。可以看出，在 90%的概率下利用 TDoA 测量值进行定位的误差为 4.1 m，精度在米级。同样的条件下利用二阶段校准之后的载波相位测量值进行定位的误差为 0.6 mm，定位精度在毫米级。由此可以得出结论，在能够完美解算出载波相位整周模糊度的情况下，载波相位定位精度在毫米级，且远远高于 TDoA 的定位精度。

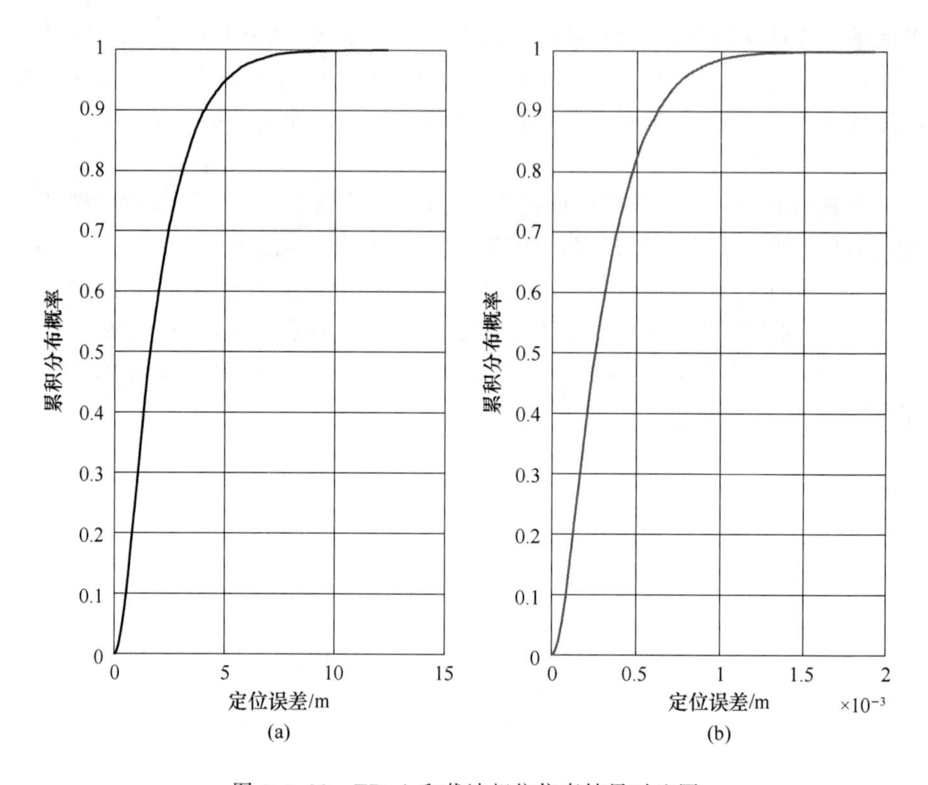

图 3.3.22 TDoA 和载波相位仿真结果对比图

2. 基于时序差分的载波相位室内定位

(1) 算法介绍

从实际应用上看，上述二阶段校准式方案存在一定的局限性。一方面，粗校准阶段需要较长的时间周期才能够将残余模糊度的单元素取值范围降至理想范围内，否则细校准阶段的搜索空间将以指数级扩增。整周模糊度解算周期过长很可能导致当前链路的模糊度还未解算出，移动终端便进行了链路切换，进而需要重新解算，因此二阶段校准式方法不适用于狭窄、无线接入点较多的室内环境。另一方面，细校准阶段需要对终端运动速率进行准确的测量，当测量值不准确时，细校准阶段的约束就有可能失效，导致算法无法收敛。因此该方案对于移动终端的硬件能力有较高的要求，而大多数非智能终端并不具备这个条件，限制了该方案的适用范围。

为了能够适应链路频繁切换的室内环境、避免对速度测量的依赖，文献[35]提出一种基于时序差分的载波相位室内定位算法，在不依赖速度测量的情况下对整周模糊度进行快速解算，进而利用修正后的载波相位测量值进行定位。基于时序差分的载波相位室内定位算法先基于载波相位测量值的时序差分来估计移动终端的位置变化量，再将此变化量与 TDoA 算法解算出的位置融合，得到更为精确的绝对位置估计值。进一步地，利用该估计值作为载波相位测量方程的展开点将方程线性化并得出整周模糊度的浮动解，将浮动解及浮动解的协方差矩阵输入 LAMBDA 算法中解算出整周模糊度的固定解，最后利用修正后的载波相位测量值进行定位。将基于时序差分的载波相位室内定位算法用系统框图表示，如图 3.3.23 所示，图中的符号在后续对算法流程的叙述中解释。

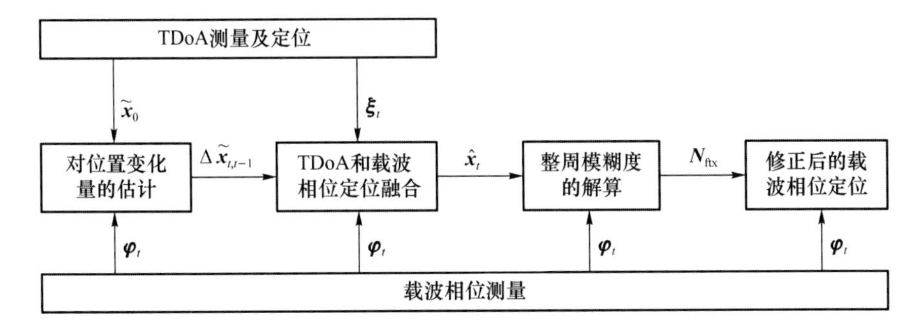

图 3.3.23　算法整体结构图

基于时序差分的载波相位室内定位算法在整周模糊度的解算流程中延续了 GNSS 系统中先解算整周模糊度的浮动解，再解算整周模糊度的固定解的模式。

如果移动终端内部的锁相环能够在所考虑的整个定位阶段都保持对信号的锁定而不失锁，那么对于单条链路来说，整周模糊度就是定值。因此如果将单条链路前后时刻的载波相位进行差分，则能够将不随时间变化的整周模糊度暂时消除。将第 $t-1$ 个周期和第 t 个周期的载波相位测量值差分可得

$$\boldsymbol{\varphi}_t^{(i)}-\boldsymbol{\varphi}_{t-1}^{(i)}=r_t^{(i)}-r_{t-1}^{(i)}+\gamma_t^{(i)}-\gamma_{t-1}^{(i)} \tag{3.3.145}$$

下面将介绍一种迭代算法来估计移动终端的位置。为了能够更好地说明所提算法的原理，以下公式中对测量值的噪声部分 $\gamma_t^{(i)}-\gamma_{t-1}^{(i)}$ 略写，并假设在 $t=0$ 时刻已经得到一个对于移动终端初始位置的不准确估计值 $\hat{\boldsymbol{x}}_0=(\hat{x}_0,\hat{y}_0)^{\mathrm{T}}$。由于变量 $r_t^{(i)}$ 中隐含了所需估计的在第 t 个周期末移动终端位置坐标 $\boldsymbol{x}_t=(x_t,y_t)^{\mathrm{T}}$，先将等式右侧的 $r_{t-1}^{(i)}$ 项移至等式左侧，并将等式两侧同时平方，可以得到

$$(\boldsymbol{\varphi}_t^{(i)}-\boldsymbol{\varphi}_{t-1}^{(i)}-r_{t-1}^{(i)})^2=(r_t^{(i)})^2 \tag{3.3.146}$$

将 $r_t^{(i)}$ 的表达式 $r_t^{(i)}=\|\boldsymbol{x}_t-\boldsymbol{a}^{(i)}\|$ 代入式(3.3.146)并进一步整理可得

$$-2a^{(i,1)}x_t-2b^{(i,1)}y_t=U_t^{(i,1)}-K^{(i,1)} \tag{3.3.147}$$

其中，$(\cdot)^{(i,1)}=(\cdot)^{(i)}-(\cdot)^{(1)}$，且

$$U_t^{(i)}=(r_{t-1}^{(i)}+\boldsymbol{\varphi}_t^{(i)}-\boldsymbol{\varphi}_{t-1}^{(i)})^2 \tag{3.3.148}$$

$$K^{(i)}=(a^{(i)})^2+(b^{(i)})^2 \tag{3.3.149}$$

式(3.3.147)仅包含两个未知向量 $\boldsymbol{x}_t$ 和 $\boldsymbol{x}_{t-1}$，其中 $\boldsymbol{x}_{t-1}$ 是隐含在 $r_{t-1}^{(i)}$ 中的。由于这两个未知量分别处在两个不同的周期内，因此可以建立一个迭代的过程来解算。对于 $i=2,3,\cdots,M-1$，将式(3.3.147)写成矩阵的形式：

$$\boldsymbol{C}\boldsymbol{x}_t=\boldsymbol{q}_t \tag{3.3.150}$$

其中

$$\boldsymbol{C}=\begin{pmatrix}-2a^{(2,1)} & -2b^{(2,1)}\\ \vdots & \vdots\\ -2a^{(M,1)} & -2b^{(M,1)}\end{pmatrix} \tag{3.3.151}$$

$$\boldsymbol{q}_t=\begin{pmatrix}U_t^{(2,1)}-K^{(2,1)}\\ \vdots \\ U_t^{(M,1)}-K^{(M,1)}\end{pmatrix} \tag{3.3.152}$$

利用最小二乘法(Least Square, LS)解算式(3.3.150),可得$\boldsymbol{x}_t$ 的估计值:

$$\widetilde{\boldsymbol{x}}_t=(\boldsymbol{C}^{\mathrm{T}}\boldsymbol{C})^{-1}\boldsymbol{C}^{\mathrm{T}}\boldsymbol{q}_t \tag{3.3.153}$$

其中,隐含在$\boldsymbol{q}_t$ 中的$\widetilde{\boldsymbol{x}}_{t-1}$在前序迭代中已经被估计出。这种迭代算法对绝对位置的估计精度依赖于初始点$\hat{\boldsymbol{x}}_0$ 的精度,一旦$\widetilde{\boldsymbol{x}}_0=(x_0,y_0)^{\mathrm{T}}$ 是有偏的,这种偏置带来的影响在后续周期的迭代中无法被消除。虽然迭代方法输出的绝对位置估计值$\widetilde{\boldsymbol{x}}_t$ 受初始点影响会存在偏置,但这种方法对于相邻周期的位置变化量的估计是很精确的。定义第 $t-1$ 个到第 t 个周期的位置变化为

$$\Delta\boldsymbol{x}_{t,t-1}=\|\boldsymbol{x}_t-\boldsymbol{x}_{t-1}\| \tag{3.3.154}$$

下面将利用迭代算法输出的位置变化估计值与 TDoA 算法输出的绝对位置估计值进行融合,从而提升绝对位置估计的精度。

上面所提出的迭代算法能够较为精确地估计移动终端在连续周期内的位置变化量,但是对绝对位置的估计受初始点的影响会有难以消除的偏差。这里将利用位置变化量的估计与 TDoA 对绝对位置的估计进行融合,进而得到更加准确的绝对位置,为后续整周模糊度的解算过程做准备。

在系统模型中,假设移动终端能够同时进行载波相位和 TDoA 的测量,对于 TDoA 定位,可以利用相关定位算法得出一个对位置的估计值,将这个位置的估计值记为 $\boldsymbol{\xi}_t=(x_t,y_t)^{\mathrm{T}}$。根据 TDoA 测量值的特性来看,TDoA 的测量值波动较大导致了其定位结果在准确值附近波动较大,这是 TDoA 定位精度不高的主要原因。虽然 TDoA 的定位结果有波动,但其定位过程是无记忆的,不会受到初始点的影响而存在无法消除的偏置,因此可以认为在较长周期内 TDoA 定位的平均结果是无偏的。为了得到精度较高的绝对位置估计值,可以利用所估计的位置变化量来平滑 TDoA 的输出,这个平滑的过程能够减小 TDoA 定位结果的波动。这个平滑的过程我们称为载波相位与 TDoA 融合定位,假设该过程从第 1 个周期开始到第 L 个周期结束,其具体执行步骤如下。

① 在定位开始前初始化$\widetilde{\boldsymbol{x}}_0$,令$\widetilde{\boldsymbol{x}}_0=\boldsymbol{\xi}_0$。

② 在第 n 个定位周期,首先根据式(3.3.153)计算$\widetilde{\boldsymbol{x}}_n$,再根据式(3.3.154)计算 $\Delta\widetilde{x}_{n,n-1}$。

③ 根据 TDoA 的测量值计算ξ_n,并利用

$$\widetilde{\boldsymbol{x}}_n=\hat{\boldsymbol{x}}_{n-1}+\Delta\widetilde{\boldsymbol{x}}_{n,n-1} \tag{3.3.155}$$

更新$\widetilde{\boldsymbol{x}}_n$ 的值,其中$\hat{\boldsymbol{x}}_{n-1}$在上一周期已经计算出。

④ 利用

$$\hat{\boldsymbol{x}}_n=w_{\mathrm{TDoA}}\boldsymbol{\xi}_n+w_{\mathrm{CARR}}\widetilde{\boldsymbol{x}}_n \tag{3.3.156}$$

融合 TDoA 和载波相位定位得出结果。

⑤ 若 $n=L$，算法结束，$\hat{\boldsymbol{x}}_1,\hat{\boldsymbol{x}}_2,\cdots,\hat{\boldsymbol{x}}_L$ 即为各周期内融合定位的结果；若 $n<L$，令 $n=n+1$，跳转至步骤②继续执行。

在上述过程中，w_{TDoA} 和 w_{CARR} 为非负的权重值，满足 $w_{\mathrm{TDoA}}+w_{\mathrm{CARR}}=1$，对于这两个权重参数的选择，既可以采用静态设置的方法，即在整个周期内均采用固定的权重值保持不变；也可以采用动态调整的方法，即在每一个周期根据信道条件来动态调整两个权重，使得融合过程对环境的适应性更好。

在室内环境中，移动通信系统受制于节点部署限制及频率等资源的使用限制，无法像在GNSS定位场景中那样通过3.2.5节所分析的“短基线假设”或者“冗余信息”完成基于载波相位测量的整周模糊度解算。因此，可通过一个相对高精度的位置估计点为基准将载波相位方程线性化，而上述融合算法输出的定位结果就可作为展开点。

将 $r_t^{(i)}$ 的表达式 $r_t^{(i)}=\|\boldsymbol{x}_t-\boldsymbol{a}^{(i)}\|$ 代入式(3.3.127)得到

$$\varphi_t^{(i)}=\|\boldsymbol{x}_t-\boldsymbol{a}^{(i)}\|-N^{(i)}\lambda+\gamma_t^{(i)} \tag{3.3.157}$$

将 $\varphi_t^{(i)}$ 在$\hat{\boldsymbol{x}}_t$ 点上进行Taylor展开，保留一阶项，忽略其他高阶项，得到

$$\varphi_t^{(i)}-\theta_t^{(i)}=\alpha_t^{(i)}x_t+\beta_t^{(i)}y_t-\lambda N_i+\gamma_i \tag{3.3.158}$$

其中

$$\theta_t^{(i)}=\frac{K^{(i)}-a^{(i)}\hat{x}_t-b^{(i)}\hat{y}_t}{\|\hat{\boldsymbol{x}}_t-\boldsymbol{a}^{(i)}\|} \tag{3.3.159}$$

$$\alpha_t^{(i)}=\frac{\hat{x}_t-a^{(i)}}{\|\hat{\boldsymbol{x}}_t-\boldsymbol{a}^{(i)}\|} \tag{3.3.160}$$

$$\beta_t^{(i)}=\frac{\hat{y}_t-b^{(i)}}{\|\hat{\boldsymbol{x}}_t-\boldsymbol{a}^{(i)}\|} \tag{3.3.161}$$

定义 $\phi_t^{(i)}=\varphi_t^{(i)}-\theta_t^{(i)}$，将式(3.3.127)对编号为1的节点进行差分，可得

$$\phi_t^{(i,1)}=\alpha_t^{(i,1)}x_t+\beta_t^{(i,1)}y_t-\lambda N^{(i,1)}+\gamma_t^{(i,1)} \tag{3.3.162}$$

其中，$(\cdot)^{(i,1)}=(\cdot)^{(i)}-(\cdot)^{(1)}$。对于 $i=2,3,\cdots,M$，将式(3.3.131)写成向量形式为

$$\boldsymbol{\psi}_t=\boldsymbol{H}_t\boldsymbol{x}_t-\lambda\boldsymbol{N}+\boldsymbol{\gamma}_t \tag{3.3.163}$$

其中

$$\boldsymbol{\psi}_t=(\phi_t^{(2,1)},\phi_t^{(3,1)},\cdots,\phi_t^{(M,1)})^{\mathrm{T}} \tag{3.3.164}$$

$$\boldsymbol{H}_t=\begin{pmatrix}\alpha_t^{(2,1)} & \beta_t^{(2,1)}\\ \vdots & \vdots\\ \alpha_t^{(M,1)} & \beta_t^{(M,1)}\end{pmatrix} \tag{3.3.165}$$

$$\boldsymbol{N}=(N^{(2,1)},N^{(3,1)},\cdots,N^{(M,1)})^{\mathrm{T}} \tag{3.3.166}$$

$$\boldsymbol{\gamma}_t=(\gamma_t^{(2,1)},\gamma_t^{(3,1)},\cdots,\gamma_t^{(M,1)})^{\mathrm{T}} \tag{3.3.167}$$

可以看出，式(3.3.163)是关于未知变量$\boldsymbol{x}_t$ 和 $\boldsymbol{N}$ 的线性方程组，其中共包含 $M-1$ 个方程和 $M+1$ 个未知变量，若仅仅在一个周期内解算，将会产生无穷多个解。为了能够得到唯一的估计值，在连续 K 个周期内累积方程(3.3.163)，得到

$$\boldsymbol{\psi}=\boldsymbol{H}\boldsymbol{\zeta}+\boldsymbol{\gamma} \tag{3.3.168}$$

其中

$$\boldsymbol{\psi}=(\boldsymbol{\psi}_1,\boldsymbol{\psi}_2,\cdots,\boldsymbol{\psi}_K)^{\mathrm{T}} \tag{3.3.169}$$

$$\boldsymbol{H}=\begin{pmatrix}\boldsymbol{H}_1 & \cdots & \boldsymbol{0} & -\lambda\boldsymbol{I}\\ \vdots & & \vdots & \vdots\\ \boldsymbol{0} & \cdots & \boldsymbol{H}_K & -\lambda\boldsymbol{I}\end{pmatrix} \tag{3.3.170}$$

$$\boldsymbol{\zeta}=(\boldsymbol{x}_1,\cdots,\boldsymbol{x}_K,\boldsymbol{N})^{\mathrm{T}} \tag{3.3.171}$$

$$\boldsymbol{\gamma}=(\gamma_1,\gamma_2,\cdots,\gamma_K)^{\mathrm{T}} \tag{3.3.172}$$

矩阵 $\boldsymbol{I}$ 表示$(M-1)\times(M-1)$的单位矩阵。对方程(3.3.168)运用加权的最小二乘(Weighted Least Square, WLS)估计方法可以得到未知量 $\boldsymbol{\zeta}$ 的估计值：

$$\hat{\boldsymbol{\zeta}}=(\boldsymbol{H}^{\mathrm{T}}\boldsymbol{Q}_{\psi}\boldsymbol{H})^{-1}\boldsymbol{H}^{\mathrm{T}}\boldsymbol{Q}_{\psi}^{-1}\boldsymbol{\psi} \tag{3.3.173}$$

其中

$$\boldsymbol{Q}_{\psi}=\boldsymbol{E}(\boldsymbol{\gamma}\boldsymbol{\gamma}^{\mathrm{T}}) \tag{3.3.174}$$

代表对矩阵中的每一个元素求期望。对于式(3.3.173)的结果，只关注与整周模糊度有关的部分，它们位于向量 $\hat{\boldsymbol{\zeta}}$ 的后 $M-1$ 位。将这个结果定义为整周模糊度的浮动解：

$$\boldsymbol{N}_{\mathrm{float}}=\left[\hat{\boldsymbol{\zeta}}\right]_{(2K+1):(2K+M-1)} \tag{3.3.175}$$

值得注意的是，通过 WLS 方法解算出的$\boldsymbol{N}_{\mathrm{float}}$之所以被命名为“浮动解”，是因为其中的每一个元素未必都是整数，因此需要结合统计特性对浮动解进一步地搜索以求得固定解。

由式(3.3.170)可以得到通过 WLS 算法估计出的 $\hat{\boldsymbol{\zeta}}$ 的协方差矩阵为

$$\boldsymbol{Q}_{\zeta}=(\boldsymbol{H}^{\mathrm{T}}\boldsymbol{Q}_{\psi}^{-1}\boldsymbol{H})^{-1} \tag{3.3.176}$$

将其写为分块矩阵的形式，得到

$$\boldsymbol{Q}_{\zeta}=\begin{pmatrix}\boldsymbol{Q}_{xx} & \boldsymbol{Q}_{xN}\\ \boldsymbol{Q}_{Nx} & \boldsymbol{Q}_{NN}\end{pmatrix} \tag{3.3.177}$$

其中，$\boldsymbol{Q}_{xx}$ 为 $2K\times2K$ 的矩阵，$\boldsymbol{Q}_{NN}$ 为$(M-1)\times(M-1)$的矩阵。根据浮动解所在的位置可以确定$\boldsymbol{Q}_{NN}$ 即为整周模糊度浮动解的协方差矩阵，此矩阵反映了浮动解的统计特性。将浮动解及其协方差矩阵输入 LAMBDA 算法中，可以输出整周模糊度的固定解。利用固定解去修正差分载波相位测量值，并将修正后的载波相位测量值代入之前介绍的双曲线定位方法中，得到最终的定位结果。

(2) 仿真说明

仿真结果分为三个部分，分别评估前面提出的算法性能。第一部分主要评估前面提出的迭代算法的性能，验证迭代算法对于前后时刻位置变化估计的准确性。本次仿真选择在 $t=0$ 时刻由 TDoA 算法估计出的位置作为初始点，TDoA 的测量标准差 $\sigma_t^{(i)}$ 为 1 m，将算法迭代 1 000 个周期，仿真结果如图 3.3.24 所示。

其中，图 3.3.24(a)为绝对位置误差 $\varepsilon_a=\|\boldsymbol{x}_t-\tilde{\boldsymbol{x}}_t\|$ 的 CDF 曲线，图 3.3.24(b)为位置变化量误差 $\varepsilon_b=\|\Delta\boldsymbol{x}_{t,t-1}-\Delta\tilde{\boldsymbol{x}}_{t,t-1}\|$ 的 CDF 曲线。由图 3.3.24(a)可以看出，由于初

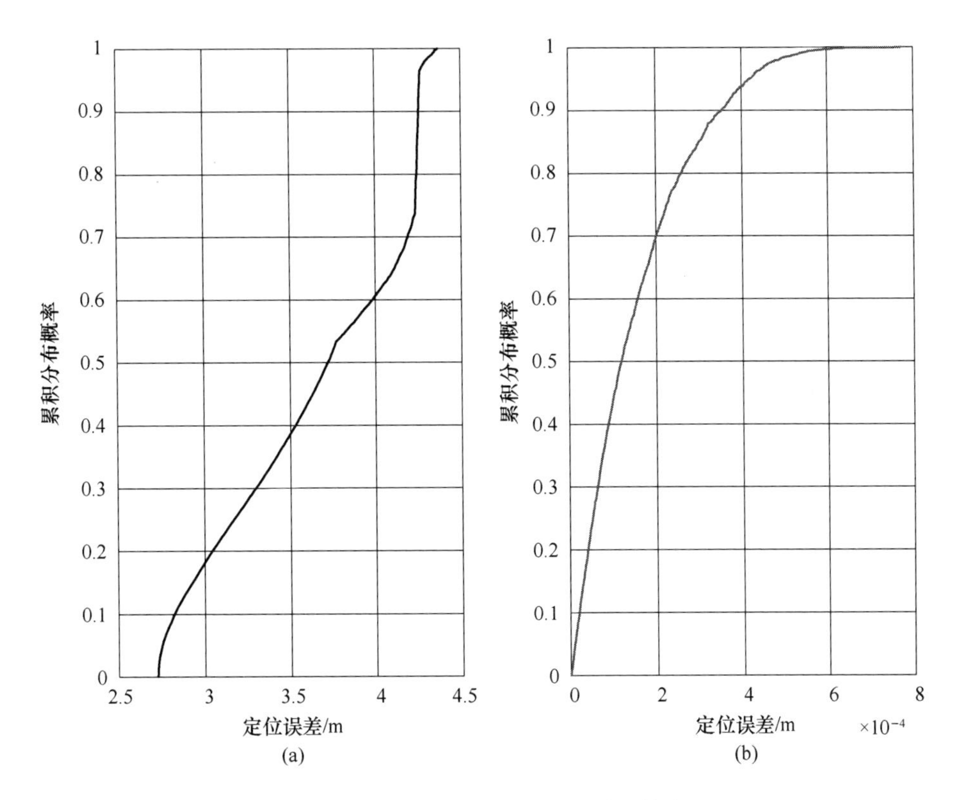

图 3.3.24　迭代算法对两种位置估计的精度对比

始点的误差无法在迭代过程中被消除，ε_a 的 CDF 曲线在横轴上的起始位置不在原点。在二阶段校准式载波相位定位仿真中已说明 TDoA 的定位误差在 90%的概率下小于 4 m，因此 ε_a 的起始值总是会在 0～4 m 的范围内，大概率会在米级。在 90%的概率下，迭代算法对绝对位置估计的精度在 4.25 m，这样的精度与仅仅使用 TDoA 算法对绝对位置的估计精度相差无几。但通过图 3.3.24(b)可以看出，迭代算法对于前后相邻时刻位置变化量的估计精度在10^{-4} m 数量级上，远远优于对绝对位置的估计精度。因此可以得出结论，迭代算法受到初始点的影响虽然无法提升对绝对位置的估计精度，但其对前后相邻时刻位置变化量的估计精度非常高，达到10^{-4} m 数量级。这种对位置变化量的准确估计能够与通过 TDoA 算法估计的结果融合，进而提升绝对位置估计的精度。

第二部分主要评估前面提出的融合定位算法的性能，通过与 TDoA 算法对比验证融合算法对定位精度的提升效果，并评估不同的 w_{TDoA} 值对算法性能的影响。仿真选用 TDoA 测量标准差 $\sigma_t^{(i)}=1$ m，在每个 w_{TDoA} 下将融合算法迭代了 1 000 个周期，仿真结果如图 3.3.25 所示。

图 3.3.25 中实线表示只用 TDoA 定位的误差 CDF 曲线，不同种类的虚线表示在不同的 w_{TDoA} 值下融合定位误差的 CDF 曲线。可以看出在 90%的概率下，当 w_{TDoA} 值分别为 0.3 和 0.1 时，融合算法定位误差分别小于 1.4 m 和 1.9 m，而在同样情况下只用 TDoA 算法定位时误差为 4.0 m，因此所提出的融合定位算法能够有效提升绝对定位的

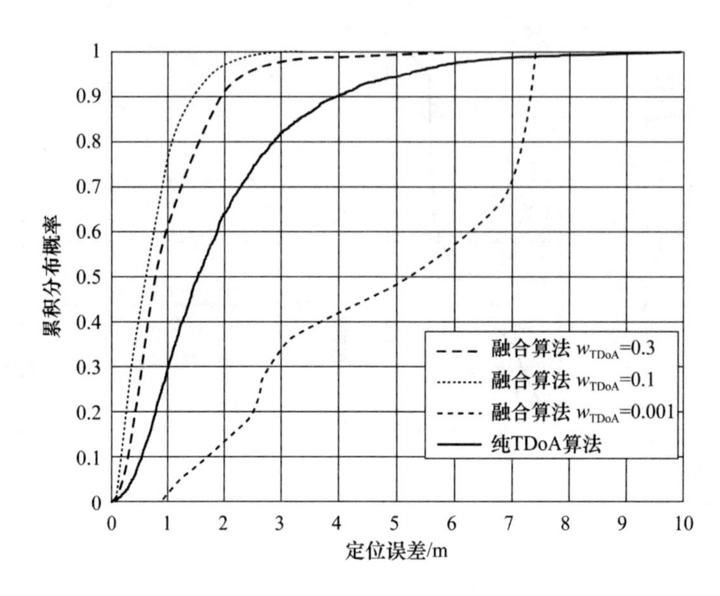

图 3.3.25　不同权值下的融合算法与 TDoA 算法的精度对比

精度。需要注意的是，当 w_{TDoA} 值接近于 0 时，融合定位 CDF 曲线有了更本质的变化，在横轴上的起点已经不再是原点，且 90%的定位误差要超过 TDoA 的误差。这是因为当 w_{TDoA} 趋近于 0 时，TDoA 定位结果对融合算法的贡献很小，导致算法收敛速度慢，在 1 000个周期时间的迭代下融合算法输出的结果接近于仅仅使用迭代算法进行绝对位置定位的结果，因此曲线形状也更接近于图 3.3.24(a)中的曲线。没有无偏的 TDoA 定位结果参与平滑过程，融合算法无法消除因初始点带来的误差，这种误差会进一步恶化算法性能。为了更好地提升对绝对位置的估计精度，w_{TDoA} 要尽量小才能够平滑掉 TDoA 定位结果的波动，同时 w_{TDoA} 也不能太小，以至于算法在较短时间内无法收敛，无法消除初始点带来的定位偏差。

影响融合算法的定位精度因素不只有 w_{TDoA} 的取值，还有 TDoA 的测量标准差 $\sigma_t^{(i)}$，本次仿真在 $w_{\mathrm{TDoA}}=0.1$ 的条件下评估不同 $\sigma_t^{(i)}$ 的取值对定位性能的影响，对于每个 $\sigma_t^{(i)}$ 取值，迭代算法均仿真迭代 1 000 个周期，仿真结果如图 3.3.26 所示。

其中，圆形标记的线反映了 TDoA 算法输出的 90%定位误差随 TDoA 的测量标准差 $\sigma_t^{(i)}$ 的变化情况，而三角形标记的线反映了融合定位算法输出的 90%定位误差随 $\sigma_t^{(i)}$ 的变化情况。可以看出在固定的 $\sigma_t^{(i)}$ 值下，融合定位算法的误差要小于 TDoA 算法，而随着 $\sigma_t^{(i)}$ 的增长，TDoA 算法的误差增长速度要比融合定位算法快，说明了提出的融合定位算法在 TDoA 测量较差时能够保持较好的稳定性。

第三部分主要评估对整周模糊度的解算性能，该部分是对所提算法的一个整体评估。由以上几个仿真可以看出，TDoA 的测量标准差 $\sigma_t^{(i)}$ 是影响算法性能的一个重要因素，因此在本次仿真中固定 $w_{\mathrm{TDoA}}=0.1$，重点评估不同 $\sigma_t^{(i)}$ 取值对整周模糊度解算的整体影响。在本次仿真中，仍然使用最大单元素误差(MEPE)作为评估指标，其计算方式为

$$\mathrm{MEPE}=\max\{|\Delta N^{(2,1)}-\Delta N_{\mathrm{fix}}^{(2,1)}|,\cdots,|\Delta N^{(M,1)}-\Delta N_{\mathrm{fix}}^{(M,1)}|\} \qquad (3.3.178)$$

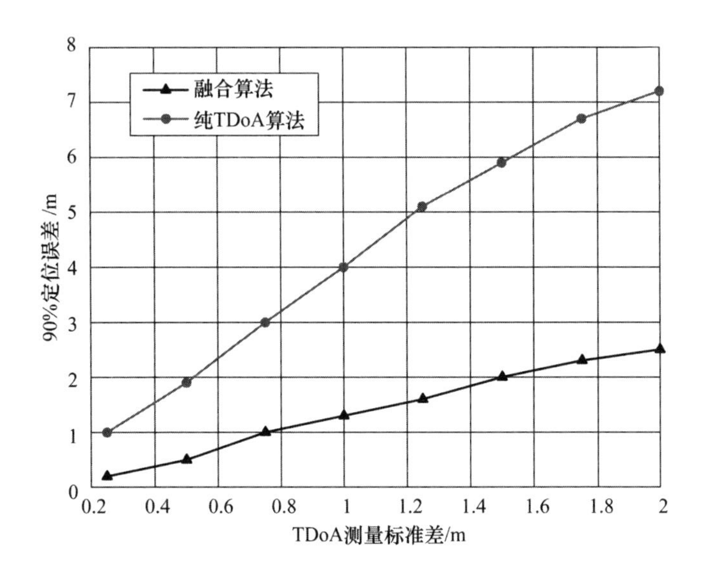

图 3.3.26 不同 TDoA 测量标准差下 90%的定位精度

MEPE 体现了通过本章提出的算法估计出的差分整周模糊度的固定解与真实值的关系，MEPE 越小表明算法估计精度越高。在每个 $\sigma_t^{(i)}$ 值下进行了 1 000 次仿真，每次仿真下浮动解的数据累积周期 $K=10$，仿真结果如图 3.3.27 和图 3.3.28 所示。

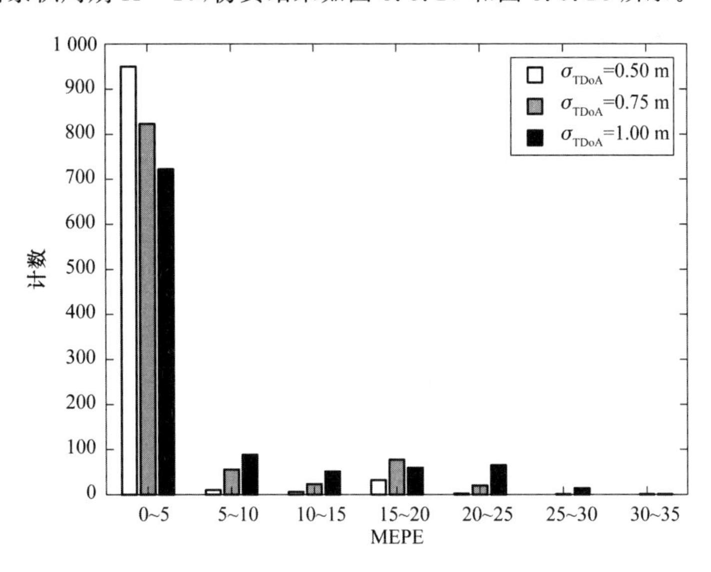

图 3.3.27 不同 $\sigma_t^{(i)}$ 下 MEPE 分布直方图

图 3.3.27 纵轴统计的是 MEPE 落在横轴所示的区域内的次数，图 3.3.28 纵轴表示的是 MEPE 小于某个值时的概率。由图 3.3.27 中可以看出，$\sigma_t^{(i)}$ 越小，固定解的 MEPE 落在 0～5 范围内的次数越多，概率越高。不同的 $\sigma_t^{(i)}$ 值对于固定解的 MEPE 影响明显，这是由于 $\sigma_t^{(i)}$ 直接影响了融合定位算法的精度，进而会影响近似点的精度，最后会影响通过线性化方程解算出的浮动解及用 LAMBDA 算法解算出的固定解。

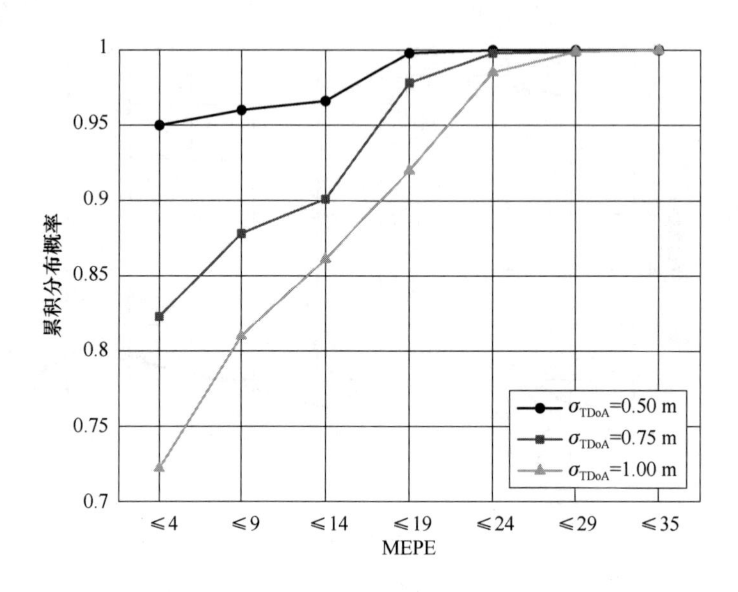

图 3.3.28 不同 $\sigma_t^{(i)}$ 下 MEPE 的累积分布概率

由以上仿真可以看出，基于时序差分的载波相位定位方案在整周模糊度的解算中会出现整周模糊度的残余，为了衡量整周模糊度残余值对定位结果的影响，在不同的 MEPE 值下进行了 1 000 次撒点定位仿真，仿真结果如图 3.3.29 所示。

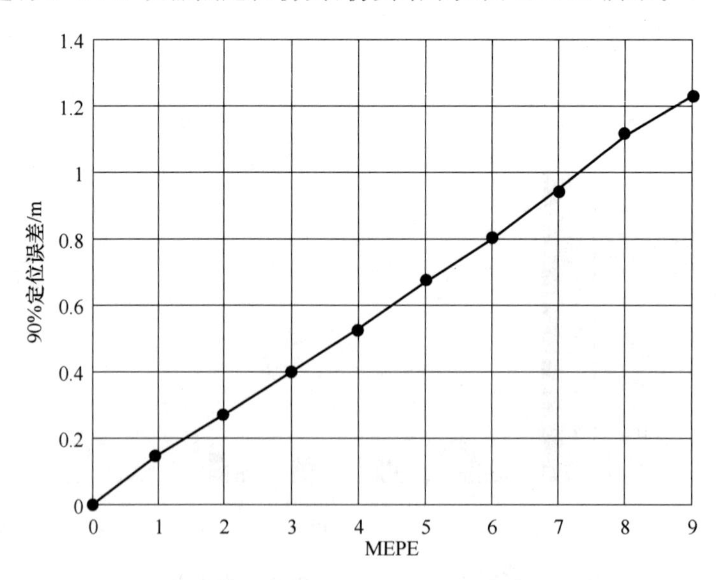

图 3.3.29 不同 MEPE 值下载波相位 90%的定位误差

可以看出，90%的定位误差会随着 MEPE 值增大呈现近似线性的增长，利用线性回归拟合可以得到，MEPE 值每增加 1，90%的定位精度下降 0.14 m。结合图 3.3.27 和图 3.3.28的仿真结果综合分析，对于 TDoA 测量标准差为 0.5 m、0.75 m、1 m 的情况，通过基于时序差分的载波相位室内定位方法得到的定位精度在 0.5 m 以内的概率分别为86%、74%、65%,定位精度在1.1 m以内的概率分别为86%、79%、73%,而同样条件下仅仅使用TDoA定位算法达到这样精度的概率要低很多。

3.4 位置跟踪技术

随着蜂窝网络的发展、无线通信网络服务性能的提升以及移动定位设备的普及,基于位置的服务由此兴起。在位置服务和社交服务融合的背景下,一种新型的线上社交方式——基于地理位置的社交网络(Location-Based Social Network,LBSN)走入我们的生活。这种新型的社交网络比传统的社交网络更具有空间感,它支持用户随时随地分享自己的地理位置,这就更能体现用户在真实状态下的生活习惯。通过基于位置的社交网络平台,众多用户以签到方式记录了个人的移动轨迹,这些记录不仅反映了用户的社交行为,还反映了用户的移动行为。基于对用户历史行为的分析,获取用户的行为习惯,建立用户的移动模型,可以较为准确地预测出用户的位置,从而为用户提供相应地点的多种信息服务,可以为第三方的应用带来巨大的商业价值。下面介绍位置跟踪的相关技术和理论基础以及两种位置预测算法。

3.4.1 位置预测方法概述

在当前的研究现状下,主要的预测方法有以下三种。

(1) 基于贝叶斯的位置预测方法

基于签到频率的位置预测方法是最常用的方法之一。Gonzalez等人[36]验证了人类移动行为的长尾分布特性,并表示如果研究者拥有用户较完备的历史数据集,便可通过低空间复杂度和低时间复杂度的计算,实现较高精准度的位置预测。算法的输入为用户的历史签到记录,输出为预测的下一个签到位置,方法是通过统计历史轨迹中各位置被签到的频次,找到出现次数最多的位置作为预测位置。

(2) 基于马尔可夫的位置预测方法

马尔可夫过程的主要思想是对象的下一个状态只和当前所处的状态有关,与以前的状态无关,这是随机过程中较为经典的模型。基于马尔可夫的移动位置预测模型也是应用较为广泛的预测分析工具之一。从生活中可以发现,人们的移动行为在时间上是连续的,当前的转移行为常常会对将来的行为造成影响,马尔可夫过程描述的状态正好与人类这种直观的移动行为相吻合。Gambs等人[37]提出移动马尔可夫链(MMC)模型,合并先前访问记录,基于n阶MMC模型预测下一位置可以实现较高的预测精度。综上可知,马尔可夫模型有助于分析和预测人类的移动轨迹,基于马尔可夫模型的移动位置预测方法即利用用户的历史转移规律预测用户的下一个位置。

(3) 基于决策树的位置预测算法

决策树描述的是对象属性和对象值之间的映射关系,利用这种关系实现预测功能。

其中的节点代表对象,每个分叉代表这个对象可能的属性值,叶节点代表相对应的根节点到该叶节点经历的路径所表征的对象值[38]。决策树只有唯一输出,若想输出多个,可以建立多个决策树分别处理不同的输出。简单来说,决策树是一种依托于分类和训练的预测树,根据用户已知的地理位置通过分类方法预测未来可能出现的位置。作为数据挖掘中的经典方法,决策树采用自顶向下的递归方式进行分类。决策树模型常用于分析人类的移动行为,其主要目的是通过发现人类移动中频繁出现的轨迹,构造移动轨迹的树形分支结构,在预测人类的移动位置时,拥有较高的准确度。

3.4.2 基于地理位置的社交网络

在 GPS 等定位技术与 Facebook 这类社交网络融合的背景下,基于位置的社交网络应运而生,如 Foursquare、FotoPlace 等。如图 3.4.1 所示,基于位置的社交网络包括社交层、地理层和内容层。与传统的社交网络相比,LBSN 网络除了满足人与人的联系外,还可以实现对人的位置追踪和信息共享,例如,记录人们什么时候在什么地方完成了签到,并且发表自己对此的评论,这些信息都可以被分享给其他人。这种新的社交方式赢得了大家的喜爱,从而得到快速发展,积累了大量的用户和位置数据。大规模的数据背后隐藏着人们多样的生活模式和个人偏好,深入挖掘这些数据背后暴露的特征和规律,可以为人们的生活带去便利,也可以为政府决策、商家定向广告、卖家高效推荐等提供数据依据。如今研究者们主要从用户和位置两个角度挖掘 LBSN 网络中有价值的信息。

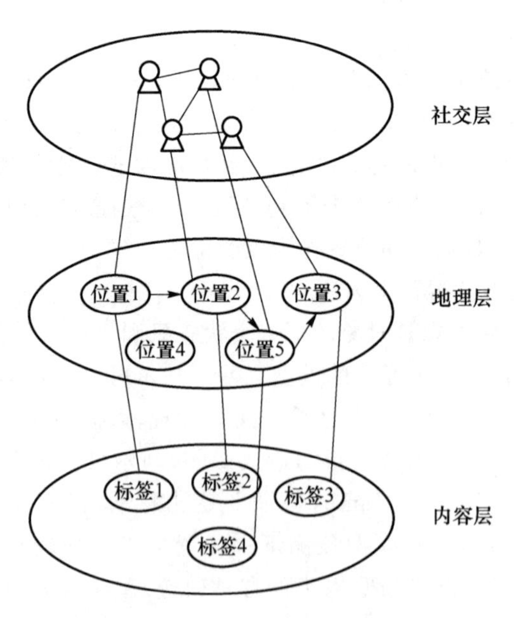

图 3.4.1 基于位置的社交网络

从用户信息出发的 LBSN 网络研究主要包括如下几个方面。

(1) 用户行为分析[39]:基于用户活动数据,可以分析用户的行为习惯和生活方式,由此挖掘出用户相关行为的规律及背后的动机,更好地了解用户的需求。个体用户的行为分析中常研究四种移动特性:不规则的访问点特性、个人偏好特性、不可见的移动边界特性和停留时间特性[40,41]。例如,Gao 等人[42]深度挖掘人类移动的代表性任务,利用用户偏好和位置记录探究用户通常何时去何地,并分析用户去不同地方的动机。

(2) 群体发现[43]:基于用户间行为相似性的分析,研究者对用户进行划分,可以挖掘出地理空间和社交空间相近的用户群体。例如,Noulas 等人[44]利用谱聚类算法对行为相似的用户进行分类,并将结果应用在推荐系统和旅游指南等现实场景中,获得较高的用户满意度。

(3) 朋友推送[45]:衡量用户之间的相似性,并根据相似性越高的用户可能社交圈交集也越大的推断,给用户推荐与其相似性高的其他用户作为好友。例如,QQ 应用中常会有朋友推送、你可能认识的朋友等功能,这就是基于对社交网络中用户间关系的分析而实现的。

从位置信息出发的 LBSN 网络研究主要包括如下几个方面。

(1) 路径发现与位置预测[46]:通过对用户历史签到位置的数据分析,可以描绘出用户惯常的轨迹转移模式,发现用户的路径。并且基于捕获的地理空间行为,可以进行位置预测,提前预知用户可能的转移趋势,以实现资源预分配等相关工作。

(2) 商业定位[47,48]:根据用户群体的移动特征、用户评价和位置属性等,能够了解到不同地点的人口流动性、人口密集度、区域中兴趣点等信息,这就能为商业选址提供数据依据,具有现实意义。

(3) 流行位置推荐[49]:当用户初次来到一个陌生城市时,若能为用户推荐这个城市中热门位置或者好评度最好的旅游路线,这会给用户的旅行带去很多便利。除了基于热度的推荐,还可以根据用户自身信息和与其高度相似的用户信息,使用协同过滤方法实现个性化的位置推荐。

3.4.3 基于用户签到行为倾向性的位置预测算法

利用基于地理位置的社交网络中用户的签到数据,可具体挖掘用户的行为特征,相应地开展对用户的位置预测。

1. 基于用户签到数据的用户行为分析

为了进行位置预测建模,可先从时间和空间的角度分析用户的历史签到数据,以挖掘用户的移动行为习惯。

(1) 空间特性

- 空间独立特性:基于用户在不同位置的签到频率不同,挖掘用户对于位置的移动倾向性。Chang 等人[50]已经证明在仅考虑用户位置集合的情况下,用户的签到频率可以帮助进行有效的位置预测,所以定义 SIF 参数来描述用户在各个位置的签到频率特性是很有必要的。

- 空间马尔可夫特性：在日常生活中，有些人会倾向于先去某个位置再去另一个。因此基于用户移动的马尔可夫特性，定义 SMF 参数用于描述用户在前一个位置签到之后，下一个签到行为发生在其他各位置的频率特性。

(2) 时间特性

签到时间信息包含的很多周期性特征由时间戳 $t\in T$（如 2015-05-17 08:30:25）表征，反映了用户签到的时间状态。往往为了便于描述时间状态，可利用函数 $h(t)$ 和 $w(t)$ 分别表示签到时刻 t 的小时和星期等信息，例如，$t=$(2010-05-17 08:30:25)，$h(t)=8$，$w(t)=1$。

- Daily Feature(DF)特性：人们的活动常有一些惯例性，倾向于在一天中相似的时间段在相同的地点。定义 DF 参数可用于记录用户 u 于 $h(t)\in\{0,1,\cdots,23\}$ 时间在不同位置的签到频率特性。
- Weekly Feature(WF)特性：Cho 等人[51]已经发现人们的移动因为工作原因，从周一至周五的行为显现出很强的相似性；因为休闲娱乐原因，周六和周日的行为显现出很强的多样性。图 3.4.2 所示为在 Gowalla 数据集中随机挑选了一个用户，从他的历史签到记录中取出十个签到频率最高的位置，分别统计各个位置在工作日和周末的签到频率，可明显地看出用户工作日和周末签到行为的差异性。因此，定义 WF 参数用于记录用户在工作日和周末的签到频率特性，$w(t)=0$ 代表工作日，$w(t)=1$ 代表周末。

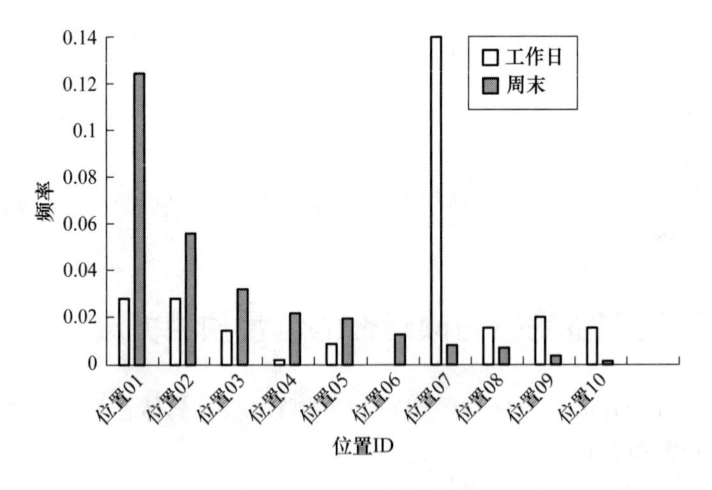

图 3.4.2　某用户工作日与周末各地签到频率

- Daily Weekly Feature(DWF)特性：Ye[52]等人反映用户移动行为的周期性模式中 DF 和 WF 是两个基础的时间特性。图 3.4.3 中，每个方格代表 Gowalla 和 Brightkite 数据集一周中每天特定小时的签到总数，方格越大意味着签到数越多。该图同时展现了 DF 和 WF 特性，表明用户移动行为在特定时间段的倾向性。定义 DWF 参数用于描述用户特定时间点、特定日子在不同位置的签到频率特征。

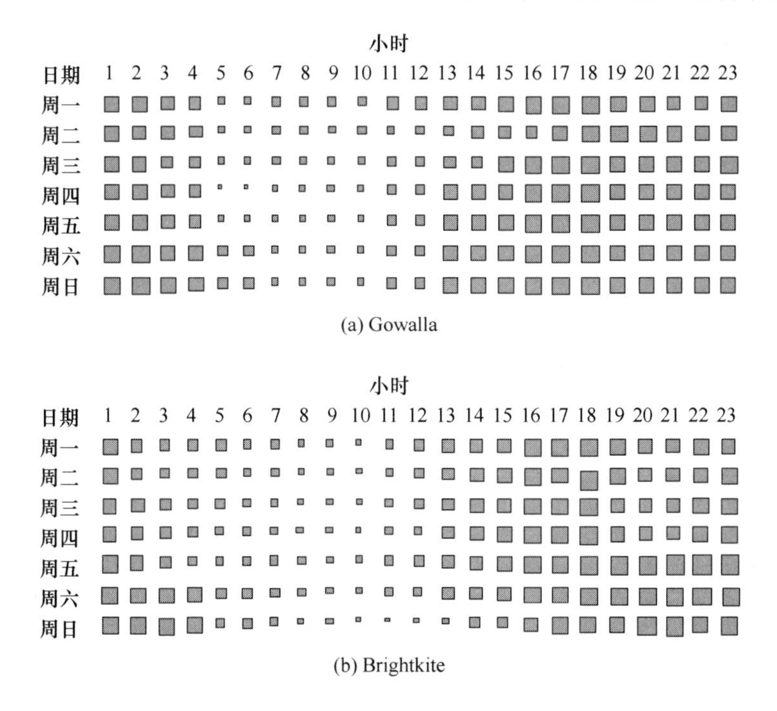

图 3.4.3 用户移动行为在特定时间段的倾向性

为了研究用户的移动行为，将每条签到记录表示成形如$<u,w(t),h(t),l',l>\in V_u$的一个元组，用户 $u\in U$ 于时间 $t\in T$ 在位置 $l\in L$ 签到，前一个签到位置是 $l'\in L$。V_u是用户 u 训练集里的签到记录集合，$U=\{u_1,u_2,\cdots,u_m\}$是用户集合，$L=\{l_1,l_2,\cdots,l_n\}$是位置集合，$H=\{<u_i,w(t_q),h(t_q),v_{q-1},v_q>|<u,w(t),h(t),l',l>\in V_u,u\in U,t\in T\}$代表用户 u 的历史签到行为集合，V_q表示第 q 次签到的位置。

2. 基于用户行为特征的位置预测模型

本小节基于用户移动特征（SIF、SMF、DF、WF 和 DWF）的分析，根据用户行为的时间特性和多维特征之间的关联关系，介绍三个位置预测算法。位置预测模型的场景如图 3.4.4 所示，即基于历史的签到记录，预测用户下一个签到位置。

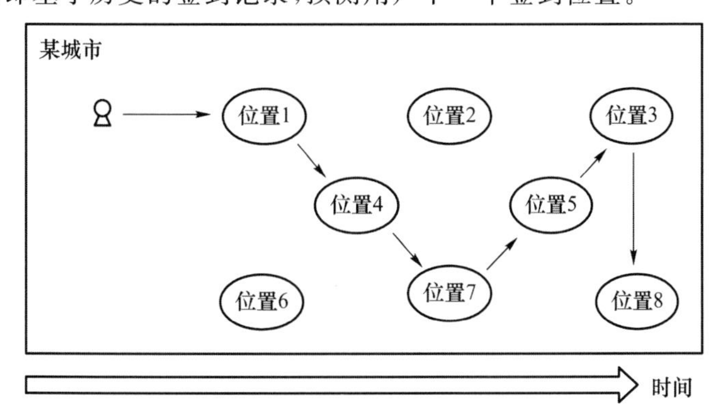

图 3.4.4 位置预测模型的场景

(1) 单维特征模型

考虑到签到数据的稀疏性,较细粒度的稀疏时间信息会导致低的预测精度。所以基于用户的 WF 和 DWF 特征,介绍以下两个单特征模型。

- MFW(Most Frequent Week)模型:考虑到用户行为的 WF 特征,MFW 模型捕获用户工作日和周末行为的时间周期性,定义用户 u 于 $w(t)$ 天在位置 l 签到的概率:

$$P_{\mathrm{MFW}}(v_q \mid H_{u,w(t)=w})=\frac{|\{v_k \mid v_k \in V, v_k=l, w\}|}{|\{v_k \mid v_k \in V, w\}|} \tag{3.4.1}$$

其中,$H_{u,w(t)=w}$ 表示用户 u 在 w 时间的历史签到记录集合。

该模型选择具有最大签到概率的位置作为每条测试集记录的预测结果,如果算法处理过程仅产生一个候选位置,那么这个位置的预测概率为 1;如果候选位置多于一个,则每个位置被签到的预测概率相同,且概率总和为 1。

- MFDW(Most Frequent Daily-Weekly)模型:MFDW 位置预测模型基于 DWF 特征,用户 u 于 $w(t)$天、$h(t)$时刻在 l 位置签到的概率定义如下:

$$P_{\mathrm{MFDW}}(v_q \mid H_{u,w(t)=w,h(t)=h})=\frac{|\{v_k \mid v_k \in V, v_k=l, w, h\}|}{|\{v_k \mid v_k \in V, w, h\}|} \tag{3.4.2}$$

其中,$H_{u,w(t)=w,h(t)=h}$表示用户 u 在 w 天 h 时刻的历史签到记录。类似于 MFW,预测模型如下:

$$L_P=\arg\max(p_{\mathrm{MFDM}}(l_j \mid H_{u,w,h})), l_j \in L \tag{3.4.3}$$

$$P_{\mathrm{MFDW}}(l_k \mid H_{u,w,h}, l_k \in L_P)=\frac{1}{|L_P|} \tag{3.4.4}$$

(2) 多维特征模型

由前文分析可知,用户的行为体现出多维特性,那么如果仅从单一维度去预测位置,将会由于分析的片面性而导致预测精度不高,所以可利用尽可能多的特征增强预测的有效性。

下面介绍一种基于强特征倾向选择的位置预测算法 PFTS(Powerful Feature Tendency Based Selection)。为了找出最有效的特征,定义用户的可用特征映射 ApplicationModel [AvailableFeature]$=l_{v_i}$,表示特征到预测模型的对应关系,如表 3.4.1 所示,其中 AvailableFeature 表示用户历史签到信息中包含的特征集合,l_{v_i} 表示对应此场景下可用的预测模型,{1,2,3,4,5}分别对应{MFC,OMM,MFT,MFW,MFDW}。

表 3.4.1 用户签到特征和相应的预测模型

AvailableFeature	l_{v_i}
SIF	1
SMF,SIF	1,2
DF,SIF	1,3
WF,SIF	1,4
DF,SMF,SIF	1,2,3
WF,SMF,SIF	1,2,4
DF,WF,DWF,SIF	1,3,4,5
DF,WF,DWF,SMF,SIF	1,2,3,4,5

例如,测试集里有“20,1,10,223”这样一条数据,预测目标就是预测“20”号用户“工作日”的 10 点会在“67”位置签到,“20”号用户上一个签到的位置是“223”。在历史记录中没有“20”号用户上午 10 点的签到数据,说明用户没有 DF 和 DWF 特征,那么 MFT 和 MFTW 在此处就失效,但记录中仍有其他维度的信息,于是可以利用剩余信息去弥补信息漏洞,完成预测目标。所以 AvailableFeature={SIF,SMF,WF},$l_{v_i}=\{1,2,4\}$,此时起作用的预测模型即为{MFC,OMM,MFW}。

基于对特征的分析,如 SMF 和 WF,统计发现,用户在所有位置以近乎相同的频率签到,较难区分出用户更倾向去的地方。然而 SIF 特征下,用户在小部分位置的签到频率很高,在大多数位置以很低的频度签到,这种不均匀的概率分布则可以显示出明显的移动倾向性。也正是由于这种特征倾向性的不同,不同场景下利用不同特征进行位置预测会带来不同的预测精度。为了实现自适应地选择出倾向性最明显的特征,可使用移动特征概率分布的方差$\sigma_n^2(n\in l_{v_i})$等参数去衡量倾向性的强弱,对不同用户不同条件下选用不同的单特征模型,提高预测准确性。特征概率分布的方差可表示为

$$\sigma_n^2=\frac{1}{N_{u,n}}\sum_{q=1}^{N_{u,n}}(p_n(v_q \mid H_{u,n})-\mu_n)^2 \tag{3.4.5}$$

其中,μ_n表示签到概率分布的均值:

$$\mu_n=\frac{\sum_{q=1}^{N_{u,n}}p_n(v_q \mid H_{u,n})}{H_{u,n}} \tag{3.4.6}$$

其中,$H_{u,1}$表示用户 u 的历史签到记录集合,相应的 $N_{u,1}$表示用户 u 的签到总记录数。$H_{u,2}$表示用户 u 前一个签到位置为 v_{q-1}的历史签到记录集合,$N_{u,2}$表示当前条件下签到总记录数。$H_{u,3}$表示用户 u 在时间 $h(t_q)$的历史签到记录集合,$N_{u,3}$表示此场景下总的签到记录数。$H_{u,4}$与 $H_{u,w}$的含义一样,$N_{u,4}$表示在 w 时间下用户的签到总记录数。$H_{u,5}$与 $H_{u,w,h}$含义一样,同样 $N_{u,5}$表示 w 时间 h 时刻用户的签到数。

为了对每个不同场景提供个性化的预测结果,可有效结合移动行为倾向性与时空信息,利用最大方差值挑选出的最强倾向性特征:

$$M=\arg\max\sigma_n^2, n\in l_{v_i} n\in \text{SerNum} \tag{3.4.7}$$

$$P_{\text{PFTS}}(l_k \mid H_{u,w,h,v_q-1})=p_M(l \mid H_{u,w,h,v_q-1}) \tag{3.4.8}$$

综上所述,预测结果可表示为

$$L_P=\arg\max(p_{\text{PFTS}}(l \mid H_{u,w,h,v_q-1})), n\in l_{v_i} n\in \text{SerNum} \tag{3.4.9}$$

$$P_{\text{PFTS}}(l_k \mid H_{u,w,h,v_q-1}, l_k\in L_P)=\frac{1}{|L_P|} \tag{3.4.10}$$

3.4.4 基于移动轨迹及社交关系聚类的位置预测算法

移动轨迹相似性可度量两个用户行为转移模式的时空相似程度,相似值越大,意味着轨迹模式越相近,轨迹重合度越高,两个用户行为越相像。社交相似性可度量两个用

户社交网中行为的相似程度，Chen 等人[42]已证明存在社交关系的用户之间有更为相似的行为，且基于真实社交网络中用户间的共同好友、联系人之间关系等能够实现较好的推荐效果，由此可见，如果能很好地度量用户之间的社交关联度对分析用户行为有着重要的意义。下面介绍一种基于移动轨迹及社交关系聚类的位置预测算法。

1. 轨迹模式和社交关系的研究与建模

为了实现基于移动轨迹和社交关系相似性的聚类，可首先从移动轨迹模式和社交关系两个角度分别研究用户行为建模方式以及相似性度量方式。

(1) 轨迹模式研究与建模

设有随机过程$\{X_n, n\in T\}$，如果$\{X_n, n\in T\}$在$n=0$时刻所处的状态为已知，$n=0$时刻以后的状态与它在时刻$n=0$之前所处的状态无关，则称其具有马尔可夫性。设有随机过程$\{X_n, n\in T\}$的状态空间为S，若对于任意的整数$n\geqslant 2$，且$n\in T$和任意的$i_0, i_1, \cdots, i_{n+1}\in I$，条件概率满足：

$$P\{X_{n+1}=i_{n+1}\mid X_0=i_0, X_1=i_1, \cdots, X_n=i_n\}=P\{X_{n+1}=i_{n+1}\mid X_n=i_n\} \tag{3.4.11}$$

则称$\{X_n, n\in T\}$为一阶马尔可夫链。式中，如果n表示现在时刻，$0, 1, \cdots, n-1$表示过去时刻，$n+1$表示将来时刻，那么此公式表示过程在$n+1$时刻处于状态i_{n+1}的概率仅依赖于现在n时刻的状态i_n，而与过去$n-1$个时刻$X_0, X_1, \cdots, X_{n-1}$所处的状态无关，该特性称为马尔可夫性或无后效性。

设条件概率$p_{ij}(n)=P\{X_{n+1}=j\mid X_n=i\}$为马尔可夫链$\{X_n, n\in T\}$在时刻$n$的一步转移概率，其中$i, j\in I$，若对任意的$i, j\in I$，马尔可夫链$X_n, n\in T$的转移概率$p_{ij}(n)$与时刻$n$无关，则称马尔可夫链是齐次的，并记$p_{ij}(n)$为$p_{ij}$。

Song 等人[53]已经证实用户移动的马尔可夫性，并且 Liang 等人[54]早在 1999 年就已经提出基于高斯-马尔可夫模型的位置预测方法，利用用户运动转移的时间关联性，可通过上一次的位置信息来预测用户本次可能签到的位置。

由于用户轨迹一般较长，如果直接对用户的完整轨迹进行描述则复杂度较高，并且若想直接拟合两个轨迹来分析他们的相似度，误差也较大。为此考虑到用户的移动存在前后关联性，可采用马尔可夫模型捕获用户的移动模式。马尔可夫模型基于马尔可夫假设，即状态之间转移关系只依赖于前一个状态，而与前一个状态之前的其他状态无关。而用户的每次移动都可描述为一个马尔可夫过程，将这些马尔可夫过程都记录下来，即可复现用户的轨迹模式。状态转移矩阵的建立是马尔可夫模型的关键，可首先将用户的行为轨迹拆分，构建转移矩阵，再整合出用户的轨迹转移序列实现对运动特征的描述。

例如，图 3.4.5 描绘了用户i的一段轨迹，轨迹合集记为$\mathrm{Tra}_i=\langle l_1, l_2, l_3, l_4, l_2, l_5\rangle$，状态转移矩阵$\boldsymbol{F}_{u_i}$，转移模式可以拆分成 5 个马尔可夫过程：

$$T_{12}\langle l_1, l_2\rangle, T_{23}\langle l_2, l_3\rangle T_{34}\langle l_3, l_4\rangle, T_{42}\langle l_4, l_2\rangle, T_{25}\langle l_2, l_5\rangle \tag{3.4.12}$$

最终得到一条由向量表示的历史轨迹序列：

$$\mathrm{vector}(F_{\mathrm{Tra}_i})=\langle f_{T_{12}}, f_{T_{23}}, f_{T_{34}}, f_{T_{42}}, f_{T_{25}}\rangle \tag{3.4.13}$$

$$\boldsymbol{F}_{u_i}=\begin{pmatrix}0 & 1 & 0 & 0 & 0\\0 & 0 & 0.5 & 0 & 0.5\\0 & 0 & 0 & 1 & 0\\0 & 1 & 0 & 0 & 0\\0 & 0 & 0 & 0 & 0\end{pmatrix} \tag{3.4.14}$$

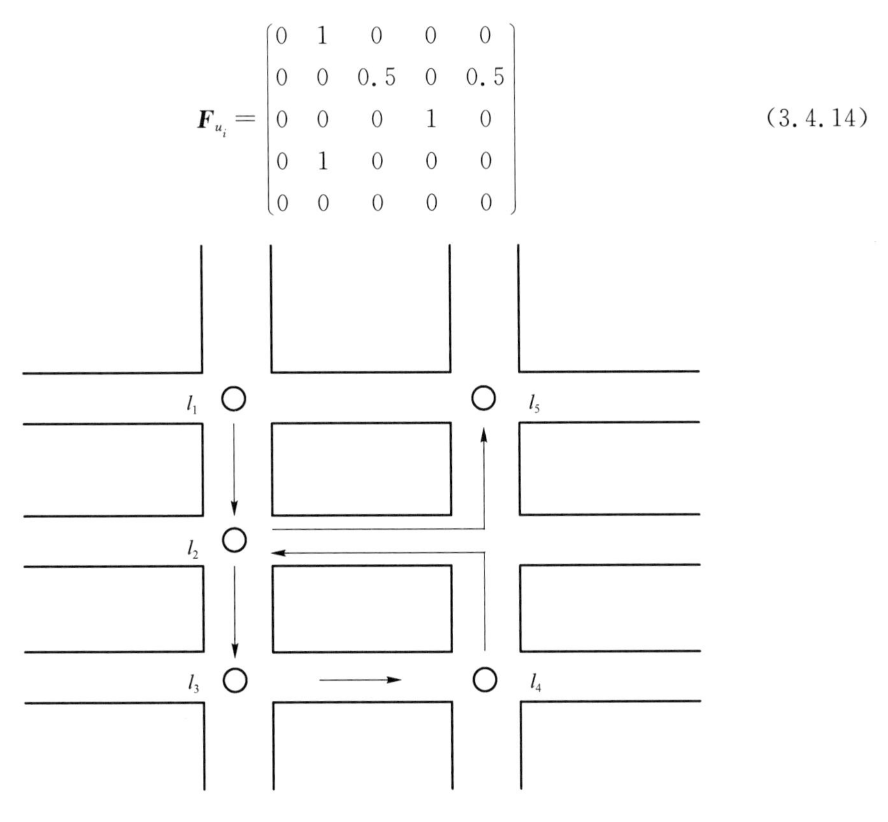

图 3.4.5 用户轨迹图

每个用户的轨迹模式可用一个序列表示，若要衡量两个用户轨迹模式的相似度，需要找到他们轨迹序列中的最大公共部分。例如，可选用动态规划算法测量两条轨迹之间的最长子序列，并计算最长子序列长度与他们序列长度和的比值，即为轨迹相似度。

两条轨迹的最长子序列的表示形式定义如下[55,56]：设用户轨迹序列 $X_i=<x_0,x_1,\cdots,x_i>$ 和 $Y_j=<y_0,y_1,\cdots,y_j>$，最长公共子序列 $\mathrm{LCS}(X_i,Y_j)=W_n<w_0,w_1,\cdots,w_n>$，

- 若 $x_i=y_i$，则 $w_n=x_i=y_i$ 且 W_{n-1} 是 X_{i-1} 和 Y_{j-1} 的最长公共子序列；
- 若 $x_i\neq y_i$ 且 $w_n\neq x_i$，则 W_n 是 X_{i-1} 和 Y_j 的最长公共子序列；
- 若 $x_i\neq y_i$ 且 $w_n\neq y_i$，则 W_n 是 X_{i-1} 和 Y_{j-1} 的最长公共子序列。

为了找出 $X_i=<x_0,x_1,\cdots,x_i>$ 和 $Y_j=<y_0,y_1,\cdots,y_j>$ 的最长公共子序列，需要将该问题分解成多个子问题，并找到能决定全局最优解的局部子结构。例如，可利用斐波那契数列实现对子问题的求解，具体递归步骤如下：当 $x_i=y_i$ 时，直接在找到的 X_{i-1} 和 Y_{j-1} 最长公共子序列末尾加上 $x_i(=y_i)$ 即可得它们的一个最长公共子序列。当 $x_i\neq y_i$ 时，需要分别找到 X_{i-1} 和 Y_j 的一个最长公共子序列以及 X_i 和 Y_{j-1} 的一个最长公共子序列，则较长的序列即为 X_i 和 Y_j 的一个最长公共子序列。用 $\|\mathrm{LCS}(X_i,\ Y_j)\|=c[i][j]$ 记录这两个序列最长公共子序列的长度。当 $i=j=0$ 时，空序列是 X_i 和 Y_j 的最长公共子序列，此时 $c[i][j]=0$；当 $i,j>0$，$x_i=y_i$ 时，$c[i][j]=c[i-1][j-1]+1$；当 $i,j>0$，$x_i\neq$

y_i时，$c[i][j]=\max\{c[i][j-1],c[i-1][j]\}$，因此最长子序列长度关系可以表示如下：

$$c[i][j]=\begin{cases}0,\ i=0,\ j=0\\ c[i-1][j-1]+1,\ i,j>0,x_i=x_j\\ \max\{c[i][j-1],c[i-1][j]\},\ i,j>0,x_i!=x_j\end{cases} \tag{3.4.15}$$

则两个用户轨迹的相似度可表示为

$$\mathrm{sim}_{\mathrm{Trajectory}}(\mathrm{Tra}_i,\mathrm{Tra}_j)=\frac{\|\mathrm{LCS}(\mathrm{vector}(F_{\mathrm{Tra}_i}),\mathrm{vector}(F_{\mathrm{Tra}_j})\|}{\|\mathrm{vector}(F_{\mathrm{Tra}_i})\cup \mathrm{vector}(F_{\mathrm{Tra}_j}))\|} \tag{3.4.16}$$

(2) 社交关系研究与建模

前面分析 LBSN 数据时，已经证明用户之间的社交关系。并且通过对用户签到重叠率的分析（表 3.4.2），可以明显看出社交关系对用户移动行为的影响，在存在社交关系的用户之间，签到位置的重叠度明显高于不存在社交关系的用户对之间签到位置的重叠度。用户间的关联强度可以进行量化描述。

表 3.4.2 签到位置重叠率

	不存在社交关系的用户对	存在社交关系的用户对
签到位置重叠度均值	0.012 3	0.035 3(178%)

将用户之间的朋友关系用拓扑结构 $G=<V,E>$ 表示，G 即为此处的社交网络，其中 $n=|V|$ 表示网络中的用户数，$v_i(i\in U)$ 表示用户，称之为节点，e_{ij} 表示用户 i 和 j 之间的边（即朋友关系），称之为连接，对网络的评估可以从节点和连接两个角度进行。对节点的度量：利用节点的出度和入度衡量用户的影响力大小；利用度的中心性衡量用户对与其相连接的其他用户的平均影响力；利用介数中心性衡量节点在网络结构中所处位置的重要性；利用紧密中心性量化当前用户对其他用户的间接影响力等。由此可见，基于节点度的分析多用来挖掘用户局部影响力，但无法衡量两个用户之间的影响程度。为了解决这个问题，就需要关注节点间连接的度量。很明显，不同用户之间的紧密程度是不同的，对连接的影响力度量即是对用户之间紧密程度的度量。已有的研究成果为了简化计算，在对信息传播和影响力扩散模型的分析中，直接用经验值表示用户间的关联权重。其中，有的研究中假设关联性是常数（或者经验值），而有的则直接假设关联性服从某些分布[55]，很明显这些方法无法真实描述用户间的关联强度。

对于用户间关联强度的衡量，可选用 Jaccard 相似度进行计算，Jaccard 相似度易于计算，包含了整个图的度量空间，且在真实网络中，度量性能较好。Jaccard 方法基于结构相似性，根据两个节点拓扑结构上的相似程度进行度量，定义两个节点如果公共邻居越多，则他们之间的关系紧密度越强，相互的影响力也越大。对于两个用户 i 和 j，与他们有直接朋友关系的用户集合分别为 S_i 和 S_j，则用户 i 和 j 的共同邻居集合是用户 i 和 j 邻居的交集，为 $S_i\cap S_j$。该方法统计用户 i 和 j 的共同邻居个数在总邻居数中所占的比例，将比例值作为衡量两个用户间关联强度的指标，即占比越大两个用户间的关联越强。

$$\mathrm{sim}_{\mathrm{Jaccard}}(i,j)=\frac{|S_i\cap S_i|}{|S_i\cup S_i|} \tag{3.4.17}$$

图 3.4.6 示意了社交关系图到社交关联强度图的转化过程。

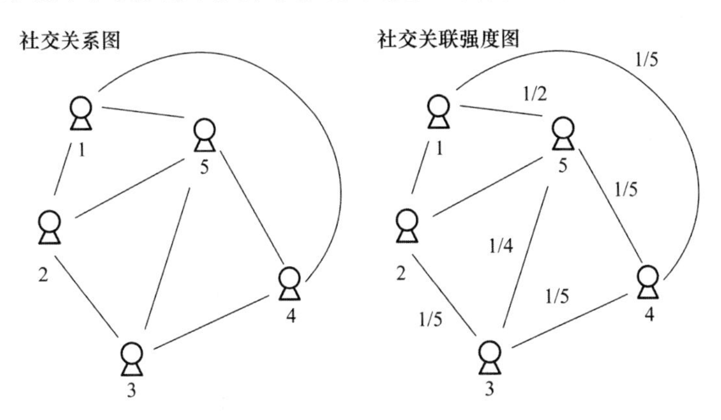

图 3.4.6 社交关系图到社交关联强度图的转化过程

2. 群体特性发现概述

(1) 群体特性结构的定义

已有研究表明,复杂网络具有三个基本特征:①集群特征,这个特征表示了网络集团化的程度,也表示了网络内聚的倾向性。例如,社会网络中存在朋友圈,朋友圈内的成员基本互相认识。②小世界特征,此特征的物理意义是虽然一些网络系统尺寸较大,但任意节点对之间一定存在一个较短的路径,整体表现出相对较大的聚集系数。③幂律特征,主要反映了节点的集中性。度的相关性代表节点间关系的紧密度,而节点的介数反映了顶点的影响力。研究者发现,众多的实际网络除了具有复杂网络的基本特性之外还具备一个公共特征,即群体特性结构,群体特性指用户的位置倾向受关联用户行为影响。图 3.4.7 展示了一个群体特性结构模型。

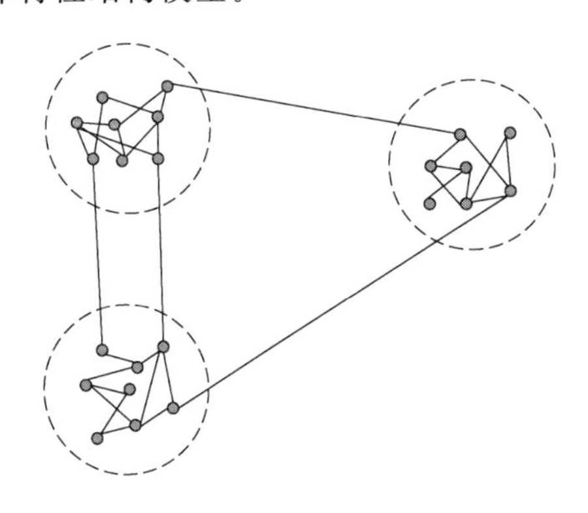

图 3.4.7 群体特性结构模型示例

(2) 模块性 Q 函数

在探索网络群体特性结构中,Newman 和 Girvan 为了定量描述网络中的群体特性,定义了模块性函数[56]用来衡量网络中群体特性结构的划分。模块性是指网络中连接群体特性内部节点的边所占的比例与另一个随机网络里连接群体特性内部节点的边所占比例的期望值的差值[57]。对于一个随机网络,内部每个节点的群体特性属性是保持不变的,但节点间的边是根据节点度随机产生的。同理加权网络的模块度表示两个期望值的差值,这两个期望值一个是网络中所有群体特性内节点间的边权重和与所有边的边权重比值的期望值,另一个是随机网络中所有群体特性内节点间的边权重和与所有边的边权重比值的期望值[22]。如果算法划分的群体特性结构比较好,那么群体特性内部连接的稠密程度会比随机网络内部连接稠密度的期望值要高。

假设网络被划分出群体特性结构,c_i是节点 i 所在群体特性编号,那么群体特性内部连边所占比例可表示成[57]:

$$\frac{\sum_{i,j} a_{i,j}\sigma(c_i,c_j)}{\sum_{i,j} a_{i,j}} = \frac{\sum_{i,j} a_{i,j}\sigma(c_i,c_j)}{\sum_{i,j} M} \tag{3.4.18}$$

其中,$a_{i,j}$为网络邻接矩阵中的元素,$\sigma(c_i,c_j)$为群体指示因子,若节点 i 与 j 同在一个群体特性内,则 $\sigma(c_i,c_j)=1$,否则为 0。$M=0.5\sum a_{i,j}$ 表示网络中连边的数目。因此,加权网络的模块度函数可以表示成

$$Q=\frac{1}{2m}\sum_{i,j}[w_{i,j}-\frac{k_i,k_j}{2m}]\sigma(c_i,c_j) \tag{3.4.19}$$

其中,$w_{i,j}$表示节点 i 与节点 j 之间连边的权重,m 表示网络中所有连边的边权重和的一半,k_i是所有与节点 i 相连的边的权重总和。

(3) 群体特性发现算法 Louvain

Louvain[58]群体特性发现算法是基于模块度的图算法,该算法群体发现速度比普通的基于模块度和模块度增益的算法更快,而且对点多边少的网络,聚类效果更加明显。其优化目标为最大化整个群体特性网络的模块度,寻找网络中最优的全局模块度。

算法的具体执行过程如图 3.4.8 所示,可以描述如下。

① 将图中的每个节点看成一个独立的群体特性。

② 对于每个节点 i,依次尝试把节点 i 分配到其每个邻居节点所在的群体特性,然后计算分配前和分配后的模块度变化 ΔQ,并记录 ΔQ 最大的那个邻居节点,如果 $\max(\Delta Q)>0$,则把节点 i 分配到 ΔQ 最大的那个邻居节点所在的社区,否则保持不变。在进行节点分配时,系统模块度的变化值 ΔQ 表示为

$$\Delta Q=\left[\frac{\Sigma\text{in}+k_{i,\text{in}}}{2m}-\left(\frac{\Sigma\text{tot}+k_i}{2m}\right)^2\right]-\left[\frac{\Sigma\text{in}}{2m}-\left(\frac{\Sigma\text{tot}}{2m}\right)^2-\left(\frac{k_i}{2m}\right)^2\right] \tag{3.4.20}$$

其中,$k_{i,\text{in}}$表示由节点 i 入射集群的权重之和,Σtot 表示入射集群的总权重,k_i代表入射到节点 i 的总权重。

③ 重复②,直到所有节点的所属群体特性不再变化。

④ 对图进行压缩,将所有在同一个群体特性的节点压缩成一个新节点,群体特性内节点之间的边权重转化为新节点的环权重,进而群体特性间的边权重转化为新节点间的边权重。

⑤ 重复上述步骤,直到整个图的模块度不再发生变化。图的模块度则表示为

$$Q=\frac{1}{2m}\sum_{i,j}[w_{i,j}-\frac{k_i,k_j}{2m}]\sigma(c_i,c_j) \tag{3.4.21}$$

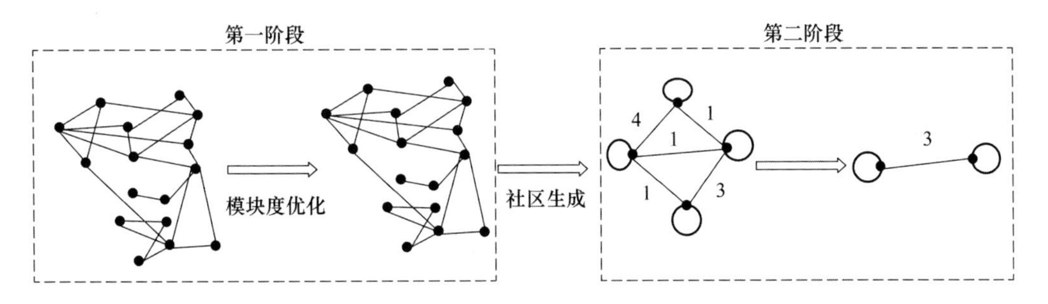

图 3.4.8　群体特性发现算法执行过程

3. 基于群体特性发现的位置预测模型

(1) 位置预测模型的框架

预测模型系统框架如图 3.4.9 所示，主要包括五个模块，分别为数据输入模块、数据预处理模块、群体特性聚类模块、位置预测模块和结果输出模块。

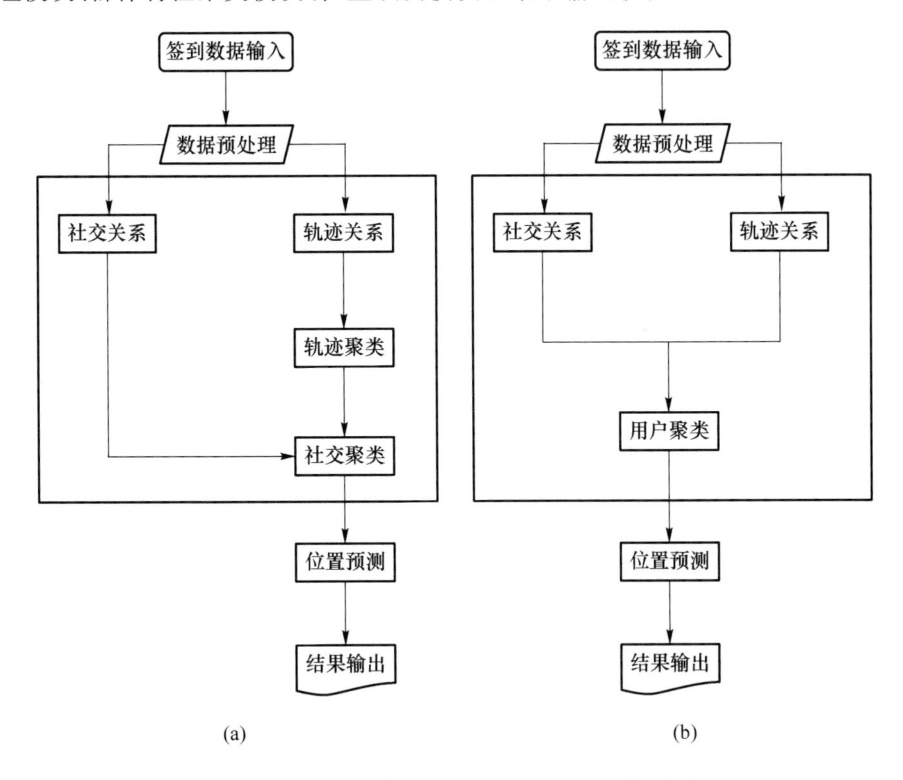

图 3.4.9　基于群体特性发现的位置预测模型框架

- 数据输入模块：该模块接收 LBSN 用户自主签到行为产生的签到数据，并完成数据的存储。由于用户完成签到行为使用的移动终端类型多样，此处要求本模块能实现数据的透明接收，并能完成向数据预处理模块的交付。
- 数据预处理模块：由于签到数据输入格式可能不统一，本模块主要完成对数据的预处理，一致化数据格式。并且当输入多个数据字段时，可能会出现字段缺失或者非法格式字段，此时需要对非法数据进行过滤，对缺失的数据补全。最终存储的数据应该包括用户的签到记录（用户，签到时间，地点）和用户的社交关系（用户，用户的朋友），并且按照时间顺序排列。

- 群体特性聚类模块：本模块的主要功能是基于用户之间轨迹相似度与社交关联度的分析，采用群体特性发现算法实现用户聚类，获取高相似度的用户群。
- 位置预测模块：该模块的功能核心即实现对目标用户的位置预测。将群体特性聚类模块形成的用户群划分情况输入本模块，为每个群体特性形成一套专属的历史签到记录集合，预测单个用户下一个可能出现的位置。
- 结果输出模块：该模块的主要接收位置预测模块生成的预测结果，为用户提供最终的预测位置，将预测效果进行展示。

（2）两种基于群体特性发现策略的位置预测算法

下面介绍两种基于群体特性发现策略的位置预测算法。

① 基于二次聚类的位置预测算法

图 3.4.10 表示二次聚类方式的算法流程，具体步骤描述如下。

- 采用轨迹模式相似度算法计算目标用户与其他用户之间的移动行为相似性 $\mathrm{sim}_{\mathrm{Trajectory}}(\mathrm{Tra}_i, \mathrm{Tra}_j)$。
- 对用户间权重为 $\mathrm{sim}_{\mathrm{Trajectory}}(\mathrm{Tra}_i, \mathrm{Tra}_j)$ 的加权网络，利用 Louvain 群体特性发现算法对其中的用户节点进行一次聚类，将这些节点划分为 m_1 个群体特性 $C_{M_1} = \{c_1, c_2, \cdots, c_{m_1}\}$。
- 对每个群体特性 $c_{m_1} \in C_{M_1}$，采用社交相似度算法（Jaccard 算法）计算该群体特性中的目标用户与其他用户的社交紧密度 $\mathrm{sim}_{\mathrm{Jaccard}}(i,j)$。
- 利用用户间的社交紧密度 $\mathrm{sim}_{\mathrm{Jaccard}}(i,j)$，基于 Louvain 群体特性发现算法对 C_{M_1} 中每个加权的群体特性网络进行二次聚类，例如，对 c_{m_1} 群体特性进行二次聚类，结果形成更加细分的用户群，表示为 $C_{c_{m1}} = \{c_{m_{11}}, c_{m_{12}}, \cdots, c_{m_{1n}}\}$。
- 找到目标用户最终归属的用户群，进一步可得目标用户在某个位置的签到概率，即为这个位置在找到的用户群中所有用户历史签到记录里出现的频率，则用户移动预测模型为 $P_{\mathrm{MF(TS)}}$：

$$H_{C_{c_i}} = \sum_{u \in C_{c_i}} H_u \tag{3.4.22}$$

$$P_{\mathrm{MF(TS)}}(v=l \mid H_u, u \in C_{c_i}) = P(v=l \mid H_{C_{c_i}}) = \frac{|\{v_k \mid v_k \in V_{C_{c_i}}, v_k = l\}|}{|\{v_k \mid v_k \in V_{C_{c_i}}\}|} \tag{3.4.23}$$

其中，H_u表示用户 $u \in C_{c_i}$ 的历史签到记录，$H_{C_{c_i}}$ 表示群体特性 C_{c_i} 中所有用户历史签到记录的合集，$V_{C_{c_i}}$ 表示 C_{c_i} 这个群体特性中所有出现位置的合集。

② 基于叠加聚类的位置预测算法

图 3.4.11 表示叠加聚类方式的流程，具体步骤描述如下。

- 采用轨迹模式相似度算法计算目标用户与其他用户之间的移动行为相似性 $\mathrm{sim}_{\mathrm{Trajectory}}(\mathrm{Tra}_i, \mathrm{Tra}_j)$；

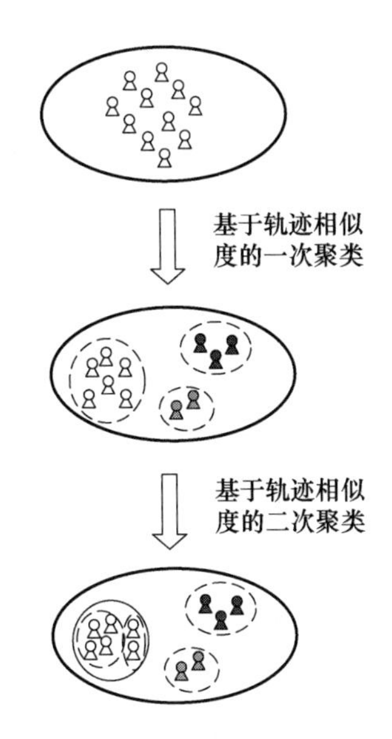

图 3.4.10 基于二次聚类的位置预测算法示意

$$\mathrm{sim}_{\mathrm{Trajectory}}(\mathrm{Tra}_i,\mathrm{Tra}_j)=\frac{\|\mathrm{LSC}(\mathrm{vector}(F_{\mathrm{Tra}_i}),\mathrm{vector}(F_{\mathrm{Tra}_j}))\|}{\|\mathrm{vector}(F_{\mathrm{Tra}_i})\cup\mathrm{vector}(F_{\mathrm{Tra}_j})\|} \tag{3.4.24}$$

- 采用复杂网络中的相似度算法(Jaccard 算法)计算目标用户与其他用户的社交紧密度 $\mathrm{sim}_{\mathrm{Jaccard}}(i,j)$：

$$\mathrm{sim}_{\mathrm{Jaccard}}(i,j)=\frac{|S_i\cap S_j|}{|S_i\cup S_j|} \tag{3.4.25}$$

- 构建新的加权用户网络,得到用户间的关系权值 w_{Parallel}：

$$w_{\mathrm{Parallel}}=\frac{\mathrm{sim}_{\mathrm{Trajectory}}(\mathrm{Tra}_i,\mathrm{Tra}_j)+\mathrm{sim}_{\mathrm{Jaccard}}(i,j)}{2} \tag{3.4.26}$$

- 在新整合的加权网络中,权重为 w_{Parallel},利用 Louvain 群体特性发现算法对用户进行聚类,得到 m 个群体特性划分结果,记为 $C_M=\{c_1,c_2,\cdots,c_m\}$,例如,1 号群体特性中用户集合为 c_1。
- 找到目标用户最终归属的用户群,进一步可得目标用户在某个位置的签到概率,即为这个位置在找到的用户群中所有用户历史签到记录里出现的频率,则用户移动预测模型为 $P_{\mathrm{MF(T+S)}}$：

$$H_{c_i}=\sum_{u\in c_i}H_u \tag{3.4.27}$$

$$P_{\mathrm{MF(T+S)}}(v=l\mid H_u,u\in c_i)=P(v=l\mid H_{c_i})=\frac{|\{v_k\mid v_k\in V_{c_i},v_k=l\}|}{|\{v_k\mid v_k\in V_{c_i}\}|} \tag{3.4.28}$$

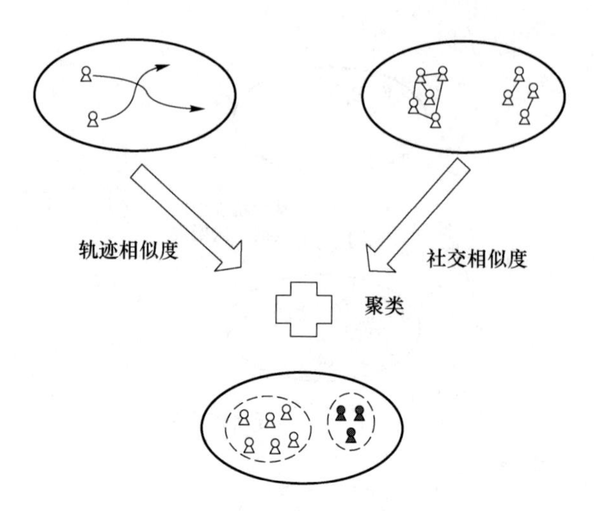

图 3.4.11 基于叠加聚类的位置预测算法示意

本章参考文献

[1] FCC. Revision of the commission's rules to ensure compatibility with enhanced 911 emergency calling systems[EB/OL]. http://www.fcc.gov/911/enhanced/reports/.

[2] FCC. FCC approves new 9-1-1 location accuracy rules[EB/OL]. http://sites.google.com/site/co911rc/resources/leg-and-reg-page/leg-and-reg-log/fccapprovesnew9-1-1.

[3] 中国互联网络信息中心. 2013—2014 年中国移动互联网调查报告[EB/OL]. http://www.cnnic.net.cn/.

[4] Amdocs. Amdocs 2015 state of RAN[EB/OL]. http://solutions.amdocs.com/rs/amdocs1/images/Amdocs_2015_State_of_RAN.pdf.

[5] Andrea Goldsmith. Beyond 4G: what lies ahead for cellular system design[EB/OL]. http://wcnc2012.ieeewcnc.org/Site/0Q3SVD88/Fichiner/WCNC%202012%20Keynote%20Goldsmith.pdf.

[6] 3GPP. Overview of 3GPP Release 12[EB/OL]. http://www.3gpp.org/ftp/Information/WORK_PALN/Description_Releases/.

[7] EU METIS. Deliverables and delivery months[EB/OL]. http://www.metis2020.com/documents/deliverables/.

[8] IMT-2020(5G)推进组. 面向 5G 标准的研究工作计划[EB/OL]. http://finance.sina.com.cn/stock/t/20150415/130521961887.shtml.

[9] Wax M, Kailath T. Detection of signals by information theoretic criteria[J]. IEEE Trans. Acoust., Speech, Signal Processing, 1985, ASSP-33: 387-392.

[10] 王永良. 空间谱估计理论与算法[M]. 北京:清华大学出版社，2004.

[11] 贾杨. 面向5G的到达角估计和定位算法的研究[D]. 北京:北京邮电大学,2020.

[12] 高思远. 基于改进近邻传播算法的分区聚类室内定位方法研究[D]. 太原:太原理工大学,2019.

[13] 谢刚. 全球导航卫星系统原理[M]. 北京:电子工业出版社,2013.

[14] Kaplan，Elliott D. Understanding GPS：principles and applications[M]. 2nd ed. ARTECH HOUSE，2006.

[15] Guochang Xu. GPS Theory，Algorithms and Applications[M]. 2nd ed. Berlin：Springer，2007.

[16] Teunissen P J G，Jonge P J D，Tiberius C C J M. The least-squares ambiguity decorrelation adjustment：its performance on short GPS baselines and short observation spans[J]. Journal of Geodesy，1997，71(10)：589-602.

[17] Frei E,Beutler G. Rapid static positioning based on the fast ambiguity resolution approach：theory and first results[J]. Manuscript Geodetic，1990，15(6)：325-356.

[18] Euler H，Landau H. Fast GPS ambiguity resolution on-the-fly for real-time application[C]. Proceedings of six international geodetic symposium on satellite positioning. Columbus，Ohio，1992:650-659.

[19] Takasu T，Yasuda A. Kalman-filter-based integer ambiguity resolution strategy for long-baseline RTK with ionosphere and troposphere estimation[C]. Proceedings of the 23rd International Technical Meeting of the Satellite Division of The Institute of Navigation，2010：161-171.

[20] Dekkiche H，Kahlouche S，Abbas H. Differential ionosphere modelling for single-reference long-baseline GPS kinematic positioning[J]. Earth，Plants and Space，2018，62(12)：1-10.

[21] Chu F Y，Yang M. GPS/Galileo long baseline computation：method and performance analyses[J]. GPS Solutions，2014，18(2)：263-272.

[22] Chu F Y，Yang M，Wu J. A new approach to modernized GPS phase-only ambiguity resolution over long baselines[J]. Journal of Geodesy，2016，90(3)：241-254.

[23] 邹龙宽,李英祥. 基于LAMBDA算法搜索空间的研究[J]. 地理空间信息,2018,16(12)：96-98+11.

[24] Teunissen P J G. A new method for fast carrier phase ambiguity estimation[C]. Position Location and Navigation Symposium，IEEE Xplore，1994：562-573.

[25] 史琳. GPS整周模糊度及其在姿态测量中的应用研究[D]. 武汉：武汉理工大学,2008.

[26] Teunissen P J G. Least-squares estimation of the integer GPS ambiguities invited lecture for section IV[C]. Theory and Methodology，IAG General Meeting，Beijing，

China，1993：231-238.

[27] 张贤达. 现代信号处理[M]. 北京:清华大学出版社,2002:42-45.

[28] Chan Y T，Ho K C. A simple and efficient estimator for hyperbolic location[J]. IEEE Transactions on Signal Processing，1994，42(8):1905-1915.

[29] 3GPP，TR 38.211. Study on channel model for frequencies from 0.5 to 100 GHz [S]. V16.1.0，2019.

[30] Hu B，Tian H，Fan S. Millimeter wave LoS/NLoS identification and localization via mean-shift clustering [C]. 2019 IEEE 30th Annual International Symposium on Personal，Indoor and Mobile Radio Communications (PIMRC)，Istanbul，Turkey，2019：1-7.

[31] Tran Q，Tantra J W，Foh C H，et al. Wireless indoor positioning system with enhanced nearest neighbors in signal space algorithm[C]//Vehicular Technology Conference，2006.

[32] Fang C，Liang X. Complements to the online phase in the horus system[C]//Isecs International Colloquium on Computing，Communication，Control，& Management. IEEE Computer Society，2008.

[33] 汤丽,徐玉滨,周牧,等. 基于 *K* 近邻算法的 WLAN 室内定位技术研究[C]//2009 国际信息技术与应用论坛论文集(下).《计算机科学》杂志社:西南财经大学信息技术应用研究所,2009:3.

[34] 蔡朝晖,夏溪,胡波,等. 室内信号强度指纹定位算法改进[J]. 计算机科学,2014，41(11)：178-181.

[35] 黄志乾.室内无线网络中的定位算法研究[D]. 北京:北京邮电大学,2020.

[36] Gao H，Tang J，Liu H. Mobile location prediction in spatio-temporal context [M]//Boron in Plant and Animal Nutrition. Springer，Berlin，2009：47-62.

[37] Gambs，Sébastien，Killijian M O，et al. Next place prediction using mobility Markov chains[C]//EUROSYS 2012 Workshop on Measurement，Privacy，and Mobilty,2012：1-6.

[38] Tian P，Sanjay A V，Chiranjeevi K，et al. Intelligent advertising framework for digital signage[C]//ACM SIGKDD International Conference on Knowledge Discovery and Data Mining. ACM，2012：1532-1535.

[39] Song C,Barabasi A L. Limits of predictability in human mobility[J]. Science，2010，327(5968):1018-1021.

[40] Maly I，Mikovec Z，Vystrcil J，et al. An evaluation tool for user behavior in a realistic mobile environment[J]. Personal and Ubiquitous Computing，2013，17 (1):3-14.

[41] Huang Y，Zhou W，Du Y. Research on the user behavior-based QoE evaluation method for HTTP mobile streaming[C]//International Conference on Broadband &

Wireless Computing. IEEE, 2014: 47-51.

[42] Gao H, Liu H. Mining human mobility in location-based social network[M]. Morgan & Claypool, 2015: 1-115.

[43] Li Q, Zheng Y, Xie X, et al. Mining user similarity based on location history [C]//ACM Sigspatial International Symposium on Advances in Geographic Information Systems, Acm-Gis 2008, November 5-7, 2008, Irvine, California, Usa, Proceedings, 2008:1-10.

[44] Noulas A, Scellato S, Lathia N, et al. Mining user mobility features for next place prediction in location-based services[C]//Proceedings of the 2012 IEEE 12th International Conference on Data Mining. IEEE Computer Society, 2012: 1038-1043.

[45] Luo H, Guo B, Zhiwenyu, et al. Friendship prediction based on the fusion of topology and geographical features in LBSN[C]//IEEE International Conference on High PERFORMANCE Computing and Communications 2013: 2224-2230.

[46] Mourchid F, Habbani A, EI Koutbi M. Mining user patterns for location prediction in mobile social networks[C]//Information Science and Technology. IEEE, 2014: 213-218.

[47] Narayanan V, Rehman R, Devassy A, et al. Enabling location based services for hyperlocal marketing in connected vehicles[C]//International Conference on Connected Vehicles and Expo. IEEE, 2014.

[48] Yu Z, Zhang D, Yu Z, et al. Participant selection for office event marketing leveraging location-based social nerwork[J]. Systems Man & Cybernetics Systems IEEE Transactions on, 2015, 45(6): 853-864.

[49] Zheng Y, Zhang L, Xie X, et al. Mining interesting locations and travel sequence from GPS trajecories[C]//International Conference on World Wide Web, WWW 2009, Madrid, Spain, April. 2009: 791-800.

[50] Chang J, Sun E. Location: how users share and respond to location-based data on social [C]//International Conference on Weblogs and Social Media, Barcelona, Catalonia, Spain, July. 2011.

[51] Cho E, Myers S A, Leskovec J. Friendship and mobility: user movement in location-based social network[C]//ACM SIGKDD International Conference on knowledge Discovery and Data Mining, San Diego, Ca, Usa, August. 2011: 1082-1090.

[52] Ye M, Janowicz K, Mulligann C, et al. What you are: the temporal dimension of feature types in location-based social nerwork[C]//ACM Sigspatial International Conference on Advances in Geographic Information Systems, 2015: 102-111.

[53] Song Y, Hu Z, Leng X, et al, Friendship influence on the mobile behavior of

location based social network users[J]. Communication and Networks, 2015, 17 (2): 126-132.

[54] Liang B, Haas Z. Predictivediatance-based mobility management for PCS networks[C]. Proc of the IEEE conference on Computer and Communications, 1999: 1377-1384.

[55] Gomez-Rodrigues M, Leskovec J, Krause A. Inferring networks of diffusion and influence[J]. Acm Transactions on Knowledge Discovery from Data, 2012, 5 (4): 1019-1028.

[56] Karypis G, Kumar V. A fast and high quality multilevel scheme for partitioning irregular graphs[J]. Siam Journal on Scientific Computing, 2006, 20(1): 359-392.

[57] 李晓佳,张鹏,狄增如,等. 复杂网络中的群体特性结构[J]. 复杂系统与复杂性科学,2008,5(3): 19-42.

[58] Blondel V D, Guillaume J L, Lambiotte R, et al. Fast unfolding of communities in large network[J]. Journal of Statistical Mechanics Theory & Experiment, 2008, 2008(10): 155-168.

第4章

基于位置感知的服务

位置信息在各方面的服务中都有应用。例如，日常生活中最常见的就是导航，我们平时在使用导航服务的过程中会出现定位不精准的情况，这也是现阶段位置信息应用领域受限的重要原因之一。然而，随着通信技术的发展，5G 网络所能提供的位置信息的精度将大幅提升，这将使位置信息可以在更多领域中应用。本章主要介绍位置信息在 5G 网络中可以提供的服务。4.1 节介绍位置信息在 5G 网络架构中的作用，并以高速列车为例，分析位置信息在实际工程中的应用。4.2 节介绍基于位置信息的前摄式内容缓存服务。4.3 节面向空地融合的移动边缘网络架构，介绍两种基于位置信息的移动基站的通信与缓存方案。

4.1 基于位置的信息传输

未来移动通信网络将是能够利用位置信息进行精准信息服务的无线网络。位置信息有助于应对移动通信网络中的一些关键挑战，包括应对数据流量和终端设备的数量增长，降低系统能量开销，减小系统时延，辅助现阶段的技术层面发展以及衍生出新兴技术等。本节首先概述了位置感知通信在第五代移动通信网络不同层协议栈的研究侧重点，然后通过具体应用场景来分析位置感知在通信网络中的重要作用。

4.1.1 位置信息在 5G 网络架构中的作用

第五代移动通信网络具有广泛的应用场景，与当前的移动通信系统相比，每个区域中的移动数据流量、连接设备数量以及用户速率等都有数量级的增长。为了应对这些需求，5G 网络的部署过程将面临诸多挑战，其中包括极高的数据速率需求，低到毫秒级别的端到端时延、低网络运行成本需求等。为了满足 5G 的这些要求，网络密集化是一个重要趋势，需要增强超密集异构网络中各种网络元素之间的协调合作。

当前研究人员的愿景是位置信息可以对传统技术和新兴技术提供补充，并且能应对

5G 网络所面临的一些挑战。实际上，位置信息在前几代蜂窝移动通信系统中已经有所应用，如 2G 网络中的单元格标识定位、3G 网络中利用相关同步信号进行的基于时间的定位、4G 网络中的定位参考信号等，精度范围在几十米到几百米之间，所获取位置信息的精度在通信领域前沿应用中还远远不够。5G 时代，位置信息的精度可达到米级甚至更优，较多应用场景下设备将能够受益于高精度位置信息服务。

本小节主要讨论为什么以及怎么样在移动通信网络中利用精确的位置信息。首先介绍在协议栈的不同层面中如何利用位置信息，概述关于每一层和位置感知通信相关的研究情况。然后将分析 5G 技术成功应用位置信息并实现预期性能收益之前必须解决的一些问题和必须应对的研究挑战。

5G 网络通信协议栈的各个层面都可以利用准确的位置信息，如图 4.1.1 所示。首先，信噪比(SNR)随距离的增大而减小，因此感知位置信息可以作为接收端接收到功率和干扰的度量。并且，如果忽略阴影效应，密集网络中源和目标之间的最佳多跳路径就是距离最短的那条多跳路径。其次，虽然路径损耗是无线通信的主要影响因素，但信号穿透损耗、阴影效应会造成明显的局部功率差异。由于阴影的去相关距离往往大于定位不确定度，因此可以将局部信道信息外推到附近的终端。再次，大多数 5G 用户终端的移动模式在很大程度上将是可预测的，因为它们要么与人相关，要么与固定或可控实体相关。最后，在更高层，位置信息不仅是基于位置服务的前提，而且对于网络物理系统中的各种业务应用通常也是至关重要的，如机器人和智能交通系统。

位置感知可以用多种方式来提升 5G 网络的关键性能。特别是，由于能够预测传统时间尺度以外的信道质量，位置感知资源分配技术可以减少管理开销和系统延迟。受 3G 和 4G 通信网络研究的启发，下文将分层介绍位置信息的作用。

1. 物理层

物理层在协议栈的最底层，此层可以利用位置信息来减少干扰和信令开销，避免由于反馈延迟或者同步协调的通信方案造成的损失等[1]。

最著名的应用是认知无线电的空间频谱感知，其中高斯过程(Gaussian Process，GP)允许通过辅助用户之间的协作来估计任意位置的主要用户发出的功率[2]。所得到的功率密度图使得次级用户能够选择不拥挤的频带，并且调整其发射功率以最小化对初级用户的干扰。这些技术可以应用于 5G 中进行干扰协调。例如，在多天线技术中利用位置信息的重要潜力出现在空间认知无线电范例[3]中。这种定位辅助技术可以与大规模 MIMO 的一些最新发展相兼容，提升频谱资源的空间复用效率。

GP 数据中可以为依赖先验信道信息的应用提供辅助，如慢速自适应调制和编码以及信道估计[4]等，其中位置感知自适应移动通信结合了位置预测和指纹数据库，利用感知的位置信息，同时进行了信道和空间移动相关性的预测。例如，当 t 时刻用户向数据库报告未来一段时间内可能所处的位置 $x(t), x(t+1), \cdots, x(t+T)$ 时，对应的接收信号功率可以表示为 $p_{\mathrm{RX}}(t), p_{\mathrm{RX}}(t+1), \cdots, p_{\mathrm{RX}}(t+T)$。对于每一时刻，系统预测的信道容量就可以表示为

$$C(t)=W\log_2\left(1+\frac{P_{\mathrm{RX}}(t)}{N_0 W}\right) \tag{4.1.1}$$

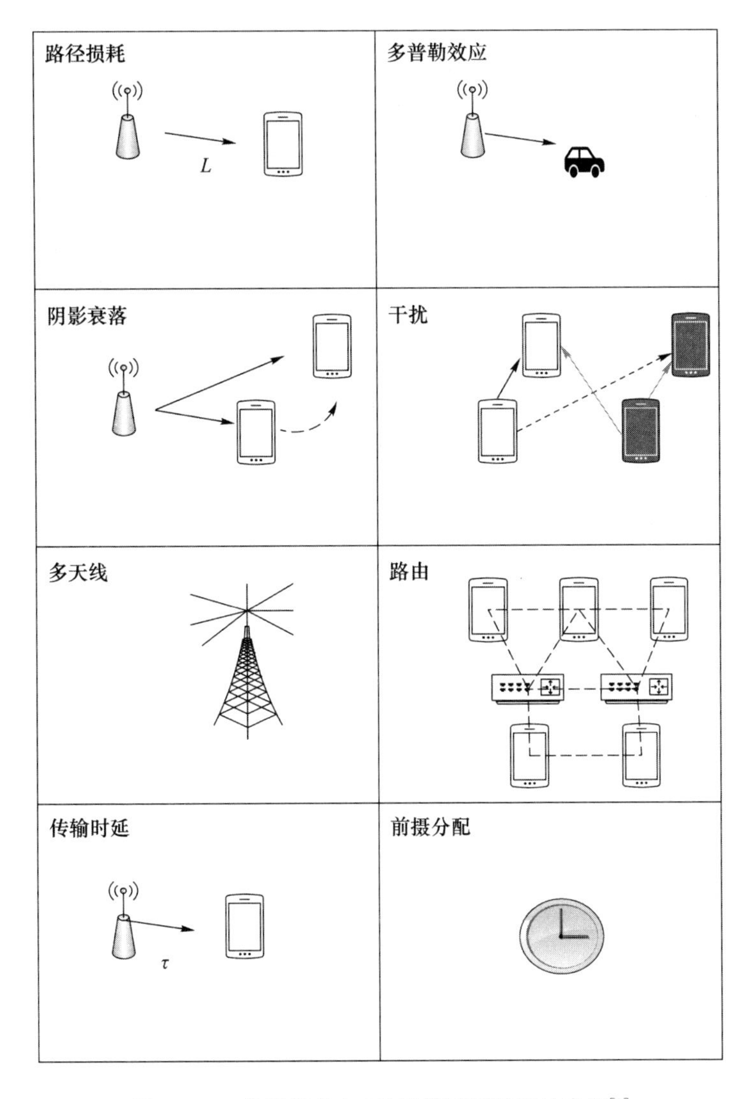

图 4.1.1 位置信息在 5G 网络不同层面的应用[1]

其中，W 是信号带宽，N_0是噪声功率谱密度。基于此，通信速率可调整到不超过预测的信道容量。文献[5]中的结果表明，与目前最先进的自适应调制方案相比，位置感知自适应系统在中、大反馈延迟情况下具有更大的容量增益。除此之外，反馈延迟在具有快速移动设备的 5G 应用中尤为重要，如交通系统。短信道相干时间妨碍了基于快衰落信道的自适应，而基于路径损失的链路自适应方式将需要利用移动用户的位置。通过推导大尺度相干时间和速度的表达式，发现反馈位置信息可以在不影响数据率的情况下大幅度降低反馈开销[5]。

位置感知通信的重要发展机遇在于资源分配方面。信息论理论研究表明，在 MU (Multiuser，多用户)和 MIMO 系统中，优化网络资源分配策略会使系统容量显著增加。例如，在单小区场景下，用户可以使用多天线来抑制多径衰落的影响。因此，在存在 1 个

视距路径和 $N-1$ 个非视距多径信道的传播场景中，用户可以使用波束成形（Beam Forming，BF）技术将其信道转换为纯视距链路，允许基站通过位置信息执行追零（Zero-Forcing，ZF）传输[6]。在多蜂窝小区场景下，即多宏基站环境或者宏基站和微基站共存的环境中，位置信息可以与发射端和接收端相结合，降低 MIMO 系统中传输信道矩阵的秩，降低系统整体的复杂度等，可见位置感知辅助的多天线信道传输有一定应用前景。特别地，通过发射机和接收机协同进行追零波束成形是低秩 MIMO 信道的优势之一（纯 LoS 信道是秩为 1 的特殊情况）。在满秩的 MIMO 信道条件下，发射机和接收机协同设计会因为整体耦合而变得十分复杂。而在最简单的 LoS 信道条件下，对发射机和接收机的结构设计，便可依据本地通过位置感知得到的相应信道状态信息。

位置信息可以通过不同的方式去利用，例如，用来度量多普勒频移（与用户相对速度成正比）、到达角（基于位置信息的空间接入划分[7]）或者时延（与发射机和接收机之间的距离相关）等。文献[3]讨论了最后一种思想并将其应用于协同多点（Coordinated Multipoint，CoMP）传输。图 4.1.2 表示的是在移动节点位置以及信号传输时延已知的前提下，可以将接收端信号和发送端相关联，提高 CoMP 的传输质量。

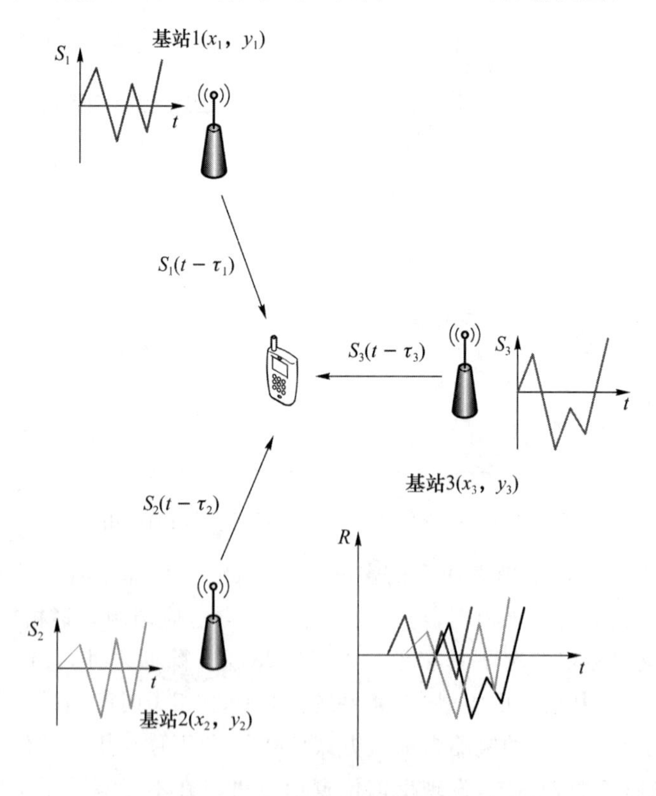

图 4.1.2　协同多点传输示例[58]

协同多点传输技术依赖于精确的同步信号，这可以利用感知的位置信息辅助得到，并且位置信息决定了利用来自不同基站同步信号的时间窗口。图 4.1.3 表示在移动节点位置不确定性不同的情况下，基站为了实现信号同步性能所需的发射功率。位置信息

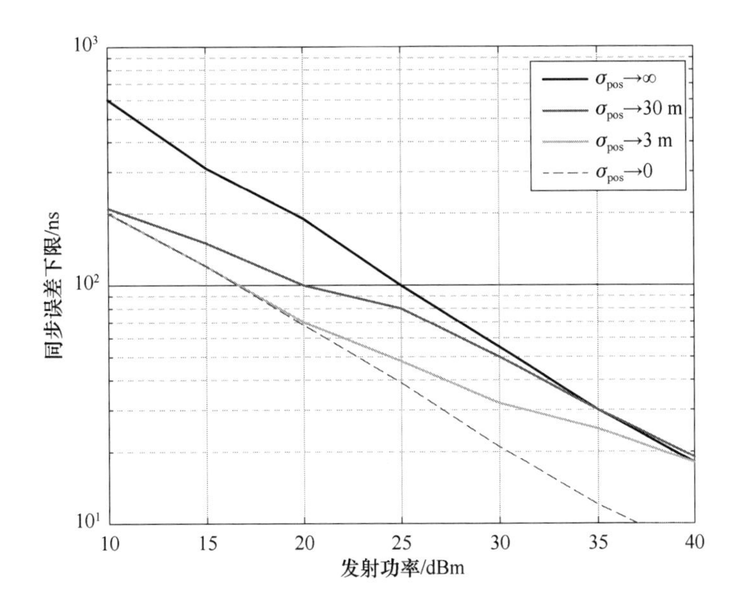

图 4.1.3 发射功率与移动节点位置不确定性的关系[1]

的准确度越高，通信系统同步性能就会越好(1 ns 的时间不确定性对应 30 cm 的位置不确定性)。例如，假设一个多基站的系统要求的同步准确度为 20 ns，如果没有位置信息的辅助，发射功率需要 40 dBm。然而，如果位置信息的精度能够达到 3 m 以下，发射功率只需不到 32 dBm。

综上所述，位置感知在物理层可以提供非常重要的信息，可以利用它来降低时延和节省反馈开销，从而提高系统性能。在 5G 通信网络中，如何利用位置信息进行信道质量估计和信道状态估计是一个重要的研究方向[1]。

2. MAC 层

与物理层相比，位置信息在媒体访问控制(Media Access Control，MAC)层有更多的利用空间，特别是在不需要根据位置信息估计信道增益的情况下[1]。

随着设备之间的通信越来越多，可扩展性、效率和时延是在 MAC 层设计高效协议的重要挑战。本节介绍如何利用位置信息做信道的相关研究，以及几种利用位置信息的 MAC 层优化方式。

首先介绍利用位置信息做信道的相关研究。所考虑的场景是，位于 $\boldsymbol{x}_s$ 的发射机和位于 $\boldsymbol{x}_i$ 的接收机之间的通信链路可以和位于 $\boldsymbol{x}_j$ 的干扰发射机使用相同资源进行调度。通信需满足的条件如下：

$$\frac{P_{\mathrm{RX}}(\boldsymbol{x}_s,\boldsymbol{x}_i)}{N_0W+P_{\mathrm{RX}}(\boldsymbol{x}_j,\boldsymbol{x}_i)}>\gamma \tag{4.1.2}$$

其中，γ 是信干比门限，$P_{\mathrm{RX}}(\boldsymbol{x}_m,\boldsymbol{x}_n)$表示的是位于 $\boldsymbol{x}_n$ 的接收机接收到位于 $\boldsymbol{x}_m$ 的发射机发射的信号功率大小。信干比表达式(4.1.2)很容易和信道质量指标(Channel Quality Metric，CQM)数据库联合使用。文献[3]提出了一种基于位置辅助的循环调度算法，该算法允许小区中心和小区边缘用户之间临时共享资源，在反馈次数更少的情况下，实现了更高的总吞吐量。文献[2]还在宏基站和微基站异构协同的场景下,讨论了基于位置信息的长期功率部署问题。基于位置信息的多播被假设为一个磁盘模型,已经被证明可以减少竞争的出现并且增加包传输的可靠性,特别是在密集化的网络中[8]。通过考虑时间分割和空间重用,IEEE802.15.3的位置感知联合调度和功率控制的研究结果表明,与传统的轮循式调度机制相比,它具有更低的延迟和更高的吞吐量[9]。位置信息还有助于减少与节点选择机制(如用户、中继)相关的开销,因为它允许基站仅根据用户的位置进行决策[3]。最后,在小/宏单元共存、多单元场景和所有认知无线电主/副系统中,位置信息是预测干扰水平的关键元素。例如,文献[3]和文献[6]说明了如何使用位置信息来改进小区间干扰协调技术。基于位置的信道衰减和慢衰落建模将为多小区系统的设计提供重要参考。对于底层的认知无线电系统,基于位置的干扰预测对初级用户可能是一个可行的方法。这些工作表明,在5G网络MAC层中,如果使用合适的信道模型,可以通过应用位置感知获得吞吐量和延迟方面的显著收益。

其次介绍利用位置信息的不同MAC层优化方式[10-12],其中大部分应用实例与车联网相关。文献[9]提出了一系列高效的基于位置信息的MAC层协议,车辆只有在通过预定的传输区域时才向其他车辆广播信息,当流量增加时,与传统的随机接入方案相比,基于位置的协议具有更短的消息传递时间。类似的研究还有一种基于分散位置的信道接入协议,旨在应用于车内通信[11]。通过调用预先存储的小区和信道的映射,车辆知道何时在哪个信道上进行传输,从而减少了对信道分配的集中式协调器的需求,这将有助于提升带宽的利用率。并且,因为每辆车都有一个指定的信道用于定期传输,通信时延将有界,车辆之间的公平性也能够维持。最后,地理广播的概念被引入,根据节点的地理位置形成多播区域,数据包可被快速地分发到组中的所有节点。与组播泛洪机制相比,基于位置的组播方案可减少数据包的传输开销[12]。

MAC层中位置信息的使用比物理层中更加多样化,特别是在不直接调用信道数据库的情况下。在不同场景下,时延、开销或吞吐量方面都会得到一定的改进。MAC层中应用位置感知的技术能够应用于密集的移动网络,并且对集中式架构的需求低,因此在5G网络中很有发展前景。

3. 网络和传输层

在网络和传输层,位置信息同样可以提升网络的可扩展性,降低系统开销和通信时延。基于位置的认知无线网络体系架构可以处理动态频谱管理、网络规划和扩展以及切换等方面的问题[13]。特别的,与基于信号强度的方法相比,位置信息感知辅助的切换机制显著减少了切换的数量,而基于信号强度的方法会受到时延和滞后效应的影响[1]。

位置信息辅助的通信技术,特别是使用移动信息来预测移动设备的信道容量,在考虑到具有较大数据流量的系统的垂直切换时优化效果显著。如此大容量的系统可能由于其覆盖范围有限而只会出现短暂的应用时间窗口。

网络层的大多数工作都集中在路由问题上。地理位置路由是该层面的一种常用技术,它利用节点的地理位置信息(实际地理坐标或虚拟相对坐标)来传输数据包,使其逐渐接近并最终到达预定的目的地。例如,给定一个目的地 d,节点 i 的邻居节点的集合记为 N_i,节点 i 可选择将数据转发给离目的地最近的邻居:

$$j^* = \arg\min_{j \in N_i} \| x_j - x_d \| \tag{4.1.3}$$

地理位置路由为无线自组网中的信息传递提供了一种可扩展的、高效的、低延迟的解决方案。地理位置路由受限的主要原因有受位置信息精度影响较大、没有考虑信道质量、单纯考虑时延问题、未优化吞吐量等。当位置信息的准确度无法保证时，地理位置路由的系统性能会迅速下降。综合考虑目的地导向以及定位中可能存在的误差，可以提出性能更稳定的路由算法[14]。通过位置信息映射到对应的信道质量，应用集中式的路由算法以最大化端到端的流量[15,16]。信道质量的理论估计和实际间的差异可以通过分布式的算法来解决，具体措施是各个节点调整自身的数据传输速率，但不调整路由。除此之外，也可以通过完全分布式的方式，考虑系统的吞吐量和时延。假设网络由功率受限的节点组成，这些节点通过具有自适应传输速率的无线链路进行传输。数据包在每个节点随机进入系统，并在输出队列中等待通过网络传输到它们的目的地。数据根据增强的动态路由和功率控制（Enhanced Dynamic Routing and Power Control，EDRPC）算法[16]从源流向目标，该算法被证明可以在有限的平均时延下增加网络的稳定性。在 EDRPC 算法中，网络中的 N 个节点有 N 个队列，$Q_i^{(d)}$ 表示节点 i 中要传输到节点 d 的信息。任意一条链路可以表示为(i,j)，可以独立决定服务的目标节点。

$$d_{ij}^* = \arg\max_{d \in \{1,\cdots,N\}} (\widetilde{Q}_i^{(d)} - \widetilde{Q}_j^{(d)}) \tag{4.1.4}$$

其中，$\widetilde{Q}_i^{(d)} = Q_i^{(d)} + V_i^{(d)}$，$V_i^{(d)} = f(\| \boldsymbol{x}_i - \boldsymbol{x}_d \|)$，$V$ 是一个设计的效用函数，f 是一个单调递增的函数，会激励数据向目标节点传输，会选择一条终点距离数据目的地最近的链路。做出选择之后，EDRPC 算法为每个链路集中执行功率分配，得到每条链路的最大数据速率。最终，节点 i 将按照选择好的数据链路进行传输，并更新自身的排队序列。

上述算法场景都局限于网络结构相对稳定的场景，即网络的拓扑结构没有明显变化。然而在某些实际应用中，网络结构不够稳定，如车联网，就需要使用不同的算法。主要思路是通过位置移动的预测来分析网络拓扑结构的变化，提前更改设计的路由链路。这种思想已经应用到了无线自组网的路由设计中，通过移动性的预测可选择稳定性最高的链路。考虑到移动节点的移动特性，文献[17]提出了一种速度辅助路由设计的算法，该算法根据目标转发节点与目标节点的相对速度确定包转发方案。路由性能可以通过位置感知和移动性预测协同应用得到进一步提升。

综上所述，在网络和传输层，适当地利用位置信息可以帮助减少开销和时延，同时提供可扩展的解决方案，并且可以应用到节点移动性高的网络。

4. 更高层面

在更高层面，位置信息可以提供更多应用。例如，位置感知可以在信息传送和多媒体流中得到应用[58]。对于多媒体流的应用，文献[18]通过捕获相关的移动模式、预测未来的网络演变趋势以提前进行规划，能够解决多媒体服务的连续性问题，同时最小化相关的开销[18]。另外，位置信息可应用于智能交通系统。一些汽车制造商和研究中心正在研究车际通信协议的发展，文献[19]着重于利用短程车辆间无线通信和车辆自组网向移动车辆提供位置感知服务（如与交通有关的时间敏感信息）。位置信息根据当前的交通环境自动协调车辆，为汽车提供指令。触觉互联网[20]和其他移动信息物理系统，如无人机或机器人组成的系统[21]等,同样和位置感知通信密切相关。此外,位置信息在安全和隐私方面也有应用,如大规模集群传感器网络中密钥的管理。文献[22]提出了一种新的分布式密钥管理方案,该方案通过在密钥分配中考虑节点的地理位置,降低了恶意传感器节点之间相互勾结的可能性。文献[3]中,位置信息被用来检测破坏网络拓扑结构的攻击。

基于位置的通信传输的应用场景不会局限于此,未来网络中将会出现我们无法预见的基于位置的高效精准服务,位置信息也会得到深入应用。不过随之而来的可能是安全和隐私方面的问题,需要谨慎处理与解决。

4.1.2 高精度位置感知通信在高速轨道交通中的应用

位置信息在通信网络中的应用十分广泛,最为人熟知的就是导航系统,现阶段的车载导航系统已经可以为驾驶员提供前方路段的地形、限速以及突发事件等路况信息。然而,网络的定位精度不足限制了车载导航系统的发展,近年来炙手可热的"车联网""无人驾驶"等新兴研究领域遇到的问题之一也是位置精度不足。5G 网络所能提供的高精度的位置信息可以为更多应用增加可行性。本节要介绍的应用案例是 5G 网络为高速列车提供大容量的无线连接。首先说明 5G 网络技术可以为高速列车提供稳定的高精度定位追踪服务,然后描述基于位置信息的波束成形和波束管理以及单频网络环境下的下行多普勒预补偿。此外,本节还介绍在毫米波网络下,由多普勒频偏和振荡器相位噪声造成的低时延载波间干扰(inter-carrier interference,ICI)估计和补偿的方法。

5G 网络通过引入灵活、高性能的通信和定位技术,有可能彻底改变现代铁路系统的服务和管理机制。与前几代网络相比,高精度无线定位被认为是 5G 网络最关键的特性之一,预计可以提供分米级甚至厘米级的定位精度。5G 网络在现代铁路系统中有巨大的应用潜力,3GPP 标准中也提到了 5G 网络在高速列车方面的应用。为此,5G 网络下高速列车的无线接入和性能评估得到研究,如图 4.1.4 所示[23]。尽管如此,铁路通信的详细需求仍在规范化阶段。

本节将描述 5G 网络下高精度位置感知通信在高速轨道交通通信中的应用。作为一项独立技术,5G 网络下的定位与跟踪技术相对于现有定位解决方案提高了位置信息的可靠性和可用性,为融合多种技术解决列车定位问题提供了可能。众所周知,单靠全球导航卫星系统(Global Navigation Satellite Systems,GNSS)无法实现所需的定位性能,多种定位技术融合应用是有必要的[24,25]。

1. 5G 网络下的现代铁路发展前景

(1) 系统描述

3GPP 的标准中介绍了 5G 网络下高速列车通信的愿景[23],本节中的铁路通信场景如图 4.1.4 所示。列车配备有一个外部中继节点,包括两个天线面板,分别指向列车的车头和车尾,信息通信全部通过列车中继进行,包括服务乘客的通信链路以及铁路管理系统的通信链路等。因此,这种通信方式只使用了一个中继节点,避免了大量乘客频繁地进行切换,能够有效减少网络干扰,减少控制信令的传输开销,从而增大系统可达到的网络吞吐量。3GPP 的设想是网络中相邻的两个射频拉远单元(Remote Radio Unit, RRH)分布在铁路的两侧,相距 580 m,RRH 与铁轨之间的垂直距离是 5 m。每个 RRH 配备有两个天线板,相对于轨道法线的角度是 45°,覆盖轨道的两个方向。

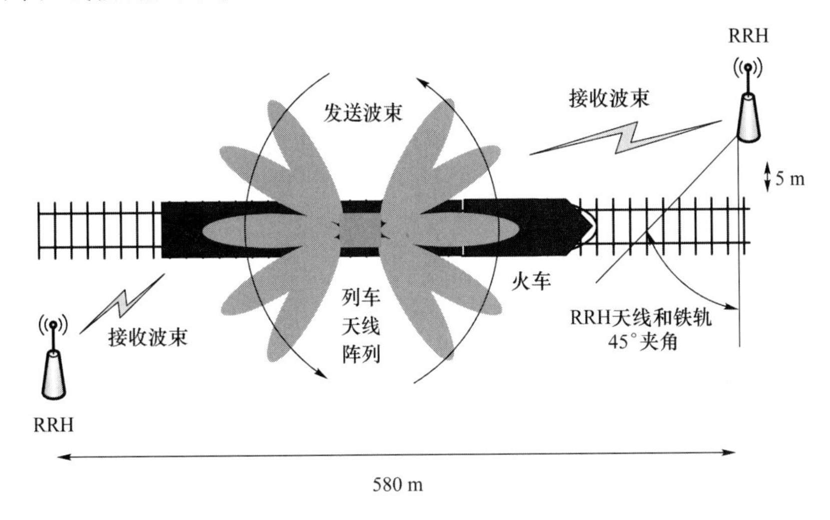

图 4.1.4 高速铁路无线通信传输示意图

假定网络应用的是频率为 30 GHz 的毫米波,每个 RRH 和列车中继之间的通信都应用相同的频率资源。在下行链路中,网络端时间同步通过使用循环前缀对列车接收到的信号进行同步。由于 RRH 信号大部分是从列车车头和车尾方向近似对应的角度接收的,因此在列车上不同的天线板接收到信号的多普勒频移是明显不同的,会导致无线电链路质量严重下降,因此多普勒频移预补偿是该系统所需关注的一个问题。

(2) 5G 定位技术在现代铁路中的应用前景

定位通常被认为是未来 5G 网络的关键特性之一,3GPP 已经详细规定了各种具有相关性能要求的定位应用场景。除了专注于追求高定位精度,也要考虑其他性能指标,包括位置估计的可用性、延迟、可靠性和完整性。此外,利用 5G 定位服务的灵活性、多功能性和可配置性,定位系统可以根据现代铁路系统的具体需求进行设计。因此,加上高性能的通信能力,5G 网络在效率、可承受性和安全性等方面可以为铁路系统管理带来巨大的提升。

除了作为铁路系统管理的重要组成部分,定位还可以提高 5G 通信的性能。在位置感知通信中,位置信息可以用于大量位置感知无线资源管理(Radio Resource Management, RRM),如基于位置的波束成形和资源分配。此外,位置信息可用于减少波束成形过程的开销,并在高移动性使用情况下用于减轻多普勒效应造成的信号干扰。

一般来说,与前几代移动网络相比,5G 网络受益于毫米波波段的高信号带宽,这使得定位系统能够进行非常精确的距离测量。为了补偿在毫米波波段增加的路径损耗,还引入了具有有效波束成形能力的大型天线阵列。从定位的角度来看,这意味着有可能获得高精度的测量角度,从而提高定位性能。此外,视距链路通常是可用的,可以在各种定位算法中直接利用基于距离的测量和基于角度的测量,尤其是在户外场景下。

虽然 5G 网络有可能达到亚米级的定位精度,但是每个定位方案必须根据给定的性能要求进行具体分析。在本节介绍的铁路场景中,为了满足给定的性能要求,有几个挑战需要解决。首先,系统需要低延迟和高更新频率的定位信息,以支持铁路的管理调度。由于列车的轨迹固定,在有限的时间内,列车位置和相应的列车运动可以进行高精度的预测。然而,随着轨道曲率的增大和列车加速度的变化,预测误差会迅速累积,可能会超过给定的可容忍精度水平。其次,铁路场景下确定具体访问节点几何结构具有一定困难,因为 RRH 与火车大致在同一条线上。这会导致几何层面的定位精度降低,从而限制了可实现的定位性能。最后,当考虑通过对无线电波传播延迟进行计时测量来获得距离的测量结果时,列车和网络节点之间的时钟偏差必须考虑在内。

2. 5G 网络下的定位技术在现代高速铁路中的应用

(1) 基于位置信息的高速列车定位机制

为了在铁路场景下降低波束成形过程的复杂度,在 RRH 波束成形器中考虑利用基于位置的波束成形。因此,每个 RRH 根据估算的列车位置进行发射和接收波束的调整,这需要实时精确的列车追踪能力,以便在高移动性场景中保持通信链路连接稳定。然而,在列车侧,实时位置信息不能直接获取,最佳波束选择是传统的基于波束扫描的方式,即列车在一组预定义的波束上传输一组时间多路复用的参考信号,RRH 收集定位测量数据并为后续的发射选择最佳的列车侧波束,直到下一组参考信号发射进行更新。

多个 RRH 的联合定位可以对列车位置和速度进行追踪。在预定的时间节点,列车传输上行参考信号。不同的 RRH 接收到相对时延不同的参考信号。根据接收信号与已知参考信号之间的互相关关系,得到时间测量值并进行比较,从而得到一组距离测量值。在每次测量时,RRH 接收机波束方向根据列车位置的预测值来确定。然而,由于高质量的定位测量和实现精确波束定向是相互关联的,因此在潜在的测量异常值没有得到适当处理时,系统测量值存在误差累积的可能性。

(2) 定位和波束校准性能

5G 网络物理层的信号带宽和天线单元数不同,定位性能也随之改变。此外,由于所使用的定位方法也是通过 LoS 进行测距,因此获得的性能结果与 LoS 的可用性密切相关。当 LoS 路径可用性受到影响时,例如,另一列火车阻塞信号时,适当的 LoS 检测方法和异常值处理方法可以用来减轻由于反射路径引起的定位误差。此外,如利用测量范围内多个 RRH 进行联合测量,则由于偶尔的 LoS 信号阻塞而导致的性能下降预计会很小。并且,当测量更新间隔更短,频带更宽时,系统定位的精度越高,相比之下,天线单元数量和波束成形策略对定位精度的影响较小。

在基于位置的波束成形中,波束方向误差是一个至关重要的性能指标,因为它决定了波束可获得的增益,同时也决定了在波束未对准时可能的损失。在轨道交通系统中,特定的系统几何结构导致距离较远的 RRH 波束方向误差一般较小。并且,波束方向精度取决于定位精度。

5G 网络具有灵活的无线电接口设计,为现代铁路系统提供了新的发展机遇。随着所提出的高效定位方法得到不断的改进与完善,最终应用到实际工程中,5G 网络有可能彻底改变现代铁路的通信和管理系统。利用高精度位置信息,网络的定位追踪功能会更加强大,除了应用于高速列车,还可以在用户行为分析、网络资源部署等多方面发挥作用。

4.2 基于位置的前摄式内容缓存服务

4.2.1 位置信息在资源部署上的应用前景

传统意义上，通信系统中的用户具备社交属性。网络通过用户之间时间、内容、社交方面的联系，将大量用户进行关联，形成用户社交网络，但往往忽略了用户空间上的联系。随着 5G 技术逐渐得到应用，网络已经可以提供高精度的定位服务，并可以在网络部署、用户应用等多个层面发挥作用。

位置社交网络在传统社交网络中加入高精度的位置信息作为辅助，近年来开始得到人们关注。位置社交网络最初的功能是根据用户的签到行为向附近的用户广播位置信息，为用户提供和朋友共享位置和面对面交流的机会。随着通信网络的发展与技术的革新，位置社交网络的功能日渐丰富。用户可以通过手机系统的定位功能搜索到附近的人，并与其建立联系，形成一个小型社交网络。

图 4.2.1 是位置社交网络的框架示意图。可以看到，位置社交网络主要包括四个方面的内容，分别是通信内容、用户关系、位置信息，以及时间轨迹。其中，通信内容包括文本、图片、音频、视频等，用户关系指的是用户通过社交网络与其他用户进行互动产生的社交关系，位置信息记录了用户产生行为时的定位地点，时间轨迹记录了用户操作的具体时间。与传统的移动数据相比，用户的位置信息增加了用户在空间层面的联系。

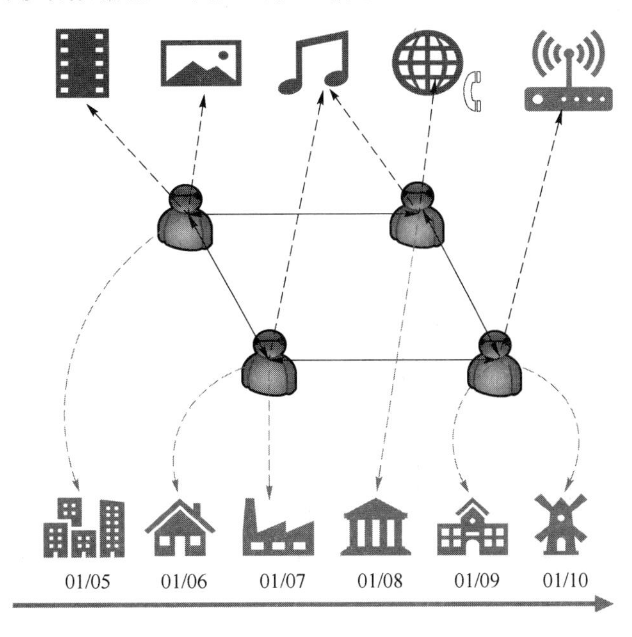

图 4.2.1 基于位置的社交网络框架示意图

目前,全球可持续发展面对的主要问题是能源消耗,各行各业的发展也已经把节约能源列为目标之一。随着通信技术的发展,无线网络业务量高速增长,网络的能耗也随之增加,现有的无线网络设计需要做出相应改变来减少能源开销,无线网络的业务量与能源消耗的关系曲线如图 4.2.2 所示。

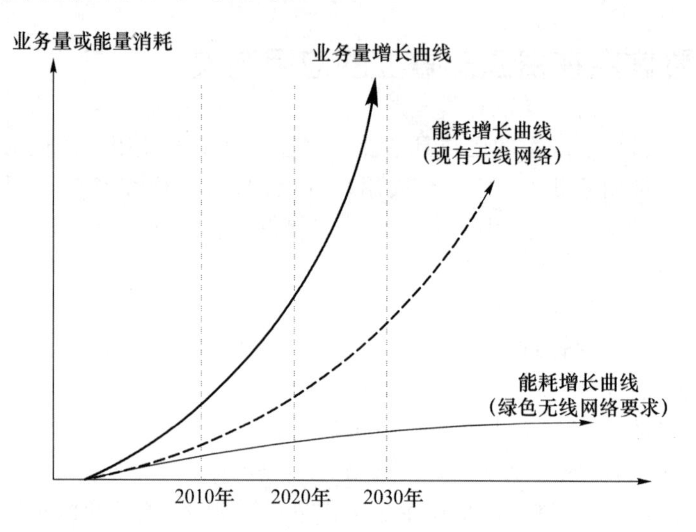

图 4.2.2　业务量与能耗的关系曲线

移动用户的接入行为在时间和空间上都存在很大波动,无线网络业务量的分布十分不均匀。从空间上看,不同小区对业务的需求有相似性;从时间上看,同一小区在不同时间段业务量改变幅度可能很大。白天,用户上班工作,覆盖大量公司的小区业务量剧增,而居民区业务量减少,而在晚上,二者的情况互换。对于这种业务时空不均匀的特点,在同一时刻,会有部分基站在高负载条件下工作,而部分基站甚至会出现空载,这会造成严重的资源浪费。图 4.2.3 是无线网络业务时空不均匀的示例。

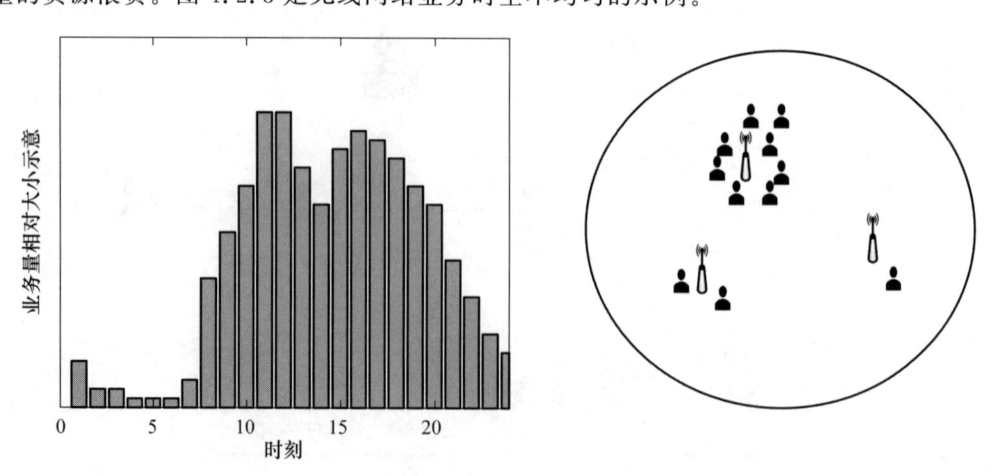

图 4.2.3　业务量时空分布不均匀示意图

为了解决上述问题，从网络侧来分析，得到用户位置预测的结果之后，可以对无线网络进行优化，包括提前判断网络业务量的变化、提前缓存无线网络资源以及提前部署基站的开关等。业务请求行为中隐含的位置信息在网络资源规划、部署方面具有重要的应用价值和应用前景。

4.2.2 基于位置信息的缓存部署

本节以求解无线蜂窝网络中内容部署的最佳位置为例，讲述位置信息在网络边缘缓存方面的应用。考虑的问题场景建立在覆盖同一个用户的基站数量概率分布已知的前提下，讨论蜂窝网络缓存的最优内容部署策略，以提高随机网络拓扑下用户请求的命中率。

现如今的蜂窝网络除了提供传统的电话和短信服务外，还需要提供大量的多媒体内容服务，多媒体数据流量需求近年来呈指数级增长并对网络容量带来了巨大负担。解决方案之一是通过多层异构设备或应用协作技术来使网络密集化，提高局部的网络吞吐量，但网络的带宽和回程链路仍面临极大压力[29]。

考虑到巨大的数据流量包含了多个用户对相同内容的需求，降低网络负载的另一解决方案是在中间节点缓存流行内容。在蜂窝网络场景下，在中央基站和小规模基站增加物理存储；对于有线网络架构，在核心网路由器上部署缓存，在部署的缓存中存储多数用户需求的流行内容。内容缓存有几个好处：减少回程链路负载；减少多媒体（音频/视频）回放的延迟，当内容被缓存在靠近用户的节点上时，本地获取内容比从核心网络获取的延迟要小，并达到“存储换通信”的目的；高速缓存可以使多媒体质量与实际的终端用户信道适配，从而提高用户的体验质量。

蜂窝网络缓存与有线网络缓存的最大区别在于，蜂窝网络中可能出现多个覆盖重叠的平面区域。当用户发现自己身处该区域时，可以选择任何一个覆盖站提供的服务。目前的离散求解方式由于一般是基于先验已知的基站－用户的网络拓扑结构进行的，往往不能给出全局有效性的解。

在蜂窝网络中，用户在任意一个位置可能被多个基站覆盖，也有可能没有基站能为用户提供服务。假设覆盖用户的基站数量 N 是一个随机变量，其取值取决于基站的位置部署以及环境参数等因素，N 的分布律可以表达如下：

$$p_m = P[N=m], m=0,1,\cdots \tag{4.2.1}$$

不难知道，对于 p_m，有如下的归一性条件：

$$\sum p_m = 1 \tag{4.2.2}$$

假设每个基站的缓存空间为 K，用户可能请求的文件集合为 C，基站缓存空间中的内容都是 C 中的元素。定义变量 b_j 表示文件内容 c_j 在指定基站有缓存的概率。

系统性能指标的度量标准之一是缓存内容命中率，命中率指的是用户向基站发出请求时，对应基站已经缓存了用户请求文件的概率，与之对应的没有命中指的是覆盖用户的基站个数为 0 或者能够为用户提供服务的基站都没有用户请求文件的缓存。命中率的表达式如下：

$$f(b_1,\cdots,b_J):=1-\sum_{j=1}^{J}a_j\sum_{m=0}^{\infty}p_m(1-b_j)^m \tag{4.2.3}$$

式(4.2.3)可以有如下直观意义上的理解：a_j是用户请求文件 f_j 的概率，m 是覆盖用户的基站个数，概率$(1-b_j)^m$是基站都没有缓存到指定文件的概率，因此上述表达式是用户请求的文件可以从基站缓存中获取的概率。可以通过寻找最优向量$(b_1,b_2,\cdots,b_j)$来使命中率最大化。

该优化问题可以称作位置缓存问题，以下提出一种解决问题的基本思路：首先可以发现这一优化问题对于$[b_1,b_2,\cdots,b_J]$是可分离的，并且是$[b_1,b_2,\cdots,b_J]$的凹函数。最优解满足$\sum_j b_j=K$。由于目标函数是凹的，约束条件是线性的，优化问题可以使用拉格朗日松弛法求解，具体求解过程见 4.3.2 节。

4.2.3 基于位置预测的前摄式缓存部署

基于用户位置预测的算法模型可以得到用户在某一地点出现的概率分布，并能够得到用户的移动轨迹预测结果。与此同时，基站一侧也存有用户的历史信息，可以得到用户接入基站的历史行为，可以据此进行网络资源的提前部署。本节考虑的是基于用户位置预测的前摄式缓存部署。

基于用户位置预测的缓存部署思路是：利用位置社交网络得到用户位置信息，对用户移动行为的规律进行分析，得到用户的基本行为模式，通过建立模型对用户下一时刻的地理位置进行预测；与此同时，分析用户位置和请求业务的关系，建立模型学习预测用户位置和请求业务的关联，实现用户位置和请求业务的动态匹配，从而确定基于用户位置预测的缓存部署策略。

在设计面向用户的无线网络资源部署策略之前，需要获取相关用户的位置信息与业务信息，完成以下处理。

(1) 位置信息提取

通过位置社交网络及相应定位技术可获取用户的大量地理位置数据，以便于研究用户的移动行为规律、分析用户的移动行为模式。根据用户的位置信息，在时间、空间、周期等角度分析用户的行为规律，可相应建立用户位置预测模型。

(2) 用户请求业务获取

在网络侧，根据访问的历史记录可得到用户在活动范围内经常接入的基站集合，并且对业务内容、相关通信速率、信道条件进行统计。通过研究用户请求的业务内容规律，从时间、空间、周期性等角度分析用户请求业务的规律性，可分析出用户对内容的喜好，建立用户请求业务的预测模型。除此之外，可研究用户所在位置和请求业务的关系，通过概率统计模型或者数据挖掘的方式对二者的关系进行分析建模，寻找向用户提供高效服务的方式。数据的处理流程可以通过图 4.2.4 表示。

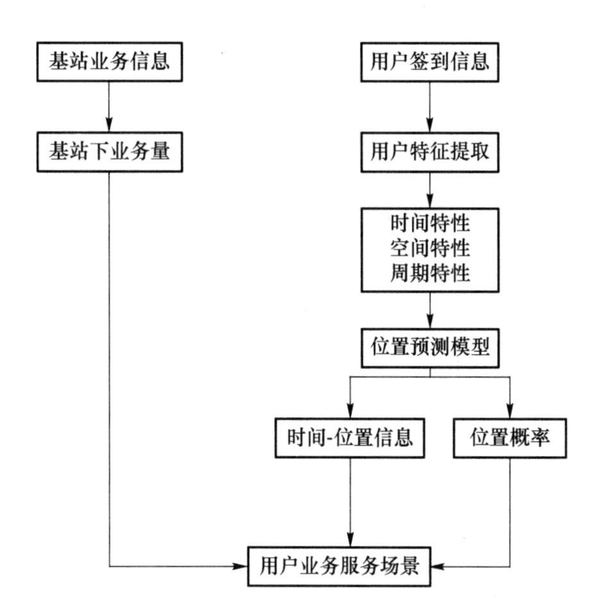

图 4.2.4 基于位置预测的无线网络能效优化场景功能需求图

基于以上分析,位置预测的前摄式缓存场景示意如图 4.2.5 所示。

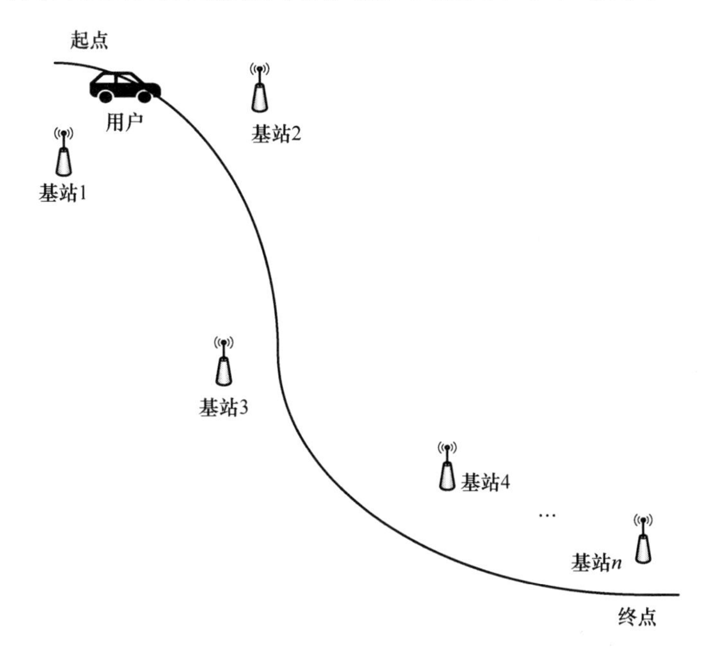

图 4.2.5 基于位置预测的前摄式缓存场景示意图

假设根据网络提供的用户历史位置信息,发现用户在 A 和 B 两地之间移动频繁,并且过程中具有数据流量需求。于是可以通过基站侧用户的历史接入和请求信息分析用户行为、分析信道条件、确定数据传输速率。在位置社交网络中,容易查询用户在 A 和 B 两地经过的时间，于是可以在A和B两地之间的基站进行缓存资源的部署、减小时延、提升用户体验。

假设在A到B之间，用户会接入的基站集合为N，数据量的需求为D bit，$\boldsymbol{x}=(x_1, x_2, \cdots, x_n)$为缓存部署向量，其中每个元素代表了对应在基站部署的缓存大小（单位为bit），用户与基站i建立连接的平均时间为t_i，数据传输速率为c_i，该系统的缓存部署问题可以表示为

$$\text{P1}: \min \sum_i x_i$$

限制条件可包括基站数据传输速率、基站的存储空间、确保用户得到请求的全部数据等，在这些条件下，该缓存部署问题可使基站缓存预部署的数据量达到最小，节约网络资源。

在该场景下，可以通过区域控制中心（Area Control Center，ACC）对该区域内的基站进行控制，图4.2.6是ACC内部的部分模块示意图。

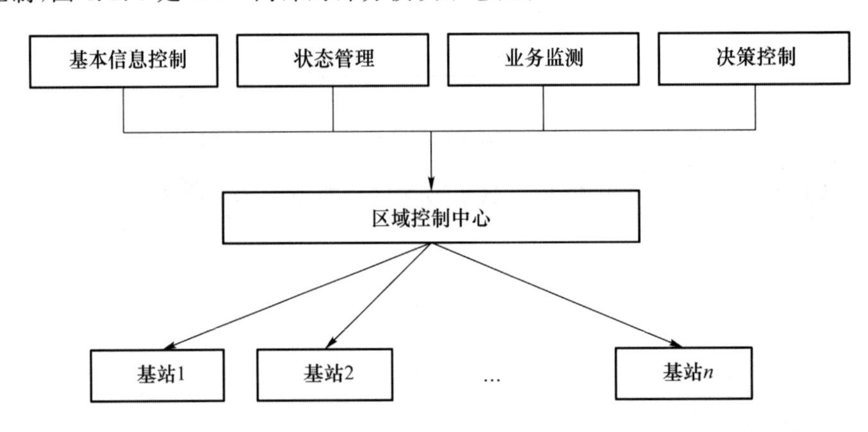

图4.2.6 基站区域控制中心示意图

由图4.2.6可见，区域控制中心主要部署了基本信息控制、状态管理、业务监测、决策控制四个基本模块。其中，基站基本信息的存储与更新过程对应基本信息控制模块；基站的工作状态信息由状态管理模块控制；用户的历史接入信息、请求的业务信息、用户与基站通信的时长和传输数据由业务监测模块控制；用户位置预测信息、缓存数据部署由决策控制模块负责。

进一步地，可基于用户位置信息对网络能耗问题进行优化。在位置A和B之间的路径中，用N表示用户接入的n个基站，根据用户接入历史记录得到用户可能出现的地点集合L，其中包括用户签到过的l个位置。与此同时，通过分析位置社交网络提供的历史数据，可以得到一天时间内用户在位置l的时间分布。基站存储的用户历史信息可以计算用户在l处的请求数据量，假设用D_l表示，同时用d_l表示用户在位置l历史的获取数据量。同时考虑到在终点B处，用户会有一定量的数据需求，为了避免出现终点基站负载过大的问题，可以将B处请求的数据缓存在该区域的其他基站中，旨在减轻终点基站的压力，优化用户体验。在上述条件下可根据已知的位置信息和可能业务请求，对基站的开关状态进行优化控制，降低系统消耗。用指示变量a_i^l表示在位置l用户是否与基站

i 建立连接,其值为 0 时,代表不建立连接,基站可以处于休眠状态;其值为 1 时,代表用户和基站将建立连接,基站必须处于正常工作状态。基站的休眠状态和正常工作状态的能量消耗分别为 $P_i^{l\prime}$和 P_i^l,对于不同类型的基站,可以设定不同大小的能量消耗。

假设用户在终点基站 B 请求的数据量为 D bit,进一步考虑低功耗需求,可以建立如下的缓存部署优化问题:

$$\text{P2}:\min\sum_{i=1}^{L}\left\{\sum_{i=1}^{N}\left[a_i^l\cdot p_i^l+(1-a_i^l)\cdot p_i^{l\prime}\right]\right\}\cdot t_i$$

$$\text{s. t.}\quad \sum_{i=1}^{N}a_i^l\cdot d_i^l\geqslant D_l,\forall l\in L$$

$$\sum_{l=1}^{L}\sum_{i=1}^{N}a_i^l\cdot d_i^l\geqslant\sum_{i=1}^{L}D_l+D$$

其中,两个限制条件分别表示每个位置下,基站为用户提供的数据量要大于历史状态下用户在该地的数据需求量,以及所有位置下各基站提供的数据量之和大于用户历史的需求量。

联合约束条件,问题 P2 可以转换为 0-1 规划问题模型进行求解。问题 P2 求解完成后,基于位置预测的基站缓存部署策略也就随之确定了。

图 4.2.7 是业务量较低的情况下系统的能量优化效果,可以看到,在业务量需求较低时,系统可以优化的空间很大,相应节省的能量消耗比例也就更大。

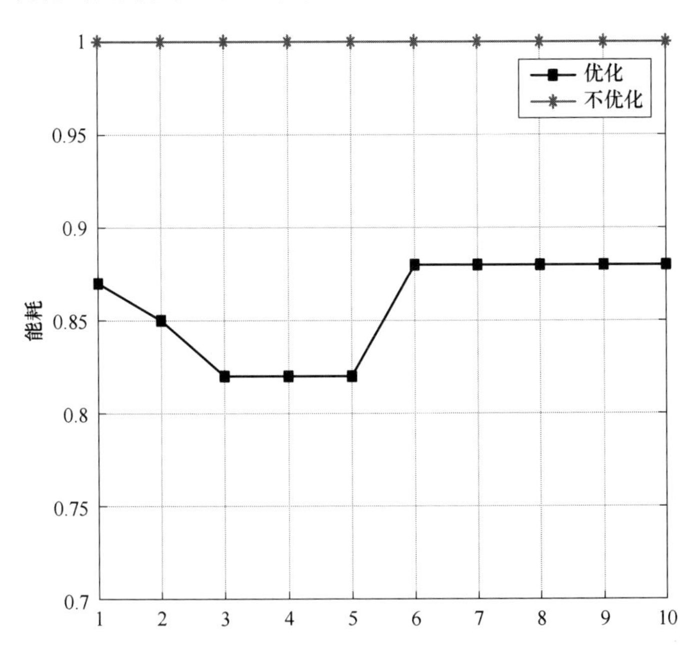

图 4.2.7 业务量较低情况下不同位置的能效优化效果

图 4.2.8 是业务量中等的情况下系统的能量优化效果,可以看到,在业务量需求逐步增加时,系统可以优化的空间降低,相应节省的能量消耗比例也会减少。

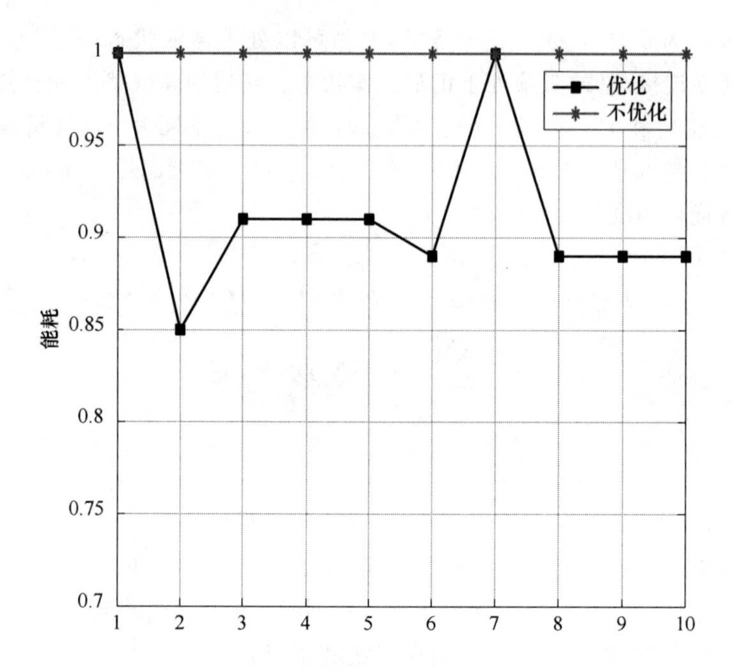

图 4.2.8　业务量中等情况下不同位置的能效优化效果

图 4.2.9 是业务量较高的情况下系统的能量优化效果，可以看到，在业务量需求较高时，系统通过调整基站状态来节约系统能耗的空间已经很小了，节省的能量消耗比例很低。

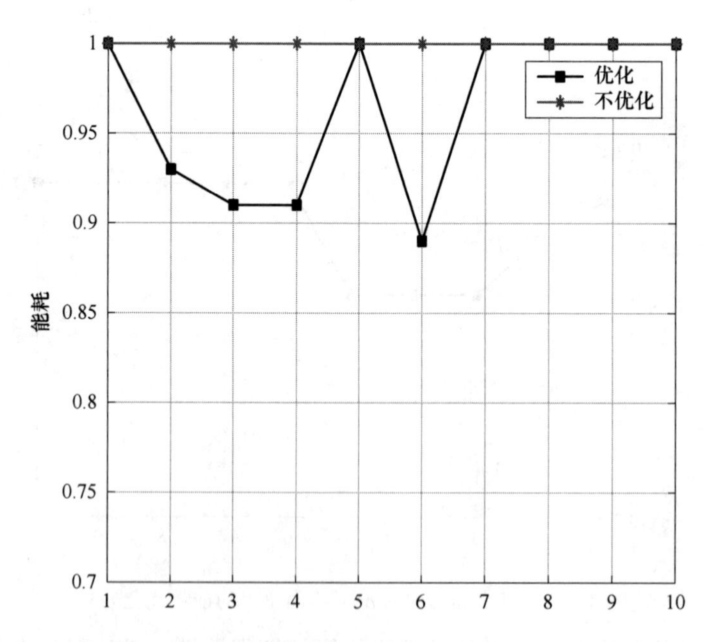

图 4.2.9　业务量较高情况下不同位置的能效优化效果

4.2.4 基于位置信息的协同缓存部署

为了节省能源,减轻回程链路负担,网络单元也已经配备了缓存和组播功能。然而,由于异构网络中用户关联的多样性日益增加,传统的通信服务模式可能无法完全利用缓存和组播的节能潜力。由于微基站在下一代网络中的密集部署,通过协作缓存增加缓存内容的多样性可以分流更多的数据流量。此外,当用户请求由距离较近的微基站提供时,所需的传输功率要比宏基站所需的功率低得多。因此,潜在的节约能源的方式是通过在相邻的基站之间协作策略的设计,启用协作组播调度来实现。

组播和缓存被认为是解决移动数据流量爆炸性增长带来的问题的两种很有前景的方法。本节的目的是结合协作组播调度和缓存的优点,进一步开发潜在的功耗降低方法。下面将讨论相关的研究工作。

文献[30-35]研究了缓存部署方法。文献[30]研究了缓存和用户关联策略的联合设计和优化,使平均负载延迟最小化。但是,用户请求是通过多个单载波传输的,这会导致额外的电力消耗。与文献[30]类似,文献[31]研究了无线回传异构网络中的最优缓存和用户关联,但也未考虑组播传输。文献[32]提出了一种随机缓存下的微基站协同传输方案,并对缓存分布进行了优化,使传输成功概率最大化。文献[33]确定了内容多样性和合作增益之间的关系,并提出了一个概率缓存策略来最优地权衡。然而,上述工作都是基于单播传输进行研究的。文献[34]提出了一种可靠组播服务缓存策略设计的通用解决方案。文献[35]提出了一种结合组播技术的最优客户端缓存空间大小分配方案。

除了前文提到的单播传输和多播感知传输的缓存放置策略研究之外,在许多已有的工作中[36-40]还研究了支持缓存的无线网络中的多播调度方案。文献[36]研究了联合最小化平均时延、功率和获取代价的最优动态组播调度问题,并给出了缓存设计方案。与文献[36]类似,文献[37]的工作建立了以内容为中心的内容请求队列模型,并提出了一种结构敏感的随机内容组播调度算法,共同优化异构蜂窝网络中弹性业务的平均时延和业务成本。文献[38]设计了一种并行传输的组合方案,其中宏基站和微基站并行传输请求内容,多个微基站协同传输内容给组播组用户。但是,该方案忽略了宏基站和微基站的协同调度问题。此外,每个基站缓存了最流行的内容,忽略了协同缓存带来的收益。类似的,文献[39]提出了带有随机缓存的破坏控制设计,并导出了一个渐近最优算法来最大化单层网络的成功传输概率。然而,提出的缓存设计限制了内容多样性的充分利用。文献[40]将优化和性能分析扩展到了多层异构网络中。文献[39]和文献[40]主要的焦点放在对已获取内容请求的组播传输上,同时也考虑未被获取内容的组播传输机会。

上述工作主要是针对多感知网络中缓存策略的优化或支持缓存网络中组播调度方案的设计,文献[41-44]对组播调度和缓存布局的联合优化进行了研究。文献[41]通过构造离散优化问题,共同研究了时延容忍网络中的缓存策略和组播调度方案。然而没有考虑基站间的协作能力。因此,当在本地微基站的缓存中找不到用户请求的内容时,只能由宏基站以更高的功耗为其提供服务,而不是由相邻的微基站提供服务。此外,文献[42]的工作解决了在具有异步请求的无线多播网络中客户端缓存启用的视频点播服务的性能限制,提出并分析了一种最小平均带宽消耗的联合缓存分配和组播传输方案。结合多播内容传递和协作内容共享的优点,文献[43]提出了一种复合缓存策略。同样,基于基站之间组播和协作的特点,文献[44]提出了组播协同缓存方案,以提高缓存命中率和内容传递效率。然而,它们都忽略了微基站之间的相互作用。因此,降低能量消耗的潜力没有得到充分开发。

为了结合协同组播传输和协同缓存布局的优点,可根据用户位置信息进行用户关联共同优化缓存布局,以充分利用所有可能的组播机会,进一步探索降低功耗的潜力。

考虑一个具有两个微基站、六个用户、三个内容的多播和协作缓存的示例系统,如图 4.2.10所示。由于存储空间的限制,假设微基站只能存储一个文件内容。

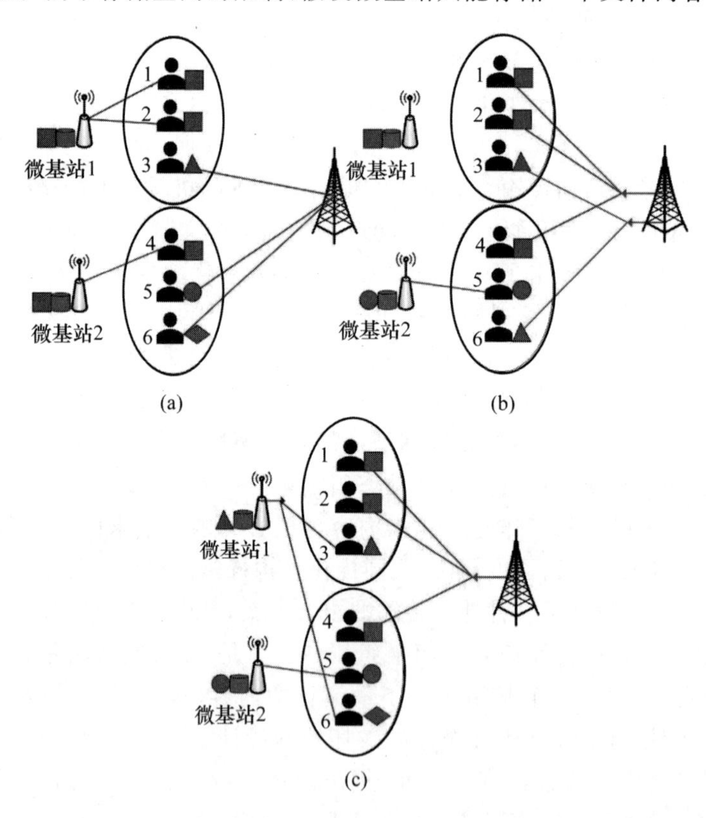

图 4.2.10　协同组播及协同缓存示例

图 4.2.10(a)表示的是基于单播传输的缓存算法。每个用户请求都是通过单播的方式传输,优化的缓存策略就是将流行度最高的文件存储到微基站中,用方块表示。这种策略下系统的能量消耗是

$$p_u = p_{11} + p_{12} + p_{24} + p_{03} + p_{05} + p_{06} \tag{4.2.4}$$

其中：p_{12}表示的是基站 1 服务用户 2 请求的能量开销；0 表示的是宏基站，其余的表示方式依此类推。

图 4.2.10(b)表示多播传输。请求同样内容的用户可以形成一个小组，基站通过多播的方式进行服务。因此，为了尽量多地节约能源，缓存策略需要进行改变。基站 1 根据服务的用户需求缓存内容用方块表示，基站 2 可以缓存圆形或者菱形块的内容。请求同样内容的用户可以通过宏基站的组播进行服务。因此，系统的能量开销表达式为

$$p_m = p_{25} + \max\{p_{03}, p_{06}\} + \max\{p_{01}, p_{02}, p_{04}\} \tag{4.2.5}$$

其中，最后一项表示的是由宏基站或微基站通过多播的方式将内容传输到用户集合的能量。

然而，图 4.2.10(b)中没有应用多播和缓存结合的策略。如图 4.2.10(c)所示，用户 6 对菱形块内容的请求被划分给了基站 2，基站 2 是没有缓存的。如果用户同时也在基站 1 的服务范围内，用户 3 和用户 6 的请求可以通过基站 1 的多播服务。尤其是在用户 6 和宏基站之间的信道条件比较差的时候，通过基站 2 服务用户 6 可以降低网络的能量消耗。因此，能量开销表达式为

$$p_c = p_{25} + \max\{p_{13}, p_{16}\} + \max\{p_{01}, p_{02}, p_{04}\} \tag{4.2.6}$$

显然，图 4.2.10(c)中的策略在大多数情况下能量消耗更小，可见多播和缓存结合的策略在降低系统能量消耗上的性能表现会更好。

如图 4.2.11 所示，考虑一个包含 M 个基站和 K 个移动用户的典型网络，用户可能请求的文件有 N 个。由于微基站的密集部署，一个用户可以同时被多个基站服务。在每个时隙，请求同一内容的用户可以被标记为同一形状，形成集合 K'_n，在此场景下基站通过多播进行服务。如果基站 m 对其服务的用户集合进行内容组播，要求的传输功率应该满足组内所有的用户需求。如果用户的位置没有微基站覆盖或者覆盖的微基站没有内容缓存，宏基站将响应用户的请求。

基站 m 服务用户 k 所需的传输功率表达式为[45]

$$P_{mk} = P_0 - g_k - g_m + l_{mk} + \psi_k \tag{4.2.7}$$

其中，P_0表示接收设备的灵敏度，g_k和 g_m代表用户 k 和基站 m 的天线增益，l_{mk}是基站 m 和用户 k 之间的路径损耗，ψ_k是阴影效应。一般的，宏基站由于与用户的距离较远发射功率会远高于微基站。

绿色通信是 5G 网络面临的挑战之一，以减小网络传输的能量开销为目标，可建立如下的优化问题：

$$\mathrm{P}: \min \sum_{n\in N}\sum_{m\in M}\max_{k\in K'_n} P_{mk}\cdot t_{mk}$$

定义两个指示变量为：x_{mn}表示内容 n 是否在微基站 m 中缓存；t_{mk}表示基站 m 是否能服务用户 k。

每个基站 m 会对处于 K_n^m集合中的用户组播内容 n，为了让所有用户接收到数据，发射功率取值为目标用户集合中用户要求的发射功率最大值。由于考虑到基站的缓存限制、通信链路的限制等问题，直接求解问题 P 是很困难的。为了使问题 P 更容易处理，下面介绍用户群和用户组的概念。K'_n的任意一个子集可以称作一个用户组，用户集就是用

户组的集合,用 ζ^n 表示。ζ^n 是所有 K'_n 子集的集合。二者之间关系可以用图 4.2.12 表示,其中虚线用户表示的是待划分分组的用户。

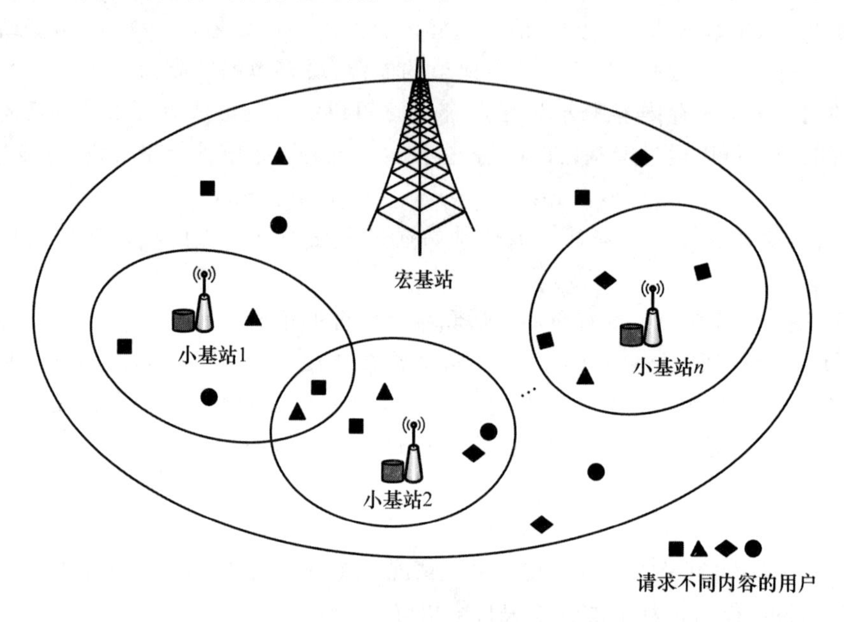

图 4.2.11 多播和支持缓存的协作异构无线网络

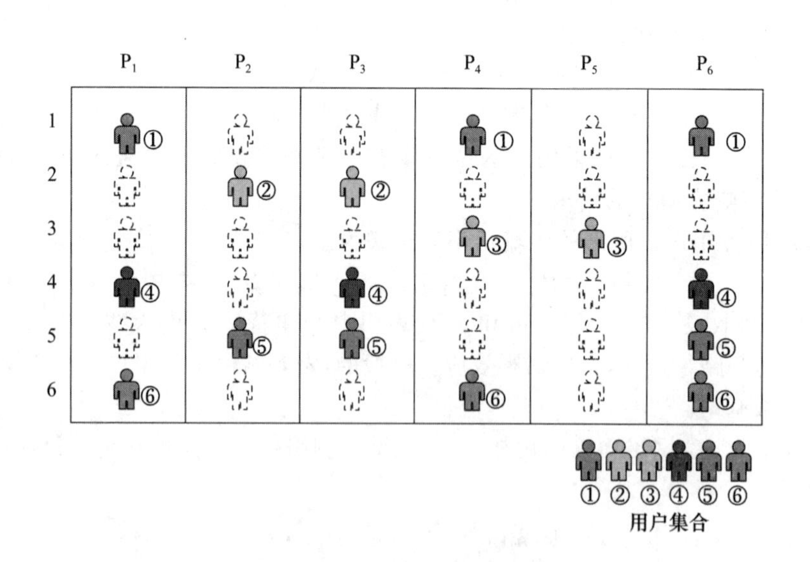

图 4.2.12 用户分组的示意图

问题 P 的目标是优化缓存部署,通过引入用户集和用户组的概念,问题 P 可以转变为选择优化的用户组,并选择对应的基站对内容进行组播。进一步,问题 P 可转化为求解缓存部署策略和基站多播策略问题。

$$\mathrm{P1}:\min \sum_{m \in M \cup \{0\}} c_{mi} \cdot y_{m\zeta^n}$$

其中，c_{mi} 是基站 m 向用户组 i 传输内容的最大功率。

下面简单介绍求解该问题的一种多播和协同缓存(Multicast and Cooperative Caching,MCC)算法的简单思路：首先假设基站存储了文件集合中的所有内容，并且计算了对应的传输功率。然后根据 t_{mk} 的实际情况，设定 $x_{mn}=\max\{t_{mk},\forall k\in K'_n\}$。然而，目前没有考虑基站的存储容量限制，这时如果存在基站存储容量不足的情况，令 $x_{mn}=0$，计算相关能量开销的值，找出使能量开销最低的基站缓存策略。

将 MCC 算法与 UTPC、MTPC、MTM 算法性能进行对比，发现 MCC 算法在能源消耗和负载平衡两方面均表现出了更高的性能。首先简单描述一下 UTPC、MTPC 和 MTM 算法。

- UTPC(Unicast Transmission and Popularity-based Caching，单播传输和基于流行度的缓存)：该方案目前在许多高速缓存系统中得到了应用。每个微基站独立于其他微基站缓存本地最流行的内容。并且只有在存储所请求的内容时，每个用户才通过与之关联的基站的单播传输提供服务，否则只能由宏基站满足请求。
- MTPC(Multicast Transmission and Popularity-based Caching，多播传输和基于流行度的缓存)：该方案采用组播传输的方式，将本地最流行的内容独立存储。当至少有一个用户在基站缓存中找不到所请求的内容时，宏基站组播就会发生。当仅在宏基站的覆盖区域内生成对该内容的查询时，或者当与未存储该内容的微基站关联的用户生成请求时，对内容 n 的所有请求将由宏基站多播传输[41]提供。
- MTM(Multicast Transmission of MBS，宏基站多播传输)：所有的用户请求都由宏基站组播传输服务。

图 4.2.13 和图 4.2.14 说明了 MCC 算法在功耗上的优势。图 4.2.13 表示的是基站缓存空间大小不同的情况下，应用不同算法的能量消耗情况，而图 4.2.14 表示在用户数量不同的情况下，不同策略对应的能量消耗情况。

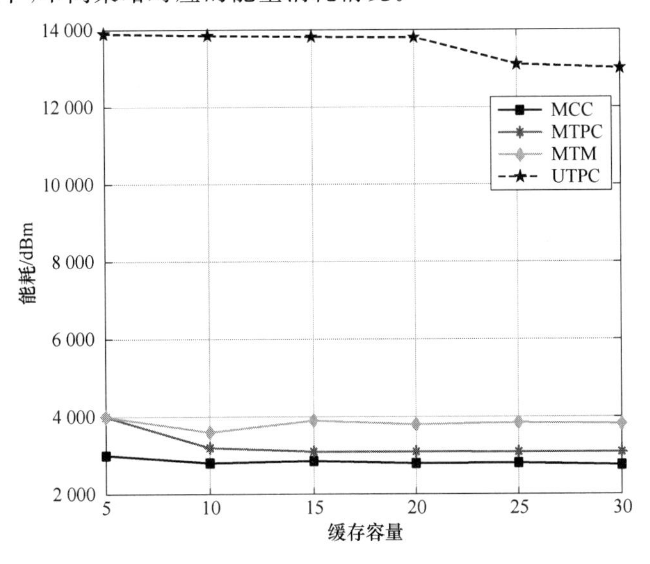

图 4.2.13 不同缓存大小下四种算法的性能比较

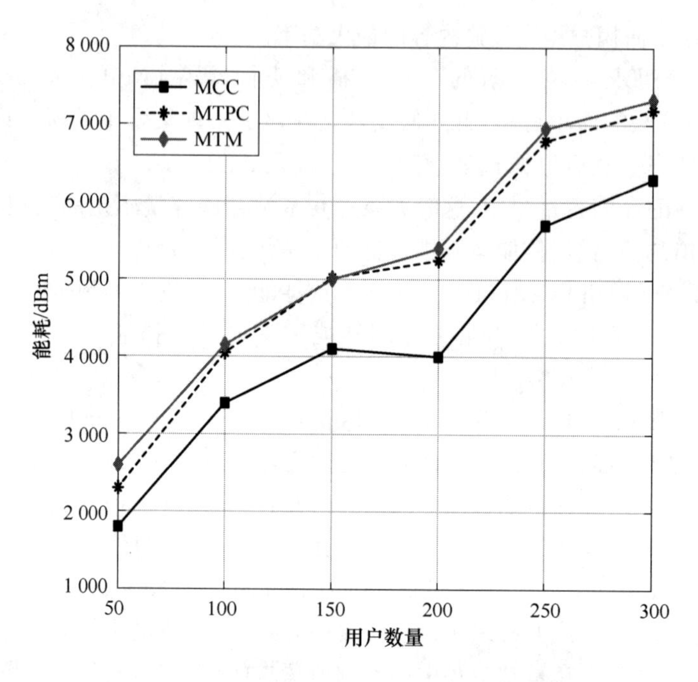

图 4.2.14 不同用户数量下四种算法的性能比较

图 4.2.15 比较了三种算法在不同缓存大小下的负载均衡性能。相比之下，MCC 算法在负载均衡方面取得了更好的性能。相邻扩频系统的协同工作减轻了扩频系统的负载压力，将拥塞的用户转移到负载较轻的扩频系统，降低了整个网络的能耗。

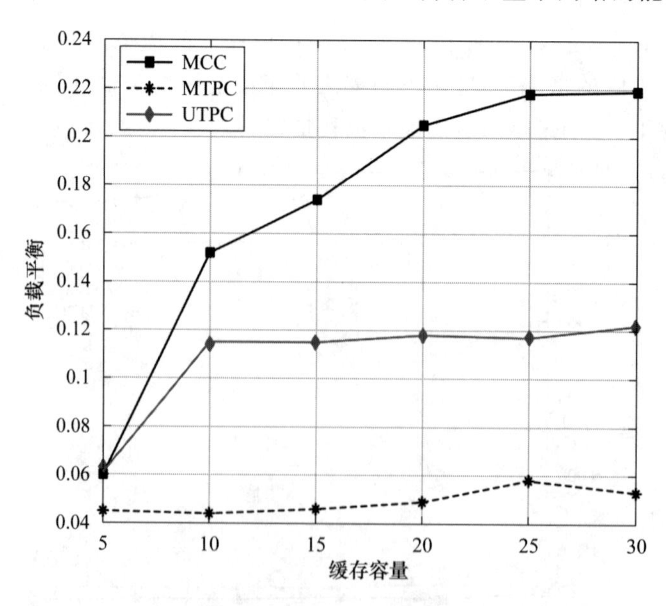

图 4.2.15 不同缓存大小的负载均衡性能比较

4.3 移动基站通信及缓存服务

4.3.1 空地融合的移动边缘网络的架构以及面临的挑战与机遇

不断增长的移动数据流量需求对当前的无线接入网络提出了重大挑战,而新兴的计算密集型物联网应用具有各种不同的需求,对云/边缘计算架构提出了更大的灵活性和弹性要求。随着移动云计算技术的发展,考虑到能源消耗、用户移动性以及通信延迟和成本,无线设备可以将计算密集型任务转移到计算资源丰富的云服务器上进行处理,旨在提高处理效率,降低用户硬件成本。然而,以基站为中心的蜂窝网络仍可能面临流量超载的问题,难以满足成倍增长的移动流量和新兴应用的各种新需求。此外,传统云计算面临响应时延长、回程带宽有限的问题。例如,在图像处理应用程序中,需要将大量高质量的图像或图片从用户设备上传到遥远的云服务器上,这可能对回程网络造成严重的负担,并且由于通信距离长,系统时延也会很大。

移动边缘网络是上述问题的一种很有前景的解决方案。5G 网络可以提供更为精确的位置信息,这使得网络资源分散化部署成为可能,通过将网络功能和资源向终端用户移动,可以提升数据速率,降低系统时延,提高能量使用效率,增加网络部署的灵活性。移动边缘网络功能主要包括网络密集化、移动边缘缓存和移动边缘计算。

- 网络密集化:超密集网络是 5G 网络的关键组成部分。通信资源被转移到靠近网络边缘的异构小型网络单元密集部署,如微基站、飞基站和高效 Wi-Fi 网络。超密集网络不仅可以使用高质量的连接,如使用毫米波通信等高频频谱波段,而且还可以利用更多的空间复用增益来提高网络容量。尽管网络密集化部署具有高数据速率和网络容量、低能耗等优点,但它也带来了一些具有挑战性的问题,如干扰和切换管理。此外,回程带宽限制会限制异构网络的性能。
- 移动边缘缓存:由于存储设备容量的增加和成本的降低,网络缓存方案被广泛应用,旨在减轻回程网络链路的负担。部分受欢迎的内容经常被请求,如电视连续剧和流行音乐,这些内容可以在非高峰时间缓存在基站甚至用户设备等网络边缘节点中,然后通过高速率低成本的移动边缘网络将内容分发给请求用户,而不是通过回传网络重复传输。此外,可以使用设备到设备的通信在附近的用户设备之间有效地共享用户缓存的内容。
- 移动边缘计算:在移动边缘计算中,计算服务器部署在边缘节点中,如边缘基站和具有高计算能力的用户设备。因此,虚拟现实和图像处理等计算密集型任务可以转移到移动边缘服务器,而不是远程云服务器。移动边缘计算可以提供高带宽、低延迟、低成本通信。然而,在移动边缘计算中,用户的移动性是一个具有挑战性的问题。

车辆自组网络的建立很大程度上要依靠移动边缘网络。在车联网场景下，由于车辆的高移动性，车辆的位置信息需要进行高频率的更新，由此会产生大量的数据流量，并且要求网络处理的时延很低。在移动边缘网络部署下，密集部署的小网络单元减轻了车辆移动产生的大量数据流量带来的负担。利用车辆移动性预测，内容可以被缓存在微基站、Wi-Fi 接入点和车载存储设备中，并使用经济有效的短程通信方式进行分发，如设备间通信和时延容忍网络[46]。此外，未来的汽车将配备用于自动驾驶等计算任务的汽车人工智能计算机，从而使汽车的计算资源可以在移动边缘网络内部共享，提高资源利用率。但是，车载移动网络也存在一定的局限性和问题，由于车辆的高度移动性和密度的不断变化，以及不同业务对移动服务质量的不同要求，车载网络的移动业务量需求在时间和空间的变化范围极大。在车联网的特殊场景下，如车辆稀疏的乡村道路，网络连通性可能会降低。因此，以传统方式部署的移动边缘网络在处理车联网的通信和计算业务时是有一定困难的。

近年来，无人机特别是小型无人机以其部署灵活、管理灵活、成本低廉等优点受到广泛关注，在军事和民用领域得到了广泛应用。使用无人机通信来辅助地面网络是近期的研究热点。在移动边缘网络方面，无人机为一组用户提供的无线接入访问、无人机辅助的边缘用户内容缓存、无人机辅助的物联网服务的边缘计算都得到了广泛研究。

1. 空地融合的移动边缘网络

下面主要介绍空地融合的移动边缘网络，包括融合边缘网络的体系结构，以及网络的关键组成部分，并讨论每个部分对应的功能。

(1) 空地融合网络架构

空地网络融合的总体架构如图 4.3.1 所示，主要包括两个层面：空中层面和地面层面。空中层面部署了多个无人机，形成了一个多无人机空中网络；地面层面则由移动用户、车辆以及基站等基础设施组成。无人机上部署了传感器、通信模块、嵌入式处理器以及存储设备，可以作为空中层面的网络控制器及通信接入点。通过空对空的通信，无人机之间可以共享传感数据、位置信息、协调控制信息等，形成一个飞行自组网。飞行自组网所能提供的高精度位置信息可以最大程度地发挥无人机移动性强、灵活性大的特点，执行无线传感器网络维护、网络数据采集、流量监控以及遥感等任务。在地面层面，宏基站、微基站以及 Wi-Fi 在内的异构接入网络为手机、汽车以及物联网设备提供网络服务。空中层面和地面层面通过空对地的通信实现网络之间的协作：无人机的位置信息可以及时传输到地面控制中心，地面控制中心可以实时控制其位置；空中网络采集的数据发送到地面中心进行处理。此外，由于无人机高度较高，其位置感知范围优于地面基站，因此无人机可以先进行大规模位置感知，然后引导地面控制中心执行相关任务，如救援任务等。

无人机高机动性的特点以及空地融合网络的双层架构可以为移动边缘网络带来很多好处：无人机可以作为微基站，通过无线前向链路，为一组地面用户提供灵活的互联网接入；无人机可以缓存网络中流行的数据内容，通过空地融合网络向用户或物联网设备分发；无人机可以辅助进行网络任务调度等。

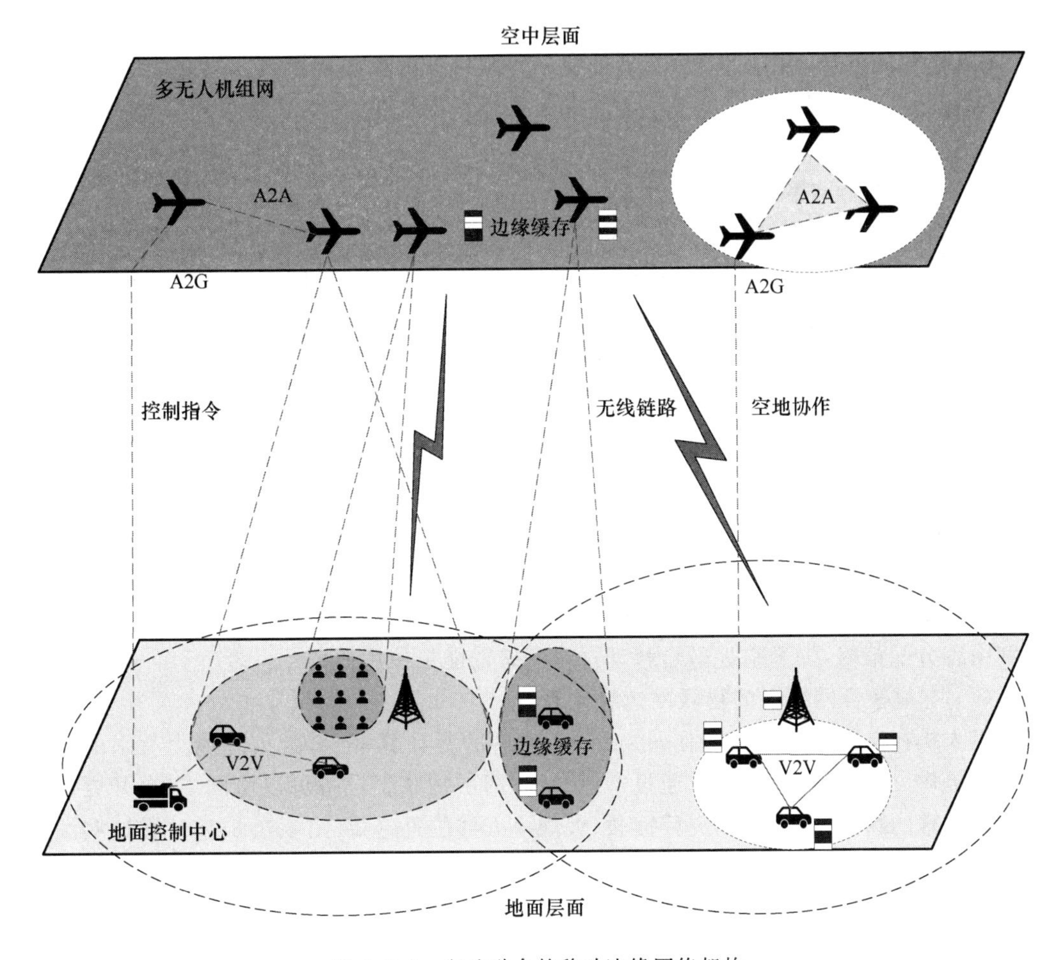

图 4.3.1 空地融合的移动边缘网络架构

(2) 无人机辅助的多址接入

在未来网络中,网络密集化是应对高速增长数据流量的解决方案之一。现阶段的多址接入网络主要由地面的宏基站和微基站组成,然而考虑到蓬勃发展的万物互联/智联技术,地面上固定部署的异构网络仍面临巨大的数据流量需求挑战。由于数据流量的变化幅度极大,即使是同一位置,不同时间段网络的数据流量相差也会很大,对于网络而言,处理突发的大量数据流量可能会出现超载,而在流量较低的低负载时间段又是对网络资源的一种浪费。无人机可以作为空中基站,为物联网设备和移动用户提供无线接入服务,提升网络处理动态流量需求的灵活性和可管理性。无人机基站可以在特定时间段内被分配到指定地区,减少网络处理大量数据流量时可能出现的超载情况,降低网络的运营成本。例如,文献[47]介绍了一种无人机单元部署方案,主要用来应对游行或音乐会等事件造成的短时间内数据流量增长。

由于无人机的高度部署灵活,无人机基站和地面节点之间的通信链路受信号衰减的影响相对较小,无人机基站和地面设备之间的接入可以借助毫米波技术和波束成形技术来提高数据传输的速率。然而,无人机本身的传输功率有限,造成了通信链路的容量受限,无人机单元更适合数据包较小、通信速率要求较低的物联网服务。与此同时,由于无人机单元的覆盖范围会随着无人机的高度和传输功率变化,可以构建多层异构的无人机单元。

(3) 空地融合网络中的移动边缘缓存

在传统的移动边缘网络中,流行的内容通常被预先缓存在移动网络边缘,如小蜂窝基站,以减少回程链路负担和服务延迟。然而,当用户移动到小区覆盖区域之外时,缓存的内容可能无法有效地分发给用户。此时,当用户向一个新的小区基站发送请求时,他请求的内容可能不会被缓存,新的基站需要从内容服务器远程获取请求内容,将导致额外的时延和带宽消耗。

在无人机辅助的边缘缓存中,内容可以直接缓存在无人机基站中分发给用户,也可以缓存在地面基站中由无人机调度。在前一种情况下,内容可以在非高峰时间缓存。对于后一种情况,地面基站可以缓存他们之前请求的内容,并根据地面控制中心或无人机基站的调度将这些内容分发给附近的基站。这种无人机辅助的边缘缓存可以节省无人机基站的带宽资源,降低网络延迟,充分利用边缘网络的缓存能力,可以灵活制定缓存策略和内容分配策略,提升空地融合移动边缘网络的能量使用效率。

(4) 空地融合网络中的物联网边缘计算

无人机在空中层面相互协作,形成一个空中的雾计算平台,为处理能力有限的物联网设备提供灵活、弹性的服务。通过空地合作,两层物联网设备可以协同工作,开展一些复杂或特殊的物联网服务,如灾后搜救、大规模人群位置感知(图 4.3.2)等。在这些场景下,无人机可以飞到相关的区域,从空中获取当地整体情况,如目标位置信息,并指导地面基站执行高精度的任务。地面基站可以利用其自身的计算资源对原始数据进行处理,并将相关信息以小数据包的形式传输给无人机。

一个典型应用场景是人群监控,由一组无人机监控人群聚集的场所,如体育赛事或游行。无人机不仅可以拍摄高质量的监控视频,还能感知其他有价值的监控信息。进行数据采集后,无人机可以在本地处理数据,或者通过空对地通信将计算量大的任务转移到地面设备。另一个应用场景是自动驾驶的高清地图维护任务,无人机飞到指定区域,通过高空感知任务进行辅助,并将相关数据分发到地面自动驾驶汽车。

2. 空地融合的移动边缘网络面临的挑战

空地融合网络具有三维移动性、动态拓扑、时变信道条件和频繁的地空交互等特点,会对网络分析和优化带来相应的困难。

(1) 网络交互

作为一个典型的由空中和地面通信节点组成的异构网络,不同网络要素的互联是空地融合网络面临的一个具有挑战性的问题,需要考虑两个方面。

- 设备的异构性:空地融合移动边缘网络中的各种基本网络元素由其特定的通信技术支持。因此,融合网络体系中的节点之间数据传输必须可以在多协议环境下进行,连接不同网络元素的接口在设计时也必须要考虑到无缝交互。

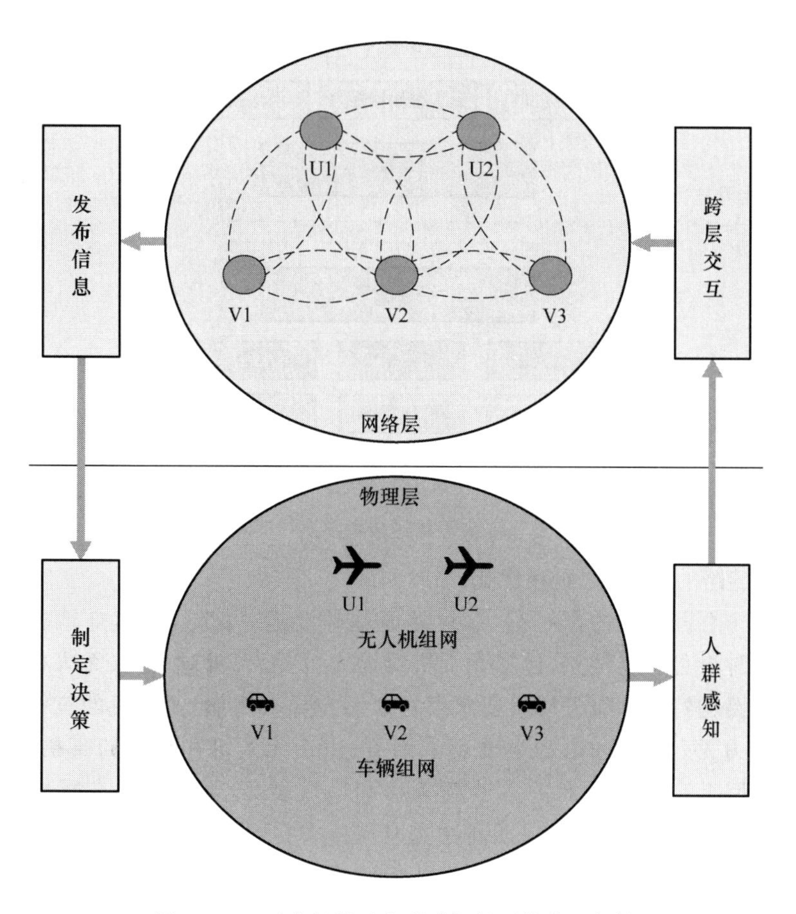

图 4.3.2 无人机辅助人群感知的网络物理架构

- 动态拓扑:空地融合移动边缘网络中的车辆自组网和无人机自组网都具有动态拓扑,这降低了通信信道的质量。因此,需要提出专用方案用来处理移动性对通信链路的影响,来实现空中和地面网络节点的通信,以及空地融合移动边缘网络中两个网络层面之间的通信。

空地融合移动边缘网络需要专门的控制方案来全面控制无人机的运动和能量供给、调度通信和任务分配。而采用控制平面、数据平面分离架构的 SDN 控制器具有网络全局性的认知和对网络的强大控制力,可以有效地分配网络资源和功能,提高网络的灵活性、效率、协作性和可靠性。例如,文献[48]针对软件定义的车载网络提出了一种优化的协作方案,通过基于人群感知的网络功能分割提升了网络对各种车载应用的支持性。为了提高空地融合移动边缘网络的协同控制和通信效率,可以在融合网络管理框架中使用 SDN,如图 4.3.3 所示。基于 SDN 架构和位置信息的辅助,可追踪到实时位置的车辆和无人机可以作为分布式采集信息的节点。地面基站作为控制器,主要进行数据采集、对网络功能和资源分配进行控制决策、控制网络行为等。为了减少控制信息产生的流量,提高网络控制效率,可以选择车辆和无人机作为子控制器处理本地控制请求,对应于 SDN 中的层次化控制架构。

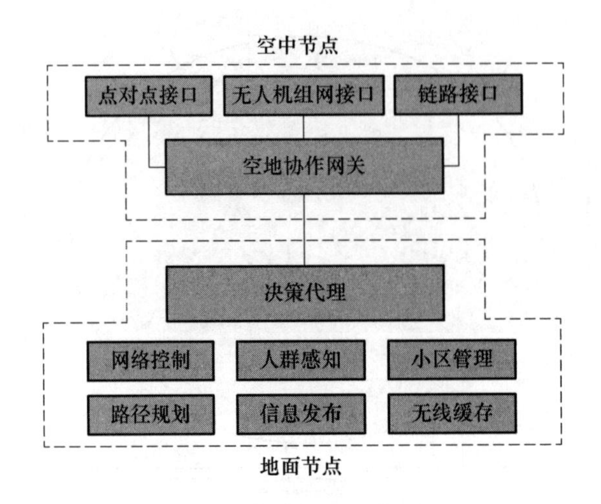

图 4.3.3　空地融合移动边缘网络管理框架

(2) 通信链路的建模、预测和优化

除去传统车载网络中的车对车、车对地面基础设施通信链路外，空地融合移动边缘网络还涉及多种新型无线链路，包括无人机对无人机、无人机对车辆、无人机对地面基站链路。不同链路的特性和服务质量要求存在显著差异。例如，无人机的三维移动特性使得天线方向成为无人机间通信的主要影响因素；由于无人机和车辆的高机动性，无人机与车辆间的链路上会出现显著的多普勒频移和信道衰落；当无人机在网络中作为基站时，无人机和基站间的链路需要保证高性能以支持大吞吐量。空对地和无人机到基站的信道统计模型已经得到了关注，并且有了开创性的工作成果[49]，但仍缺少更详细、更动态的空地融合移动边缘网络通信链路的建模、预测和优化方案，未来网络可以利用高精度位置信息来进行边缘网络通信链路的建模预测等。

(3) 空地融合移动边缘网络的性能评估

空地融合移动边缘网络是一个复杂的系统，具有异构接入、三维机动性、空地融合以及多种不同需求的应用。因此，建立一个综合的评价体系，对空地融合移动边缘网络的性能进行模拟、测试和验证是一项至关重要的任务。将现有的硬件技术以及 SDN 作为辅助，空地融合移动边缘网络的性能评估可以利用不同的仿真平台和系统集成进行，旨在降低系统评估的复杂度。此外，车辆和无人机在道路测试过程中收集到的真实数据可以通过大数据的方法进行数据分析和仿真，进行性能评估的主要指标包括命中率、效率、中断概率等。

3. 空地融合网络的可能研究方向

无人机辅助的空地融合移动边缘网络尽管潜力巨大，但许多关键研究问题仍需进一步解决及完善。

(1) 动态路由的建模与优化

动态路由是空地融合移动边缘网络研究中的一个关键问题，特别是对于空中网络而言。虽然无人机的 3D 移动特性增加了路由拓扑的复杂度，但同时也释放了额外的分布空间，得以实现更高质量的无人机间通信和空对地的连接。SDN 控制器和子控制器与基于位置感知的信道估计技术相结合，可以进行优化路由方案设计。动态路由优化问题可以应用不同数学模型求解。例如，动态路由配置和建模问题可以描述为随机几何模型，其中连接效用函数是计算路由约束的重要工具。

(2) 多维空地融合网络信道的优化

在空地融合移动边缘网络中，由于空中地面协作网络的移动性，无线信道存在严重的不确定性，需要经过仔细研究优化以提升网络性能。考虑到无线链路时变的特点，可以将基于几何的随机信道建模技术(Geometric-based Stochastic Channel Modeling，GSCM)应用于空中层面、地面层面以及两个层面之间信道的系统识别和系数估计。在对空地融合移动边缘网络信道进行 GSCM 建模时，基于针对环境场景以及网络节点位置信息调整的随机参数，在三维空间中以随机方式绘制特定的接收端、发射端和散射子，如图 4.3.4 所示。此外，基于 Galerkin 投影的模式降级方法是解决空地融合边缘网络信道优化中多系数、大尺度、多目标、高维度的不确定性量化问题的一种有效方法。

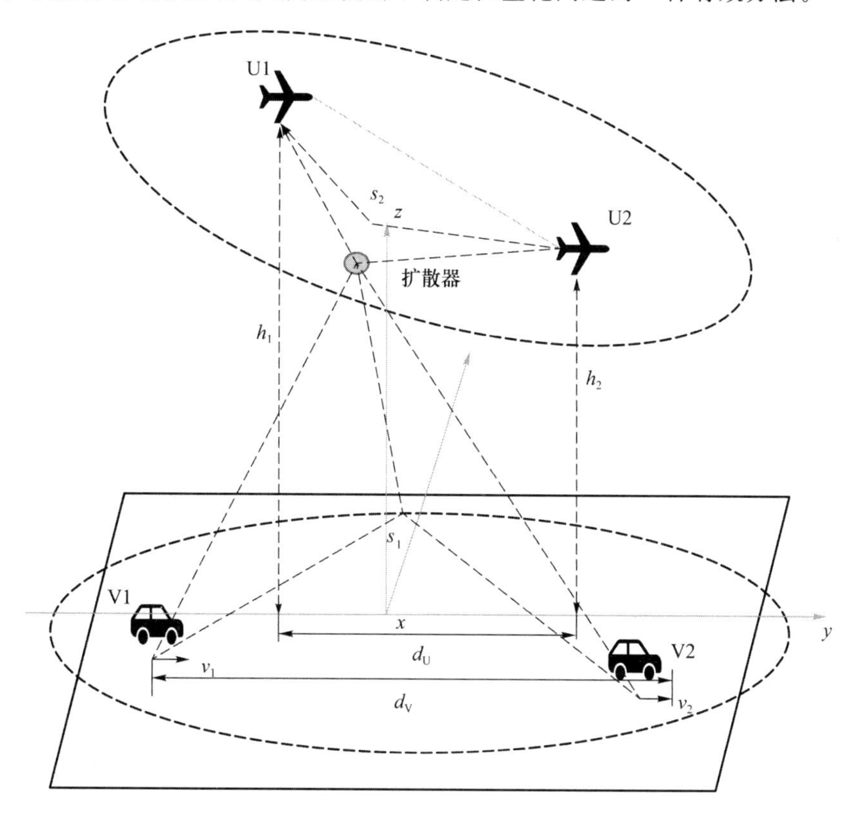

图 4.3.4　三维空地融合移动边缘网络信道模型

(3) 无人机优化调度

在空地融合移动边缘网络中，无人机扮演着核心角色，它不仅可以为基站提供缓存和计算服务，还可以控制网络的资源分配和任务调度等功能。另外，无人机的能源受到限制，需要实现高能效工作。因此，无人机的机动性和任务调度方案是空地融合移动边缘网络中一个非常关键和具有挑战性的问题。在无人机调度问题中需要综合考虑几个重要的因素。

- 无人机单元、边缘缓存和边缘计算的联合性能优化：有限数量无人机的调度需要考虑移动数据流量和物联网计算任务的要求。因此，研究无人机作为基站和物联网计算设备的调度方案时在数据流量调节性能和边缘计算效率之间要实现适当的折中。
- 用户移动性和服务请求预测：根据网络已经感知的用户历史位置信息和服务内容，可以预测用户的移动性和请求内容，并将这些有价值的信息有效地用于无人机路径的调度，以提高网络整体性能。
- 能源效率：一般情况下，无人机的能量是有限的，需要在电池耗尽时进行充电，这可能会导致网络节点暂时性的连接中断。因此，无人机调度方案应了解能量约束条件，并保证网络在这样的约束下正常运行。

(4) 无人机辅助的数据传输

由于无人机可以实现动态部署以及和地面节点建立高质量的视距连接，因此在空地融合移动边缘网络中使用无人机协助数据分发是一项很有前景的技术。无人机主要可以发挥两方面作用来增强空地融合网络的数据传输能力。一方面，作为无人机基站，无人机可以通过高可靠性和高速率的空对地链路，在地面网络过于稀疏而无法建立直接通信链路的地区增强地面网络的连通性，与此同时，有效的传输技术可以用来进一步提高网络性能。通过动态调整无人机高度和传输功率，可以进行覆盖和干扰之间的平衡；另一方面，无人机位置的机动性、灵活性可以被用来降低数据传输的延迟，减小信道干扰，同时基于无人机和地面节点的历史位置信息，可以进行节点移动性预测，设计相关的路由传输协议。

5G 网络通过提供更精确的位置信息，使在空地融合的网络架构下，网络资源的分散化部署成为可能，通过将网络功能和资源向终端用户移动，可以提升数据速率，降低系统时延，提高能量使用效率，增加网络部署的灵活性。在空中层面，无人机之间通过共享位置信息等形成一个飞行自组网，最大程度地发挥无人机移动性强的特点。在地面层面，地面控制中心接收到无人机采集到的位置信息等数据后，可以高效执行相关任务，如救援任务等。由于空地融合的移动边缘网络有一定的三位移动性、复杂的动态拓扑结构、时变的信道条件以及频繁的地空交互等特点，网络的分析和优化面临着诸多挑战。位置信息可以作为重要的一部分来处理网络交互、链路预测、链路优化等多方面的问题，进一步优化空地融合的网络资源管理。

4.3.2 移动基站服务的通信与缓存

随着信息技术的发展，物联网、智能城市、移动互联网、车联网、个人终端和各种传感器都成为数据源或数据传输方式。特别的是，物联网被认为是由无线通信推动的革命性进步。在实际应用中，多媒体数据通信也应用于许多特殊场合。近年来，多媒体传输技术的发展给物联网和移动互联网带来了深远的影响,推动了物联网从有线模式向无线模式的发展,使物联网的运行更加方便、安全、可靠。在这些进步中,数据缓存在帮助用户在云中存储相关信息方面也发挥了重要作用,通过云计算,用户可以随时随地获取所需的信息。对于多媒体业务,其智能化离不开数据缓存技术的支持。在中间节点缓存流行内容的方案是针对网络流量巨大的特点,考虑到不同用户对同一内容的多重需求,为了缓解网络流量过载而提出的解决方案。在物联网系统中,这实际上就是在基站(Base Station,BS)和微基站增加物理内存,有线架构则考虑缓存在核心网络的路由器上。所有这些想法实际上都遵循了以信息为中心的网络新概念,它挑战了现有的以主机为中心的互联网体系结构,并将重点放在了内容本身。

然而,在一些特殊的地区,如高层建筑和传输故障地区,具有有限缓存容量的固定基站并不能满足移动用户的需求,因此迫切需要考虑具有跟踪移动性的缓存基站。利用无人机作为飞行基站,在需要时可以满足用户的动态内容需求,是提高网络覆盖率和区域容量的有效途径,它们还可以解决偏远或人口稀少地区的临时覆盖问题,以及当地面无线框架结构因自然灾害而受损时的覆盖问题。

无人机作为飞行基站可以根据在通信网络中作用的不同分为两种主要场景:移动基站服务的无线通信和移动基站辅助的无线通信。本节主要介绍移动基站服务的无线通信,在这一场景下,无人机作为移动基站,和用户直接建立通信连接,为用户提供内容服务。

具体地,考虑了一个拥有大量固定或低移动性机器设备(Machine Type Devices,MTD)的物联网系统,传输链路的拥挤可能是由于许多原因造成的,如节日或者体育活动等临时事件。因此,为了缓解地面基站的压力,在物联网系统中引入了支持高速缓存的无人机,如图 4.3.5 所示,以达到减轻基站回程链路的负担,利用支持内容缓存的无人机服务大量的 MTD 的目的。为了描述物联网中 MTD 空间分布的不均衡性,MTD 位置可建模为一个双泊松聚类过程,其中聚类中心的母体是由齐次泊松过程创建的,子点使用另一种齐次的空间泊松过程生成。在本节的模型中,子点表示地面设备,它们均匀地以半径 R 散布在父点周围。

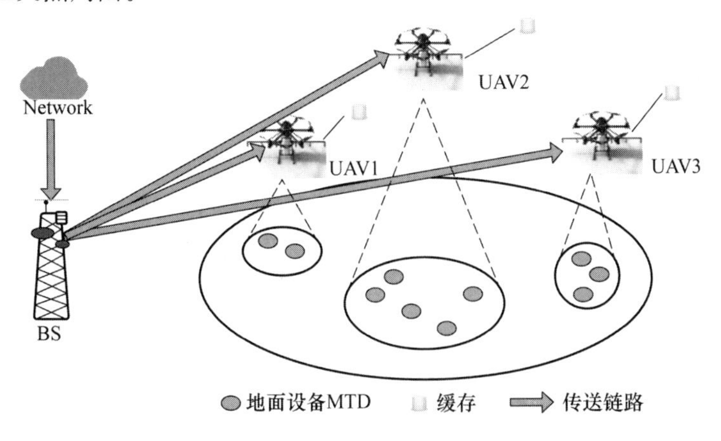

图 4.3.5 支持缓存的无人机辅助物联网系统

假设系统中有 K 个无人机，表示为 $V=\{1, 2, 3, \cdots, K\}$，每个无人机均具有最大缓存容量 C，可以看作移动缓存中继，并为 MTD 提供数据通信。

根据现有大多数研究，通常考虑一个固定的文件库和一个流行度分布。假设文件数据库中共包含了 F 个文件，表示为 $J=\{1,2,3,\cdots,F\}$。其中每一个元素 F_j 都是一个完整的文件。为了简单处理，假设这 F 个文件内容都具有相同的大小，规范化为 1，但是由于可以假设每个文件总是可以被分割成相同大小的块，因此文件大小不等的情况下仍然可以应用相同的分析。内容流行度表示为 $f=\{f_1, f_2, f_3, \cdots, f_F\}$，其中 f_i 表示第 i 个文件被请求的概率，满足约束条件 $0\leqslant f_i\leqslant 1$，并且按照内容流行度的递减顺序排序。假设文件流行度函数满足 Zipf 定律，则可以表示为

$$f_i = \frac{\frac{1}{i^\gamma}}{\sum_{j=1}^{F} \frac{1}{j^\gamma}} \tag{4.3.1}$$

其中，γ 为文件流行度分布参数，表示文件受欢迎程度的集中程度，γ 越大表示文件受欢迎程度分布越集中，通常选为 $\gamma<1$。

为了简单起见，进一步假设每个无人机都有一个容量为 $C(C\geqslant 1)$ 的有限缓存存储空间：无人机的内存目录 Ξ 是文件库 J 的子集，其中元素数不大于 C，即每个无人机只能够存储不超过 C 个流行文件。考虑一个概率模型，其中文件内容是独立的，根据相同的分布，被放置在不同无人机的高速缓冲存储器中，换言之，Ξ 是 J 独立同分布的子集。f_i 内容存储在给定无人机基站的概率定义为

$$p_i := P(f_i \in \Xi) \tag{4.3.2}$$

其中，文件的缓存概率表示为 $P=[p_1, p_2, \cdots, p_F]$，$i\in[1,F]$。接下来通过构造一些特定的、满足 $|\Xi|\leqslant C$ 条件的文件缓存策略来证明其充分性。下面的策略只考虑单一无人机基站覆盖的情况，具有满足条件的缓存概率 p_i。

将用户请求的文件可以直接从无人机上获得的概率定义为文件请求命中率，可以表示为

$$p_c = 1 - \sum_{i=1}^{F} \left(f_i \sum_{m=0}^{K} p_m (1-p_i)^m \right) \tag{4.3.3}$$

在支持缓存的无人机辅助物联网系统中，一个随机位置的地面设备可能被多个无人机覆盖，或者根本不被覆盖。覆盖数 m 是一个随机变量，它取决于通信方案的特点和网络参数，p_m 表示地面物联网设备同时被 m 个无人机服务的概率，定义为

$$p_m := P(N=m), \quad m=0,1,\cdots \tag{4.3.4}$$

下面根据本节所考虑的支持缓存的无人机服务的通信网络系统模型，介绍物联网设备与无人机之间的传输模型。由于传播路径上强烈的反射和衍射，接收设备从发射装置接收到的信号将减弱，因此，视距传输（Line of Sight LoS）和非视距传输（Not Line of Sight，NLoS）的路径损失是一个重要因素。考虑支持缓存的无人机通过一个地面基站连接到核心网络，并假设无人机与地面物联网设备之间的接入链路、无人机与地面基站之间的回程链路在正交频段上操作，以避免产生同信道干扰[24]，地面设备请求的文件优先

在服务此区域的无人机上搜索,若无人机上已缓存该文件则直接传输至地面设备,否则需由地面基站回传至无人机再向地面物联网设备进行传输。

在地面基站到无人机的传输路径上,LoS 和 NLoS 路径损耗可以表示为

$$l_{\mathrm{LoS}}^{\mathrm{BV}}=20\log\frac{4\pi f_{\mathrm{c}}^{\mathrm{BV}}d_{\mathrm{BV}}}{c}+\eta_{\mathrm{LoS}} \tag{4.3.5}$$

$$l_{\mathrm{NLoS}}^{\mathrm{BV}}=20\log\frac{4\pi f_{\mathrm{c}}^{\mathrm{BV}}d_{\mathrm{BV}}}{c}+\eta_{\mathrm{NLoS}} \tag{4.3.6}$$

其中:d_{BV}表示地面基站到无人机的距离;$f_{\mathrm{c}}^{\mathrm{BV}}$为 BS-UAV 路径上的载波频率;$\eta_{\mathrm{LoS}}$和 η_{NLoS}是 LoS 和 NLoS 路径上的阴影和衍射损失参数,取决于环境因素。

从无人机到其他设备的视线连接概率是建立信道模型的一个重要因素,如图 4.3.6 所示,它取决于无人机的高度、环境情况、无人机的位置以及无人机和其他设备的密度等因素,可以表示为

$$\mathrm{Pr}(\mathrm{LoS})=\frac{1}{1+A\exp(-B(\theta_{\mathrm{BV}}-A))} \tag{4.3.7}$$

其中,A、B 是取决于环境因素的常量。

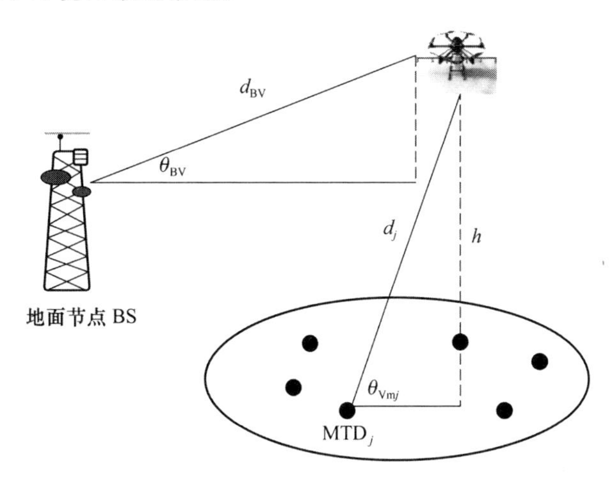

图 4.3.6 地面基站、无人机、地面设备之间的传输模型

路径上总的平均路径损失可以表示为

$$\mathrm{PL}_{\mathrm{BV}}=20\log\left(\frac{4\pi f_{\mathrm{c}}^{\mathrm{BV}}d_{\mathrm{BV}}}{c}\right)+\mathrm{Pr}(\mathrm{LoS})l_{\mathrm{LoS}}^{\mathrm{BV}}+\mathrm{Pr}(\mathrm{NLoS})l_{\mathrm{NLoS}}^{\mathrm{BV}} \tag{4.3.8}$$

整理可得

$$\mathrm{PL}_{\mathrm{BV}}=\frac{a}{1+A\exp\left(-B(\frac{180}{\pi}\arctan(\frac{h}{r_0})-A)\right)}+10\log(h^2+r_0^2)+b_1 \tag{4.3.9}$$

其中,$a=\eta_{\mathrm{LoS}}-\eta_{\mathrm{NLoS}}$,$b_1=20\log(4\pi f_{\mathrm{c}}^{\mathrm{BV}}/c)+\eta_{\mathrm{NLoS}}$)。

式(4.3.9)可以进一步写成

$$\mathrm{PL}_{\mathrm{BV}}=\frac{a}{1+A\exp(-B(\frac{180}{\pi}\arctan(\frac{h}{r_0})-A))}+20\log(\cos\frac{r_0}{(\theta_{\mathrm{BV}})})+b_1 \tag{4.3.10}$$

假设在BV路径上传输的带宽为 B_0。由此，可以得到BV传输路径上的传输速率为

$$R_V=\frac{B_0}{K}\log(1+\frac{P_B}{10^{\frac{PL_{BV}}{10}}\sigma^2}) \tag{4.3.11}$$

其中，σ^2 表示高斯噪声分布的方差，而噪声的均值为零。K 表示地面基站服务的无人机的数量。P_B 表示由地面基站向无人机 k 发送的功率大小。为了简单处理，本节中认为这个系统只有一架无人机，在此基础上研究支持高速缓存的无人机在物联网中的影响。

无人机到MTD的路径上的相关数据指标可以进行类似的推导。

在无人机到地面物联网设备的传输路径上，LoS和NLoS连接的路径损耗可以表示为

$$l_{LoS}^{VM}=20\log\frac{4\pi f_c^{VM}d_j}{c}+\eta_{LoS} \tag{4.3.12}$$

$$l_{NLoS}^{VM}=20\log\frac{4\pi f_c^{VM}d_j}{c}+\eta_{NLoS} \tag{4.3.13}$$

其中，f_c^{VM} 为UAV-MTD路径上的载波频率，d_j 表示无人机到 MTD_j 的距离，如图4.3.6所示。所以，无人机到MTD路径上总的平均路径损失可以表示为

$$PL_{VM}=20\log(\frac{4\pi f_c^{VM}d_j}{c})+\Pr(LoS)l_{LoS}^{VM}+\Pr(NLoS)l_{NLoS}^{VM} \tag{4.3.14}$$

整理可得

$$PL_{VM}=\frac{a}{1+A\exp(-B(\frac{180}{\pi}\arctan(\frac{h}{r_j})-A))}+10\log(h^2+r_j^2)+b_1 \tag{4.3.15}$$

其中 $a=\eta_{LoS}-\eta_{NLoS}$，$b_2=20\log(4\pi f_c^{VM}/c)+\eta_{NLoS}$)。结合图4.3.6，式(4.3.15)可以进一步写成

$$PL_{VM}=\frac{a}{1+A\exp(-B(\frac{180}{\pi}\arctan(\frac{h}{r_j})-A))}+20\log(\cos\frac{r_j}{(\theta_{VM})})+b_2 \tag{4.3.16}$$

假设在无人机到MTD路径上传输的带宽为 B_1。由此可得，无人机到MTD传输路径上的传输速率为

$$R_M=\frac{B_1}{M}\log(1+\frac{P_V}{10^{\frac{PL_{VM}}{10}}\sigma^2}) \tag{4.3.17}$$

在上述支持缓存的无人机辅助物联网系统中，假设系统只有一台无人机，地面设备一次向无人机请求一个文件，如果被请求的文件缓存在无人机中，则无人机直接将其传输给MTD，否则UAV首先向地面基站请求该文件，再将其传输给MTD。由于端到端的传输速率主要取决于两跳之间的较小速率，因此无人机辅助中继通信系统的平均可达速率可以表示为

$$R=P_cR_M+(1-P_c)\min(R_M,R_V) \tag{4.3.18}$$

其中，P_c 是文件请求的缓存命中率。为了研究物联网中基于缓存的无人机协作所带来的好处，通过联合优化缓存策略 P 和无人机的三维位置，来研究使无人机传输速率最大化的问题。通过提高传输速率，可以提高系统的总体吞吐量。以最大化系统的传输速率为

优化目标,该问题可以表示为

$$
\begin{aligned}
&\max_{P,x,y,h}\sum_{j=1}^{M}R\cdot I_j\\
\text{s.t.}\ &P=[p_1,p_2,\cdots,p_F],0\leqslant p_i\leqslant 1\\
&\sum_{i=1}^{F}p_i\leqslant C\\
&x_{\min}\leqslant x\leqslant x_{\max}\\
&y_{\min}\leqslant y\leqslant y_{\max}\\
&h_{\min}\leqslant h\leqslant h_{\max}
\end{aligned}
\tag{4.3.19}
$$

其中,(x, y, h)表示无人机的三维位置。所涉及的变量 $x_{\min}$、$x_{\max}$、$y_{\min}$ 和 $y_{\max}$ 是无人机的限制区域,$h_{\min}$ 和 $h_{\max}$ 分别表示无人机的最小和最大高度。最后三个约束条件描述了无人机在三个维度上的最小和最大限制值。

I_j 为 MTD 指示函数,定义为

$$
I_j=\begin{cases}1, & \dfrac{a}{1+A\exp(-B(\frac{180}{\pi}\arctan(\frac{h}{r_j})-A))}+10\log(h^2+r_j^2)+b\leqslant L_{\text{th}}\\ 0, & \text{其他}\end{cases}
\tag{4.3.20}
$$

其中:I_j 为 1 表示无人机的传输数据速率可以满足其 MTD 的传输数据速率需求,即 MTD 可以被无人机服务;I_j 为 0 表示无人机的信号传输速率不能满足所需的数据速率。

分析可得,在物联网中部署支持缓存的无人机以获得最大吞吐量的公式化问题在难度上是 NP 困难问题。因此,直接的解决方案将使问题变得非常复杂,因为它涉及三维部署和多维文件概率的解决方案。因此,可将该联合最优化问题分解为两个复杂度较低的问题来获得次优解。

(1) 基于穷举法的无人机优化布局

穷举的具体含义[56]:列举一系列可能的解的元素,根据题目中提出的检查标准,确定哪些是正确的,哪些是不正确的,其中正确的就是题目的解。穷举算法的特点是算法简单,但有时运算量大。由于穷举是列举出所有的值,当问题规模比较大的时候,运算的时间会变得很长,所以在设计算法时必须尽量减小搜索的范围。

考虑到无人机布局和缓存布局的联合优化问题在难度上是一个 NP 困难问题,可以首先解决无人机的最优定位问题,即考虑在缓存内容布局固定的情况下,最大化无人机的吞吐量。因此,对于给定的缓存内容概率布局,给出了如下最优化问题的描述:

$$
\begin{aligned}
&\max_{x,y,h}\sum_{j=1}^{M}R\cdot I_j\\
\text{s.t.}\ &x_{\min}\leqslant x\leqslant x_{\max}\\
&y_{\min}\leqslant y\leqslant y_{\max}\\
&h_{\min}\leqslant h\leqslant h_{\max}
\end{aligned}
$$

直接利用穷举搜索(Enumeration Search,ES)算法,可以获得使无人机服务的 MTD 数量最多的无人机最优三维位置,利用 5G 网络提供的高精度位置信息,可以在工程上实现系统性能的提升,但是这种算法计算复杂度较高。因此,对于无人机的三维布局问题,它并不是一个较好的算法。为了应对这个挑战,可以将问题分成两部分。第一部分是确定无人机的高度,得到无人机的覆盖范围。第二部分是在确定高度的情况下,选择无人机的二维位置,使无人机的覆盖范围最大化。

在第一部分中,将寻找在路径损耗的基础上,能够最大化覆盖面积的无人机的最佳高度。对于无人机的给定发射功率 P_{v},物联网中 MTD_j 的接收功率由路径损耗决定,表达式如下:

$$P_{\mathrm{r}}=P_v-\mathrm{PL}_{\mathrm{VM}_j} \tag{4.3.21}$$

在噪声受限的情况下,传统的定义覆盖方法是通过信噪比 SNR 来确定的。为了达到 MTD 所需的体验质量(Quality of Experience,QoE),设 MTD 接收到的功率 P_{r}必须超过 $P_{\min}$,也就是说只有当路径损耗不大于要求的门限值 L_{th}时,无人机才可以为 MTD_j 提供服务。由此,无人机的覆盖半径可以表示为

$$R(h)=r\big|_{\mathrm{PL}(h,r_i)=L_{\mathrm{th}}} \tag{4.3.22}$$

显然,路径损耗门限值 L_{th}越大,无人机覆盖半径 $R(h)$越大。由式(4.3.22)可知,对于给定的环境和无人机的高度,所有半径为 R 的圆周上的 MTD 将具有相同的路径损耗 L_{th}。换句话说,无人机的覆盖区域是一个圆形区域,如图 4.3.6 所示。根据上述分析,当函数 R 对 h 的一阶导数为零时,可以达到覆盖半径 R 最大,即

$$\frac{\partial R(h)}{\partial h}=\frac{\partial R(h)}{\partial \theta}\frac{\partial \theta}{\partial h}=0 \tag{4.3.23}$$

由于$\frac{\partial \theta}{\partial h}=\frac{\partial \arctan(h/r)}{\partial h}=\frac{r}{h^2+r^2}>0$,所以只需考虑$\frac{\partial R}{\partial \theta}=0$ 的情况。考虑到无人机的高度、与地面设备间的距离以及它们形成的角度的关系,可将式(4.3.23)转化为与最佳角度 θ_{t} 有关的表达式,表示为

$$\lambda\tan\theta+f(\theta_{\mathrm{t}})=0 \tag{4.3.24}$$

显然,对于一个确定的路径损耗门限值 L_{th},使覆盖半径最大化的最佳仰角 θ_{t}是一个常数,且仅仅取决于环境因素。因此,可以从式(4.3.24)中获得最佳角度 θ_{t}。不同环境的最佳角度值可在文献[53]中获得,对于城市环境、密集城市环境和高层城市环境,最佳仰角分别为 $\theta^*=20.34°,42.44°,54.62°,75.52°$。

通过最佳仰角 θ_{t}可以计算出最大覆盖半径 R,由 $h=r_i\tan\theta_i$ 可以推导出使无人机覆盖区域最大化的高度 h。

在第二部分中,将实现无人机部署的所有可能布局情况下的平均覆盖吞吐量,进而得到最大平均吞吐量的最优布局。当获得最佳高度 h 时,计算相应的覆盖半径 R。然后,通过处理如下公式的问题来获得最优水平无人机位置:

$$\max_{x,y}\sum_{j=1}^{M}R\cdot I_j$$

$$\text{s.t. } P=[p_1,p_2,\cdots,p_F]$$

$$\sum_{i=1}^{F} p_i \leqslant C$$

在这里使用了穷举搜索算法，设定搜索步长为 δ，实现规定区域内的所有可能的离散布局，并得到其平均覆盖吞吐量，找到使平均覆盖吞吐量最大的无人机二维位置。

(2) 基于拉格朗日松弛算法的缓存优化布局

如果一个组合优化问题被判定为 NP 困难时，常用的解决这个问题的办法是建立启发式算法，并寻求尽可能接近其最优解的可行解。这些算法包括局部搜索算法、禁忌搜索、模拟退火法、遗传算法、蚁群优化算法、人工神经网络等。在处理极小化目标函数的问题中，以上算法可以给出目标函数最优值的上界。评估算法好坏的标准之一就是考察它所计算的目标值同最优目标值的差异。由于组合段化问题很难求解，因此要求最优值可能会非常困难。解决这一难点的有效方法之一就是计算下界，用上界和下界的差异来评估算法。拉格朗日松弛算法是求解下界的方法之一。由于拉格朗日松弛算法的实现具有相对简单和相对优良的性质，因此它不仅可以评估算法的效果，还可以用于其他的算法之中提高这些算法的效率。拉格朗日松弛算法包括两个部分[20]：一部分是提供下界，另一部分则演变为拉格朗日松弛启发式算法。

拉格朗日松弛算法的基本原理是将使问题 NP 困难的约束吸收到目标函数之中，使目标函数依旧保持线性，从而使得解决问题变得更加容易。人们希望研究和使用拉格朗日松弛算法解决问题主要源于以下两点原因：第一，一些组合优化问题很难解决，除非是 $P=\text{NP}$ 的情况，否则不存在用现有的约束条件求出最优解的多项式时间算法。但在原始问题之中减少一些限制之后，就可以大大地减小解决这些问题的难度，减少了限制后的问题就可以在多项式时间内寻求最优解。因此，这些减少的约束被称为难约束。在整数线性规划问题之中，将困难的约束吸收到目标函数中会使问题更加容易被解决。此时得到的解的质量完全取决于吸收至目标函数时所选择的参数。第二，实际计算的结果证实了拉格朗日松弛算法给出的下界是比较好的，计算时间上也可以接受。同时，可以利用拉格朗日松弛算法的基本原理，建立基于拉格朗日松弛的启发式算法[57]。

接下来，利用网络提供的高精度位置信息，无人机可以被精确部署到最优的高度以及相应的水平位置，无人机的覆盖范围是确定的，无人机能够服务的用户数量也是确定的，此时最佳优化问题可表述为

$$\max_{P} \sum_{j=1}^{M} R \cdot I_j$$

$$\text{s.t. } P=[p_1,p_2,\cdots,p_F]$$

$$\sum_{i=1}^{F} p_i \leqslant C$$

设文件请求命中率 p_c 为目标函数 g，它等于 1 减去地面设备找不到请求内容的概率，如果用户被 $m=0$ 个无人机覆盖，或者被 $m>0$ 个无人机覆盖，但所请求的文件没有

被保存在任何无人机的缓存空间中，就会发生这种情况，所以 g 表示为

$$g(f_1,\cdots,f_F)=1-\sum_{i=1}^{F}(f_i\sum_{m=0}^{K}p_m(1-p_i)^m) \tag{4.3.25}$$

其中，m 表示为该 MTD 提供服务的无人机的数量，$(1-p_i)^m$ 表示这些无人机中都没有缓存所需文件 i 的概率。因此，p_c 表示此 MTD 所请求的文件只能由地面基站回传至无人机获得的概率。

假设无人机到 MTD 路径上的传输速率远远大于基站到无人机路径上的传输速率，上述优化问题可等价于：

$$\max_{P}\sum_{j=1}^{M}g(f_1,\cdots,f_F)$$
$$\text{s.t. } p_1+p_2+\cdots+p_F\leqslant C$$
$$0\leqslant p_i\leqslant 1,\forall i$$

可以通过改变缓存文件布局概率来控制命中概率的大小，接下来的目标是找到最优向量 $(p_1,p_2,\cdots,p_F)$ 来最大化目标函数。在已知无人机缓存容量大小、文件流行度的条件下，本书将该优化问题称为地理缓存问题(Geographic Caching Problem，GCP)，并尝试找到它的解决方案。首先给出两个引理。

引理 1：此目标函数 g 具有以下两个属性：

① 对于 $[p_1,p_2,\cdots,p_F]$ 是可分离的；

② 是 $[p_1,p_2,\cdots,p_F]$ 的凹函数。

引理 2：在目标函数的最优解处，满足以下条件：

$$p_1^*+p_2^*+\cdots+p_F^*=C \tag{4.3.26}$$

由于目标函数是凹函数，并且约束集是线性的，所以优化问题可以作为凸规划来求解[54]，在这里使用了拉格朗日松弛算法。将对偶变量 $\mu\geqslant 0$ 与和问题约束条件联系起来，拉格朗日函数为

$$L(p_1,\cdots,p_F,\mu)=\sum_{i=1}^{F}f_i(1-\sum_{m=0}^{M}p_m(1-p_i)^m)+\mu(C-\sum_{i=1}^{F}p_i)$$
$$\text{s.t. } 0\leqslant p_i\leqslant 1,\forall i \tag{4.3.27}$$

通过求解一个 min-max 问题，可以系统地找到最优原始变量 p_i^* 和对偶变量 μ^*。在处理凸规划问题时，min-max 问题 P 的最优值等于原问题 GCP 的最优值：

$$P:\max g(f_1,\cdots,f_F)=\min_{\mu\geqslant 0}\max L(f_1,\cdots,f_F,\mu)=g(f_1^*,\cdots,f_F^*)$$

可以说，原始 GCP 问题和 min-max 问题之间的二元差距为零。

定理 1：给定最优对偶变量 μ^* 时，最大化原始目标函数 GCP 的最优主变量 $p_i^*=p_i(\mu^*)$ 可以表示为

$$p_i(\mu^*)=\begin{cases}1 & f_ip_{m-1}>\mu^*\\ \omega(\mu^*) & f_ip_{m-1}\leqslant\mu^*\leqslant f_iE[N]\\ 0 & f_iE[N]<\mu^*\end{cases} \tag{4.3.28}$$

其中，$E[N]=\sum_{m=1}^{M}mp_m$，而 $w(u^*)$ 是以下等式中 p_i 的解：

$$f_i\sum_{m=1}^{M}p_m m\ (1-p_i)^{m-1}=u^* \tag{4.3.29}$$

最优对偶变量 μ^* 满足以下等式：

$$p_1(\mu^*)+\cdots+p_f(\mu^*)=C \tag{4.3.30}$$

接下来使用二分法来求解 μ 和 p_i，求解数值的方法如下：从一个包含最优解的区间开始，即 $\mu^{(0)}\in[\mu^{(0,\min)},\mu^{(0,\max)}]=[f_F p_{m=1},f_1 E[N]]$，然后根据所使用的二分法，对于 $l=0,1,\cdots,\sum_{i=1}^{F}p_i(\mu^{(l+1)})$ 以 $\mu^{(l+1)}:=\mu^{(l,\min)}+(\mu^{(l,\max)}-\mu^{(l,\min)})/2$ 进行估值，如果 p_i和的值大于 C，那么搜索继续在右侧间隔中进行，并且 $\mu^{(l+1,\min)}:=\mu^{(l+1)}$，否则如果 p_i和小于 C，那么搜索继续在左侧间隔中进行，并且 $\mu^{(l+1,\max)}:=\mu^{(l+1)}$，直到某一步中 l 的变化值小于所选的 ε 时，算法停止。实现上的困难在于，还需要解决式(4.3.29)形式下的多项式等式，当 m 很大时，这些等式不能给出封闭形式的解，也可以通过使用二分法来解决这些问题。

(3) 其他缓存策略方案

下面介绍三种常见的现有缓存策略方案，用于与上述方案进行对比。

① 最流行文件缓存(Maximal-Popularity Caching，MPC)策略

对于每一个无人机，假设其缓存容量限制为 C 个文件，在最流行文件缓存策略中，无人机总是缓存文件流行度最高的文件 f_1到 f_c。实际上，MPC 策略在一般网络中并不是最佳的，其只适用于孤立的支持缓存的基站或者系统网络中没有覆盖重叠的情况。

② 随机缓存策略

对于每一个无人机，缓存策略以随机的概率 $q_i(0\leqslant q_i\leqslant 1,i=1,\cdots,F)$ 缓存，受到无人机缓存容量大小限制：$\sum_{i=1}^{F}q_i\ll C$，为了简化分析以及不失一般性，这里假设所有文件具有相同的大小，存储大小的单位是一个文件。

③ 基于多路复用的门限缓存策略

在文献[55]中，为了提供多路复用增益，提出了以下缓存策略：首先选择一个阈值 T $(0\leqslant T\leqslant C)$，在所有的 K 个无人机中缓存第 1 到 T 个文件，并将第 $T+1$ 到 $T+K(C-T)$ 个文件分别缓存在特定的一个无人机中。也就是说，对于最流行的第 1 到 T 个文件，有 K 次缓存，对于第 $T+1$ 到 $T+K(C-T)$ 个文件只有一次缓存，而对于其余的 $T+K(C-T)+1$ 到 F 个文件则没有被缓存，MTD 只能通过地面基站向无人机回传获得该请求文件。将 M_0个 MTD 与 M_0个分辨时隙相关联。M_0个 MTD 可以根据它们的请求分为三组：第一组由请求 1 到 T 之间文件的 MTD 组成，即被所有无人机缓存的文件(这一组

的大小表示为 M_1)，第二组由请求在第 $T+1$ 到 $T+K(C-T)$ 个文件之间的 MTD 组成，即只有一个无人机缓存的文件（这一组的大小表示为 M_2)，第三组由请求在 $T+K(C-T)+1$ 到 F 之间的 MTD 组成，即只能从地面基站回传得到请求文件的设备（这一组的大小表示为 $M_3=M_0-M_1-M_2$)。由于所有的无人机都缓存了第一组 MTD 的请求，无人机在为这 M_1 个 MTD 服务时可以协调它们的传输。在 M_1 时隙中，K 个无人机可以同时为这 M_1 个用户($M_1 \leqslant K$)提供服务，迫零波束产生一个 M_1 级的复用增益。由于只有一个无人机或没有无人机缓存了 MTD 请求的文件，因此第二组和第三组 MTD 中没有提供协作传输。值得注意的是，如果希望所有 MTD 都能得到相同的传输速率，那么可以给第一个组的 MTD 分配小于 M_1 的时隙，例如，一个 MTD 可以只分配一个时隙。

针对具有高速缓存功能的无人机辅助物联网的体系结构，采用一个反映实际应用环境特点的无人机覆盖仿真模型对具有高速缓存功能的无人机方案的性能进行了评估。

图 4.3.7 反映了使用泊松簇过程随机生成 MTD 坐标的结果，并在图中标出了最终得到的无人机最佳三维位置。

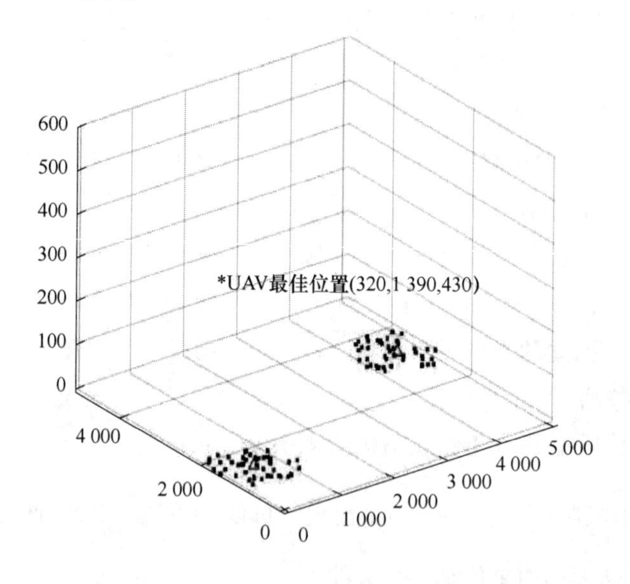

图 4.3.7　物联网系统中 MTD 分布和无人机基站的三维布局

图 4.3.8 反映了无人机高度和无人机最大覆盖半径的关系，随着无人机高度的增加，无人机最大覆盖半径首先呈增加的趋势，当无人机到达一定高度后，由于受到了路径损耗的限制，无人机最大覆盖半径开始下降。

图 4.3.9 反映了文件请求命中率 p_c 与无人机最大缓存容量 C 及文件流行度分布常数 γ 的关系。由图 4.3.9 可以看出，随着无人机最大缓存容量 C 的增加，文件请求命中率 p_c 在不断增加，最终趋近于 1。而随着文件流行度分布常数 γ 的增加，命中率 p_c 也不断增加。

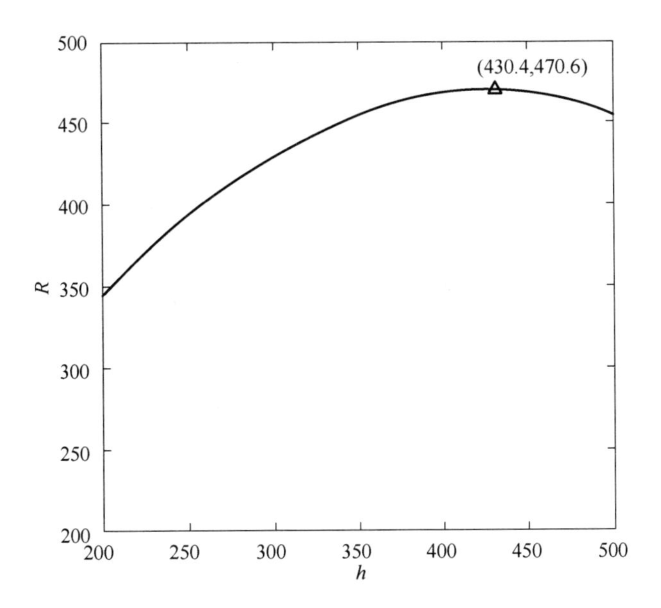

图 4.3.8 物联网系统中无人机高度和最大覆盖半径的关系

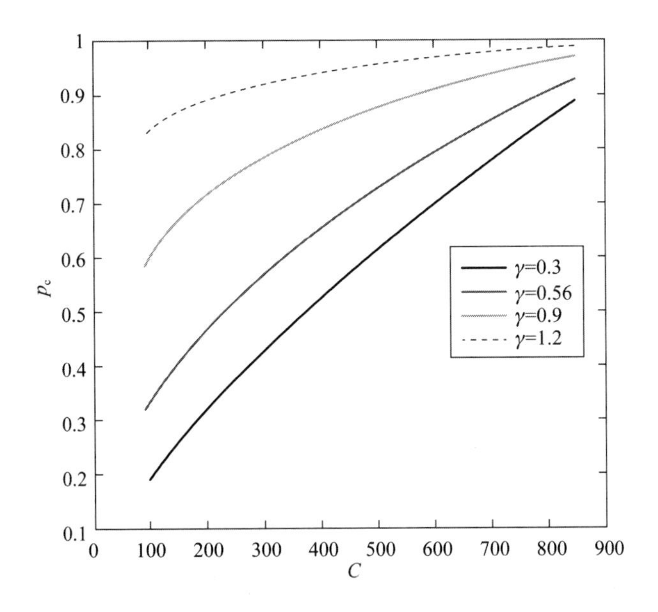

图 4.3.9 物联网系统中文件请求命中率 p_c 与缓存容量 C 及文件流行度分布常数 γ 的关系

图 4.3.10 反映了在文件流行度分布参数 γ 不同的情况下，物联网系统最大吞吐量随无人机最大缓存容量 C 变化的情况。由图 4.3.10 可以看出，随着无人机容量 C 的增加，无人机可达到的覆盖吞吐量不断增大。另外，当文件流行度高度集中时，有限的缓存容量中可以存储流行度更高的文件，从而使命中率提高，系统总体吞吐量也随之提高。此外，可以看到，系统吞吐量变化的差距随着缓存容量 C 的增加而逐渐减小。

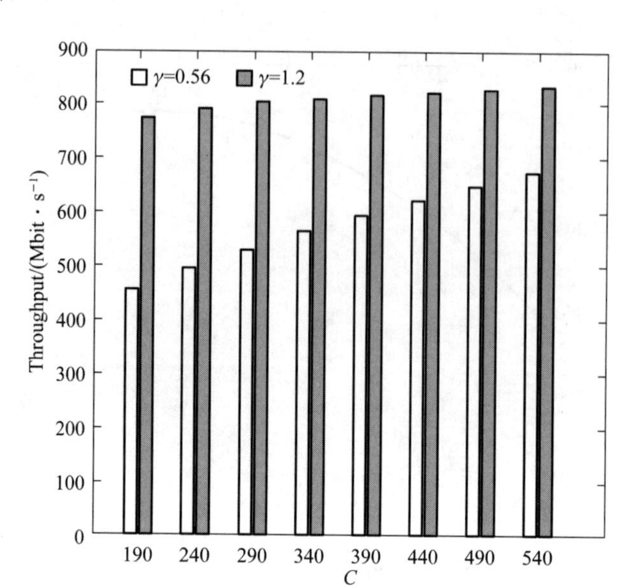

图 4.3.10　物联网系统中最大吞吐量与缓存容量 C 和流行度分布常数 γ 的关系

图 4.3.11 反映了在无人机是否支持缓存的情况下，物联网系统最大吞吐量随无人机高度变化的情况。由图 4.3.11 可以看出，在无人机相同部署条件下，当无人机有缓存文件的能力时，系统的最大吞吐量较之不支持缓存的情况大大增加。

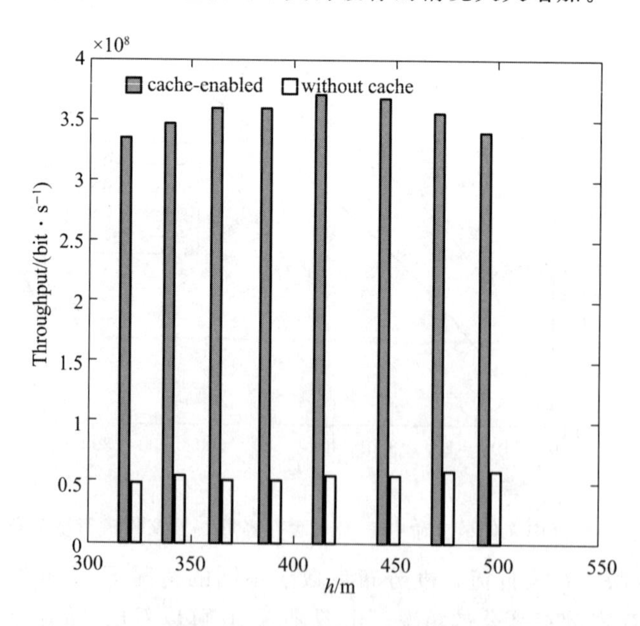

图 4.3.11　物联网中无人机最大吞吐量与高度的关系

图 4.3.12 反映了在使用不同缓存方案情况下的文件请求命中率的变化，以及文件流行度分布参数 γ 的影响。由图像可以看出，本节所述的缓存策略性能要优于 MPC。而随机缓存策略的性能远远低于其他缓存策略，且在此方案下不同的文件流行度参数 γ 不

影响命中率的值。随着分布参数 γ 的增大,本节所述方案及 MPC 方案、门限值方案下的命中率都大大增加了,并且当 γ 较大时,即文件流行度高度集中时,较流行的文件大多存储在有限的缓存容量中,从而使 MPC 方案达到了近乎最优的性能。

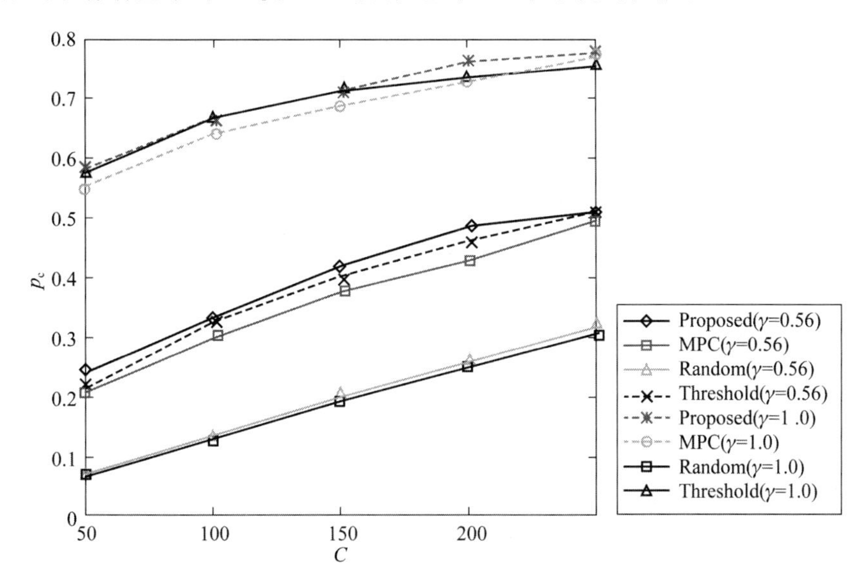

图 4.3.12 物联网中不同缓存方案下无人机最大吞吐量与缓存容量 C 的关系

从图 4.3.13 中可见,随着无人机功率的增加,系统可达吞吐量不断增大。

本节介绍的无人机最优位置定位以及最优随机内容布局策略旨在达到最大化物联网系统的吞吐量的目的。5G 网络所提供的高精度位置信息可以用来控制无人机的实时位置,在工程上实现系统优化策略,同时有以下几方面好处:减少了回程流量负荷;减少了多媒体(音频/视频)播放的延迟(当内容缓存在靠近地面设备的无人机上时,与从核心网络获取内容相比,交付内容的延迟更小,主动缓存技术的使用可以提高用户的体验质量)。

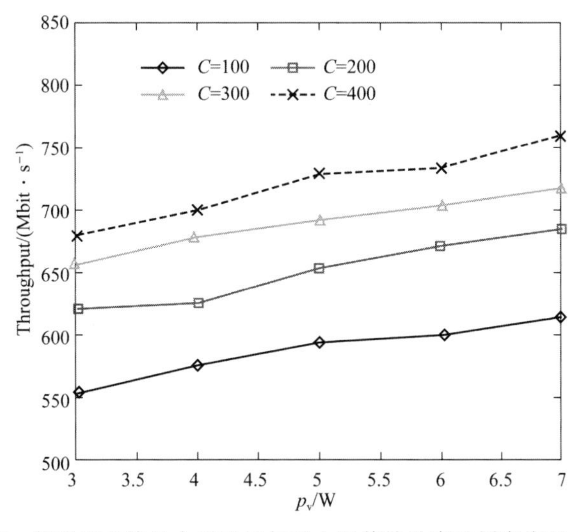

图 4.3.13 物联网系统最大吞吐量与无人机传输功率及缓存容量 C 的关系

4.3.3 移动基站辅助的通信与缓存

本节介绍无人机辅助的通信与缓存，与上一节的主要区别在于，上一节所描述的问题场景中，无人机直接作为基站参与用户的文件缓存与发送工作，本节所考虑的应用场景中无人机在系统中充当辅助作用，将需要缓存的数据文件传输到地面基站中，而不会与移动用户直接建立通信连接。5G 可以提供高精度的位置信息，这同样为无人机线路的规划和即时调整提供了支持。

本节考虑的无人机辅助的无线通信系统中，无人机被分配来服务 K 个地面基站(GN)。地面基站的水平位置被定义为 $\omega_k \in R_{2\times1}, k\in\{1,2,\cdots,K\}$。假设在每个时间周期 T_P，K 个地面基站对同一文件集合中的文件发出请求，文件集合的定义为 $F=\{f_1,\cdots,f_N\}$。需要注意的是，在实际情况下，T_P的长度取决于文件库的内容需要多长时间做一次更新，如一天。假设地面基站 k 请求文件 f_n 的概率是 $P_f^{(k)}(n)$，其中 $k=1,2\cdots,K$，$0\leqslant P_f^{(k)}(n)\leqslant1$。实际上，不同的地面节点可能在不同时刻请求同一文件，一种直接的解决方案是通过无人机与地面基站的直接连接。然而，这种方法对无人机耐久度要求极高，为了解决这个问题，本节介绍了一种基于无人机的地面基站主动缓存策略。即将文件传输分为两个阶段:文件缓存阶段和响应用户阶段。与此同时，为了增加在缓存阶段无人机的工作效率，可通过传输效用这一指标来动态优化无人机的飞行轨迹。

(1) 文件缓存阶段

文件缓存阶段发生在系统操作周期的开始部分，每个无人机选择 K 个地面基站中的一部分来提前将文件缓存到地面基站的存储空间中。为了确保用户的请求都能够得到满足，文件集合中的 N 个文件至少要被其中一个基站缓存下来。而且，由于地面基站存储空间的限制以及无人机传输缓存文件时的能量消耗，每个地面基站要缓存的文件应该被仔细地规划，同时，无人机飞行的线路也要有优化的设计。

在文件缓存阶段，无人机需要确定地面基站的文件缓存策略，包括需要缓存文件的地面基站集合以及它们具体需要缓存的文件。这在数学上可以定义为关于 K 和 N 的二项指示变量 $I_{k,n}$如下：

$$I_{k,n}=\begin{cases}1, & \text{基站 } k \text{ 缓存了内容 } f_n \\ 0, & \text{其他}\end{cases} \tag{4.3.31}$$

由于地面基站存储容量的限制，每个基站中缓存的文件个数不应该超过它的存储容量 Q，表达式如下：

$$\sum_{n=1}^{N} I_{k,n} \leqslant Q, \quad k=1,2,\cdots,K \tag{4.3.32}$$

而且，由于要使每个用户请求都能得到响应，文件集合里的每个文件应该至少被一个地面基站缓存，表达式如下：

$$\sum_{k=1}^{K} I_{k,n} \geqslant 1, \quad n=1,2,\cdots,N \tag{4.3.33}$$

地面基站的文件缓存策略$\{I_{k,n}\}$确定后,无人机需要经过设计的某种飞行路线将文件传输给相应的地面基站。假设无人机的飞行高度保持为H不变,并且将无人机的水平位置定义为$q(t)$,$0\leqslant t\leqslant T_U$,也就是无人机的飞行路线在地面上的投影是无人机完成所有文件缓存任务需要的时间。所以在t时刻,无人机和地面基站的距离表达式为

$$d_k(t)=\sqrt{H^2+\|q(t)-w_k\|^2},\quad 0\leqslant t\leqslant T_U,\ k=1,\cdots,K \tag{4.3.34}$$

为了将问题做一定简化,时间T_U被分为R个小时隙,即

$$T_U=R\delta_t \tag{4.3.35}$$

δ_t代表每个时隙的长度,在δ_t时间内,无人机和每个地面基站的距离可以近似认为保持不变。同时,假设无人机最大的飞行速度为v_{max},那么无人机速度限制的表达式可以写为

$$\|q(r)-q(r-1)\|\leqslant v_{max}\delta_t,\quad r=2,3,4,\cdots,R \tag{4.3.36}$$

无人机和地面基站的距离表达式可以写为

$$d_k(r)=\sqrt{H^2+\|q(r)-w_k\|^2},\quad 1\leqslant r\leqslant R,k=1,\cdots,K \tag{4.3.37}$$

其中,第一项是无人机的高度,第二项是无人机和地面基站的水平距离。

无人机到地面基站之间的信道绝大部分是视距链路,为了简化描述,假设无人机和地面基站之间的信道为视距链路。因此在r时刻,地面基站k接收到的无人机信号功率大小可以表示为

$$P_k=P_U L_{UG}(k) \tag{4.3.38}$$

其中,P_U是无人机发射的信号功率,P_k是地面基站k接收到的无人机信号功率。

地面基站k接收到的无人机信号信噪比γ_k表达式为

$$\gamma_k=\frac{P_k}{N_0W}=\frac{P_U L_{UG}(k)}{N_0W} \tag{4.3.39}$$

当且仅当$\gamma_k>\gamma_{th}$时,无人机和地面基站k才能顺利进行文件传输。

假设无人机在文件缓存阶段的数据传输速率是固定的,大小为R_U(单位为bit/s),所以完成一个缓存文件的传输需要的时间为

$$t_U=\frac{L}{R_U} \tag{4.3.40}$$

其中,L是文件的大小,为了简化分析,假设所有文件大小相同并且是一个常量。

在本节中,定义文件缓存开销C_U为无人机将需要缓存的文件传输给相应地面基站消耗的总时间,表达式如下:

$$C_U=N_f t_U \tag{4.3.41}$$

其中,N_f是缓存策略确定的需要缓存的文件总数。

(2)响应用户阶段

在文件缓存阶段确定了地面基站的缓存策略之后,对于文件集合F中的每个文件f_n,都有全部地面基站的一个子集对其进行了缓存,并且这个子集是非空的。那么在响应用户阶段,当用户发出一个文件请求时,就可能面临两种场景:第一种是被请求的文件f_n已经被服务该用户的地面基站缓存下来,这种情况下该文件就可以直接从它本地的缓

存中检索到并发给该用户，响应用户的时间可以近似看成 0。第二种则是该文件在服务该用户的基站中没有缓存，那么该地面基站就要通过地面基站之间的通信链路向它周围的基站发出请求，内容传输时延也相应增加，因为通过地面基站之间的链路传输是一个有不可忽略的时间开销的通信过程。假设地面基站 k 没有文件 n 的缓存，并对文件 n 发出了请求时，定义 $D_{k,n}$ 为地面基站 k 对文件 f_n 检索的距离，可以表达如下：

$$D_{k,n}=\min\{d_{kj}:j\in K_n\} \tag{4.3.42}$$

其中，基站 j 是有文件 f_n 的缓存，$d_{k,j}$ 是地面基站 k 和 j 之间的距离。

因此，地面基站 k 从地面基站 j 请求文件 f_n 获得的文件传输信号功率可以表示为

$$P_{kj}=P_{\mathrm{G}}L_{\mathrm{GG}}(k,j) \tag{4.3.43}$$

其中，P_{G} 指的是地面基站的发射功率，为了简便分析，假设所有地面基站发射功率的值相同，均为 P_{G}。因此，地面基站 k 处接收到的地面基站 j 的信号信噪比为

$$\gamma_{kj}=\frac{P_{kj}}{N_0W} \tag{4.3.44}$$

当且仅当 $\gamma_{kj}>\gamma_{\mathrm{th}}$ 时，地面基站 k 和地面基站 j 之间才能顺利进行文件传输。否则，需要通过位于地面基站 k 和 j 之间的基站进行中继传输。

为了便于描述地面基站请求文件需要的传输时间开销，对于任一地面基站 k 和文件 f_n，定义变量 $c_{k,n}$ 为地面基站 k 请求文件 f_n 时，文件需要地面基站之间传输的次数。根据定义式(4.3.31)，一种情况是如果 $I_{k,n}$ 为 1，则文件 f_n 已经在地面基站 k 中有缓存，那么文件不需要在地面基站之间进行传输，因此 $c_{k,n}$ 为 0；另一种情况则是如果 $I_{k,n}$ 为 0，文件 f_n 在地面基站 k 中没有缓存，那么地面基站 k 就需要从离它最近的基站开始检索其是否有文件 f_n 的缓存。综上所述，在缓存策略 $\{I_{k,n}\}$ 确定的情况下，对于每一对给定的地面基站 k 和文件 f_n，$c_{k,n}$ 可以表示为

$$c_{k,n}=\begin{cases}0, & I_{k,n}=1\\ N_{k,n}t_{\mathrm{G}}, & I_{k,n}=0\end{cases} \tag{4.3.45}$$

其中，$N_{k,n}$ 是基站 k 检索文件 f_n 时文件 f_n 一共需要被传输的次数，t_{G} 是地面基站传输一个文件需要的时间，具体可以表示为

$$t_{\mathrm{G}}=\frac{L}{R_{\mathrm{G}}} \tag{4.3.46}$$

值得一提的是，如果一个文件没有被检索到，那么响应用户请求时间的计算结果应该按照无穷大来计算[15]，本节设计的问题模型中所有的文件都应该有至少一个基站对其进行了缓存，即不会出现无法响应用户请求的情形。在仿真工作中，可以通过定义一个具体大小的数值来表示用户请求没有得到响应时系统的时间开销。而且，本节提出的文件缓存策略算法也可以进一步进行延伸到数据包量级下的缓存，就是每个地面基站只需要缓存一个文件中的一部分数据包，然后用户请求可以通过在每个相邻的基站下载对应文件数据包的一部分来得到满足。

定义响应用户请求时间 C_{G} 为响应一个文件请求的平均时间，这个平均是在全部 K 个地面基站以及全部 N 个文件中取得的，可以表示如下：

$$C_G = \left(\frac{1}{K}\sum_{n=1}^{N}\sum_{k=1}^{K}P_f^{(k)}(n)c_{k,n}\right)t_G \tag{4.3.47}$$

其中，$P_f^{(k)}(n)$是地面基站 k 请求文件 f_n的概率。值得一提的是，变量 C_G也可以被用作每一个地面基站检索一个文件平均时延的估计值。随着技术的不断发展，更多的文件请求可以通过终端直通技术得到满足，因此在基站一侧，响应用户请求的时间会逐渐减小。在式(4.3.47)中定义的响应用户请求时间是一个环境条件最差情况下的值，即不考虑终端互联等其他任何形式的通信，只考虑在无人机完成文件缓存之后，地面基站一侧能否响应用户的请求。在实际工程应用中，地面基站可能会根据通信距离等因素通过自适应的方式确定信号的发射功率以及文件传输的速度大小。在这种情况下，响应用户请求的开销也可以被统一定义为在满足发射功率、传输速度限制的前提下，检索到一个文件对象需要的平均传输时间。本节所介绍的地面基站缓存策略优化算法以及对无人机飞行线路的优化算法同样可适用于这种应用场景。

对于该无线通信系统，其传输环境同样分为 LoS 和 NLoS 两种，其中无人机到地面基站之间的信道条件建模为视距环境，地面基站之间的信道条件建模为非视距环境，表达式分别如下：

$$\begin{aligned} L_{UG}(k) &= |d_k|^{\zeta}, \quad \text{LoS link} \\ L_{GG}(k_1,k_2) &= \varepsilon\,|d(k_1,k_2)|^{\zeta}, \quad \text{NLoS link} \end{aligned} \tag{4.3.48}$$

其中，$L_{UG}(k)$是无人机到地面基站 k 的传输损耗，$L_{GG}(k_1,k_2)$是地面基站 k_1和 k_2之间的传输损耗，d_k是无人机到地面基站 k 的距离，$d(k_1,k_2)$是地面基站 k_1和 k_2之间的距离，ζ是传输损耗指数，ε 是非视距链路额外的路径损耗参数。

(1) 协作缓存部署优化

根据上面的讨论，可以发现文件缓存开销 C_U和响应用户请求时间即平均内容获取时延 C_G都和文件缓存策略$\{I_{k,n}\}$密切相关。直观上来看，如果更多的文件被缓存下来，响应用户请求时间自然会减少，因为在本地的缓存中直接找到请求的文件概率更高，而且也可以通过更近距离的基站检索到请求的文件。然而，实现这一点的代价就是更高的文件缓存开销，因为无人机将文件传输给对应地面基站的时间更长了。而且，为了减小用户的平均内容获取时延，每个文件应该被分布在各个地方的基站进行缓存，不能仅仅局限于中心地区，因为这样才能减小地面基站之间通信带来的开销。然而，这也会提升缓存文件的开销，因为无人机需要飞行更远的距离将同样的一份文件传输到对应的地面基站。因此，在所设计的系统模型下，文件缓存开销和响应用户请求时间存在一个明显的矛盾。

为了具体化描述这个矛盾，可定义一个加权的总开销，表示为

$$\begin{aligned} C_\theta &= (1-\theta)C_U + \theta C_G \\ &= (1-\theta)N_f t_U + \theta\left(\frac{1}{K}\sum_{n=1}^{N}\sum_{k=1}^{K}P_f^{(k)}(n)c_{k,n}\right)t_G \end{aligned} \tag{4.3.49}$$

其中，$0\leqslant\theta\leqslant 1$ 是响应用户请求时间和文件缓存开销的权重关系。为了解决二者之间的矛盾，需要在 θ 取不同的值时将加权总开销 C_θ最小化。可通过设计地面基站文件缓存策

略$\{I_{k,n}\}$来优化加权总开销，问题描述如下：

$$\text{P1:} \min_{\{I_{k,n}\}} C_\theta$$

$$\text{s.t.} \quad I_{k,n} \in \{0,1\}, \quad k=1,2,\cdots,K, n=1,2,\cdots,N$$

$$\sum_{n=1}^{N} I_{k,n} \leqslant Q, \quad k=1,2,\cdots,K$$

$$\sum_{k=1}^{K} I_{k,n} \geqslant 1, \quad n=1,2,\cdots,N$$

其中，两个限制条件分别指的是每个地面基站缓存的文件个数限制，以及文件集合中的每个文件都应该至少被一个基站缓存。

在解决具有普遍意义的问题P1之前，首先对$\theta=0$和$\theta=1$两种特殊情况进行分析，以便在θ取值不确定条件下进行算法设计。

当$\theta=1$时，问题P1就转换为忽略对应的文件缓存开销求解响应用户请求时间C_G的最小值。根据式(4.3.47)，对于任意给定的地面基站缓存策略$\{I_{k,n}\}$，C_G和无人机的路径完全无关。在理想状态下，每个地面基站的存储空间足够大时，即$Q \geqslant N$，那么不难看出问题的最优化解就是$I_{k,n}=1, \forall k,n$，即每个地面基站都会把文件集合中的所有文件都缓存下来。在这一条件下，对于每个地面基站，所有文件一旦被请求，都可以直接从它自身的缓存空间中找到。所以此时平均内容获取时延$C_G=0$。对于$Q<N$的一般情况，问题P1很难通过最优化的方式进行求解。在文献[10]中，研究了一个相关的问题，通过优化文件缓存策略来使检索文件时平均传输距离达到最小，已经证明了这样的问题进行最优化求解是时间复杂度是极大的。因此，通过一个相对简单的贪心算法，可以找到$Q<N$的一般情况下最优缓存策略的近似解。实际应用中，在每一步，对所有可能的基站文件组合进行计算，求得使平均内容获取时延减小最多的一对，作为新的一组缓存策略部署。这个过程持续到所有地面基站的缓存空间被占满。值得一提的是，如果一个文件没有被任何一个地面基站缓存，那么对应的内容获取时延是无穷大。因此，通过应用这一贪心算法，在每一次迭代中最大化响应用户请求时间的减少，原问题P1的限制条件依然成立。

当$\theta=0$时，问题P1就转换为忽略响应用户请求时间来求解文件缓存开销的最小值。在满足问题P1的限制条件中每个文件至少要被一个地面基站缓存时，和上文一样考虑两种情况。第一是地面基站的缓存空间充足，即一个地面基站足够将文件集合中全部文件缓存下来，那不难看出，在这种情况下，最优解就是将所有文件缓存到一个地面基站中，这样无人机的飞行路线也能达到最短，只需要和一个地面基站建立通信链路即可。不过对于$Q<N$的一般情况，问题P1是很难通过最优化的方式求解的，具体的求解方式可以应用下文讨论θ取值任意时提出的算法。

当θ取0到1之间的任意值时，由于文件缓存开销和平均内容获取时延与自变量地面基站缓存策略的内在联系，θ取0到1之间的任意值时问题P1的求解要比上面提到的两种特殊情况复杂得多，找到问题P1的最优解是很困难的，因此在下一部分会提出一个贪心算法求解过程来求得问题P1的近似最优解。提出的贪心算法的主要思想是，不是不对所有可能的地面基站缓存策略进行考虑，而是从没有文件缓存开始，在每一次做选择时，选择最优的基站文件的组合使加权的总开销 C_θ 的减小值达到最大。这一迭代过程持续到所有的地面基站缓存空间占满，或者是加权的总开销不能再被减小。

为了表示方便，对于全部 K 个地面基站和待缓存的 N 个文件，定义一个集合 I 包括了全部可能的基站文件组合，因此可以表达如下：

$$I=\{(k,n):k=1,\cdots,K;n=1,\cdots,N\} \tag{4.3.50}$$

因此，集合 I 的元素个数为 KN。除此之外，对于任何一个特定的文件缓存策略 $\{I_{k,n}\}$，定义一个 I 的子集 I_S，其中包括全部选定的基站文件组合 (k,n) 即文件 f_n 已经被地面基站 k 缓存下来。在每一步迭代时，对于任意一个基站文件组合 (k,n)，只要它在之前未被选中过，并且基站 k 的缓存空间充足，那么它就是下一步的一个候选选项。因此，对于任何一个特定的文件缓存策略 $\{I_{k,n}\}$，再定义一个候选的基站文件组合的集合 I_C，表达如下：

$$I_C=\left\{(k,n):I_{k,n}=0 \text{ and } \sum_{j=1}^{N}I_{k,j}<Q\right\} \tag{4.3.51}$$

显然，对于任何一个特定的文件缓存策略 $\{I_{k,n}\}$，有如下两个性质：

$$I_S\cap I_C=\varnothing;\quad I_S\cup I_C\subseteq I \tag{4.3.52}$$

在提出的贪心算法执行过程中，从 I_S 为空集时开始，即没有任何文件缓存，然后在每一步在候选集合 I_C 中选出一个最优的元素并把它放到 I_S 中。为了表达的方便，定义在指定的缓存策略 I_S 下，地面基站缓存文件的开销为 $C_U(I_S)$，平均内容获取时延为 $C_G(I_S)$，贪心算法执行的详细流程如下所述。

第一步：从没有文件缓存开始，I_S 为空，I_C 为 I。对应的文件缓存开销和平均内容获取时延分别为 $C_U(I_S)=0$，$C_G(I_S)=\infty$，相应地，在 θ 取 0 到 1 之间的任意值时，初始状态下的加权总开销为 $C_\theta=\infty$。

第二步：在每一次迭代中，对于现在已经确定的缓存策略 I_S，在候选集合 I_C 中找一个最优的基站文件组合，定义为 (k^*,n^*)，使对应的开销减小量达到最大。特别地，在选定一个基站文件组合 (k',n') 后，把新的文件缓存策略记为 I'_S，那么与问题 P1 对应的加权总开销减小值为

$$\Delta C_\theta(k',n')=\theta(C_G(I_S)-C_G(I'_S))-(1-\theta)(C_U(I'_S)-C_U(I_S)) \tag{4.3.53}$$

式(4.3.53)右侧第一项代表增加了缓存 (k',n') 后，系统减小的响应用户请求时间，第二项则代表了增加的文件缓存开销。因此，在每一步做出贪心选择时，需要解决的问题就转化成了 P2，表示如下：

$$\begin{aligned}\text{P2}:\ &\min_{\{I_{k,n}\}}\Delta C_\theta\\ &\text{s.t. } I_{k,n}\in\{0,1\},k=1,2,\cdots,K,n=1,2,\cdots,N\\ &\sum_{n=1}^{N}I_{k,n}\leqslant Q,k=1,2,\cdots,K\\ &\sum_{k=1}^{K}I_{k,n}\geqslant 1,n=1,2,\cdots,N\end{aligned}$$

与初始问题 P1 相比，文件缓存部署问题 P2 可以通过贪心策略进行优化，每一次优化时，仅在当前已经确定的文件缓存策略 I_S下添加一组额外的缓存(k^*,n^*)，需要说明的是通过贪心策略求解时，原问题的两个限制条件都能得到满足。因为在 I_C的定义中考虑了地面基站缓存空间的限制，因此限制条件 1 可以得到满足。又因为如果一个文件没有被任意一个基站缓存，那么用户获取该文件的时延则为无穷大，因此在贪心策略的计算过程中，限制条件 2 也能得到满足。

第三步：考虑第二步中求得的当前条件下的最优解(k^*,n^*)，那么 I_S和 I_C就可以相应地做如下更新：

$$
\begin{aligned}
I_S &= I_S \cup \{(k^*,n^*)\} \\
I_C &= I_C \setminus \{(k^*,n^*)\}
\end{aligned}
\tag{4.3.54}
$$

除此之外，如果地面基站 k^* 的缓存空间在下载文件 f_n之后耗尽，在接下来的步骤中基站 k^* 不能再缓存文件。因此，在贪心算法执行过程中，I_C实际应该遵循的更新规律应该表示如下：

$$
I_C = \begin{cases} I_C \setminus \{(k^*,j), j=1,\cdots,N\}, & \sum_{j=1}^{N} I_{k^*,j} = Q \\ I_C \setminus \{(k^*,n^*)\}, & \text{其他} \end{cases}
\tag{4.3.55}
$$

在式(4.3.55)的第一种情况下，所有包括地面基站 k^* 的基站文件组合被从 I_C中移除，而第二种情况下，只有当前状态下的最优解(k^*,n^*)被移除。

第四步：重复第二步和第三步，直到没有可选的基站文件组合，即 I_C为空集，或者加权的总开销值无法继续被减小。

(2) 无人机基站辅助的协作缓存部署优化方法

在完成基站协作缓存部署优化技术之后，即系统确定了哪些文件具体要缓存到对应哪些基站中，无人机基站可辅助地面基站完成协作缓存部署，在此过程中可进一步通过优化无人机的飞行路线减小无人机能量开销，以及提高文件缓存的效率。

通过把一个复杂的问题分解成一系列简单子问题的集合，动态规划算法只对这些子问题进行一次求解并把结果存储下来备用，当后面的计算过程中再次出现同样的子问题时，不必再重复进行求解，只需从存储的结果中找到对应的决策方案即可。

为了使问题能够通过动态规划算法进行求解，可首先将无人机的飞行位置离散化，利用网络识别无人机的实时位置信息，得到当前时刻无人机的位置坐标为(x_0,y_0)，下一时刻无人机的位置坐标假设为(x_1,y_1)，那么二者之间应该有如下关系：

$$
\sqrt{(x_1-x_0)^2+(y_1-y_0)^2} \leqslant k v_U, \quad k=0,1,2,\cdots,5
\tag{4.3.56}
$$

考虑动态场景下通信传输信噪比具有时变属性，所以传输损耗也是会随时间改变的，考虑时间因素后地面基站 k 在 r 时刻接收到的无人机信号的信噪比可以表示为

$$
\gamma_k^r = \frac{P_k^r}{N_0 W} = \frac{P_U L_{UG}^r(k)}{N_0 W}
\tag{4.3.57}
$$

除此之外，对于定义的地面基站缓存策略指示变量 $I_{k,n}$也需要考虑时间因素，调整后表达式如下：

$$I_{k,n}^{r}=\begin{cases}1, & \text{file } f_n \text{ is cached at GN } k \text{ at time slot } r\\0, & \text{其他}\end{cases} \tag{4.3.58}$$

为了方便表达，对于无人机和地面基站 k 之间能否建立稳定的通信连接，定义指示变量 J_k^r，表示如下：

$$J_k^r=\begin{cases}1, & \gamma_k^r>\gamma_{\text{th}}\\0, & \text{其他}\end{cases} \tag{4.3.59}$$

其中，γ_{th} 为噪声容限。所以在 r 时刻，无人机向地面基站 k 传输缓存文件 n 的效率可以表示为

$$\phi_{k,n}^r=J_k^r I_{k,n}^r(1-I_{k,n}^{r-1}) \tag{4.3.60}$$

因此在 r 时刻，无人机向整个地面基站系统传输缓存文件的效率可以表示为

$$\phi^r=\sum_{k=1}^{K}\sum_{n=1}^{N}\phi_{k,n}^r=\sum_{k=1}^{K}\sum_{n=1}^{N}J_k^r I_{k,n}^r(1-I_{k,n}^{r-1}) \tag{4.3.61}$$

在无人机飞行的时间周期 R 中，传输缓存文件的总效率为

$$\phi=\sum_r \phi^r \tag{4.3.62}$$

为了通过优化无人机线路来使在无人机飞行的时间周期 R 中传输缓存文件的总效率最大，建立的问题 P3 可以表示如下：

$$\text{P3：}\max_{q(r)}\phi$$

$$\text{s. t.}\quad \sqrt{(x_1-x_0)^2+(y_1-y_0)^2}\leqslant kv_{\text{U}},\quad k=0,1,2,\cdots,5$$

其中，$q(r)$ 表示的是无人机在 r 时刻的位置坐标。通过优化每一时刻无人机的位置，使最终系统的传输效率达到最大。

应用动态规划算法求解问题 P3 的流程如图 4.3.14 所示，其中 φ 是无人机从位置 c 运动到位置 d 时系统传输效率的增加量。$\rho_{c,q}$ 指的是在第 q 个运行周期时能够到达位置 c 的全部路径集合中传输效率最大的一条，$(x_{d,r+1},y_{d,r+1})$ 是与上一时刻的位置 c 邻接的所有位置中使系统传输效用最大的一个。值得一提的是，无人机的位置坐标使用的是二维坐标，这是因为场景模型中已经假设系统中无人机的飞行高度保持为 H 不变。

在提出的动态规划算法中，在时刻 p 候选的最优飞行路线相关指标根据之前存储的数据被逐一计算，在更新了所有的可能路线之后，系统的服务中心会找到传输效率最大的一个点，并由此找出已经存储好的能使传输效率最大的无人机飞行路线。

然而，当系统的基站分布变得密集时，通过动态规划算法求解问题 P3 的复杂度会比较大。因此低系统复杂度的贪心算法也是求解问题 P3 的一种方式，该方法描述如下：

第一步：初始化无人机的位置；

第二步：选择能够使系统传输效率最大的坐标作为无人机下一时刻的位置；

第三步：重复执行第二步，直到无人机能量耗尽，或者完成基站文件的缓存工作。

考虑一个由 100 个地面基站均匀分布在边长为 1 000 m 的正方形区域内的仿真场景，从图 4.3.15 可以看出用户需求文件 n 的请求概率越大，它就会被更多的地面基站缓存，由此它们能够更大概率地在本地的基站或者距离更近的基站中被检索到，从而使响

应用户请求的时间减小。

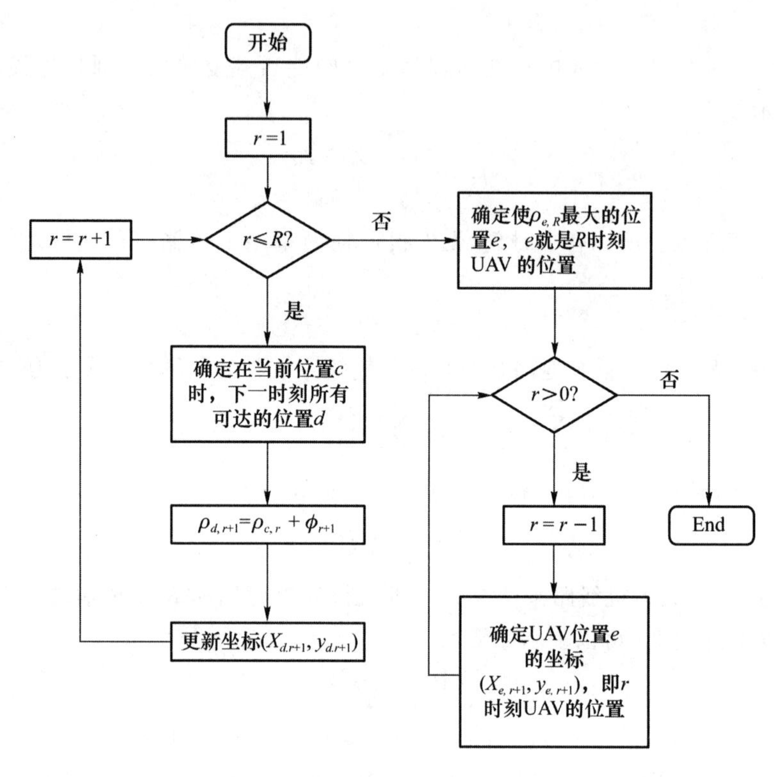

图 4.3.14　基于位置的无人机线路规划算法流程图

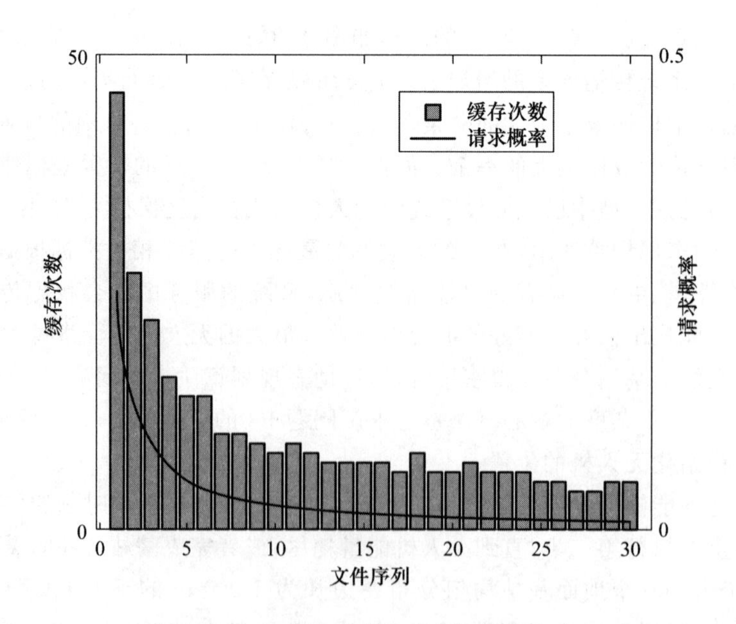

图 4.3.15　缓存次数与请求概率的关系

为了更深入地对两种算法联合应用的系统策略给系统性能带来的提升进行说明，将其性能与其他两种基础策略进行了对比。

系统策略 1：只有文件缓存策略进行了优化。地面基站缓存策略就是按照上文介绍的求解问题 P2 时应用的算法策略。

系统策略 2：只有无人机飞行线路进行了优化，地面基站缓存是根据随机的概率缓存。此时文件请求的概率依然按照齐夫分布来处理。

系统策略 3：地面基站缓存策略和无人机线路都进行了优化，用以说明同时应用两种算法的系统性能要好于只应用其中二者其中之一的。

图 4.3.16 表示的是应用三种不同策略的系统平均内容获取时延的对比。可以看到，两种次优策略平均内容获取时延为无穷大的时间更长，也就侧面反映了应用两种次优策略的系统文件缓存的充分性、完备性不足，而且在时延的绝对大小上也要高于两种算法都应用的系统。

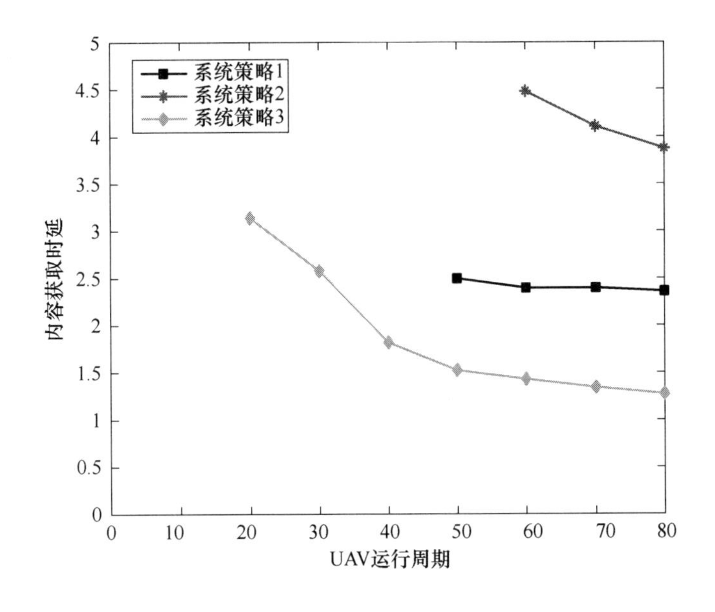

图 4.3.16 响应请求平均时间

图 4.3.17 表示的是应用三种不同策略的系统命中率的对比。可见两种算法都应用的系统性能明显要好一些。

综上所述，本节介绍的协作缓存部署优化技术以及无人机基站辅助的协作缓存部署优化算法能够同时应用以提升系统在平均内容获取时延和命中率两方面的性能。利用网络提供的地面基站位置信息，以及通过识别无人机的实时位置对无人机飞行线路进行优化。将位置信息与边缘缓存结合，并用于优化网络资源部署，是位置信息在未来网络中很有前景的应用之一。

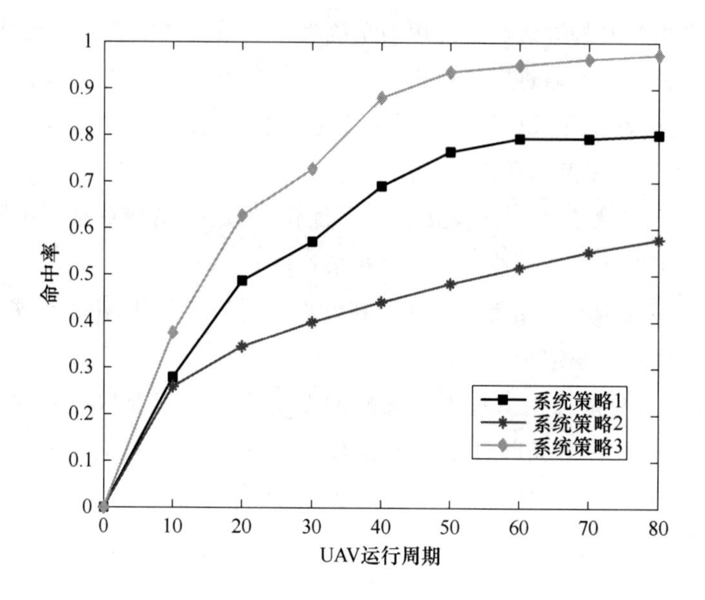

图 4.3.17　三种策略命中率对比

本章参考文献

[1] Di Taranto R, Muppirisetty S, Raulefs R, et al. Location-aware communications for 5G networks: how location information can improve scalability, latency, and robustness of 5G[J]. IEEE Signal Processing Magazine, 2014, 31(6): 102-112. doi: 10.1109/MSP.2014.2332611.

[2] Nevat G, Peters W, Collings I B. Location-aware cooperative spectrum sensing via Gaussian processes[C]. in Proc. Australian Communications Theory Workshop, 2012: 19-24.

[3] Dammann A, Agapiou G, Bastos J, et al. WHERE2 location aided communications[C]. in Proc. European Wireless Conf., 2013: 1-8.

[4] Sand S, Tanbourgi R, Mensing C, et al. Position aware adaptive communication systems[C]. in Proc. Asilomar Conf. Signals, Systems and Computers, 2009: 73-77.

[5] Daniels R C, Heath R W. Link adaptation with position/motion information in vehicle-to-vehicle networks[J]. IEEE Trans. Wireless Commun., 2012, 11(2): 505-509.

[6] Slock D. Location aided wireless communications[C]//2012 5th International Symposium on Communications, Control and Signal Processing. IEEE, 2012.

[7] Slock D. Location aided wireless communications[C]. in Proc. Int. Symp. Communications

Control and Signal Processing, 2012: 1-6.

[8] Sun M T, Huang L, Wang S, et al. Reliable MAC layer multicast in IEEE 802.11 wireless networks[J]. Wireless Commun. Mobile Comput., 2003, 3(4): 439-453.

[9] Kodeswaran S B, Joshi A. Using location information for scheduling in 802.15.3 MAC[C]. in Proc. Int. Conf. Broadband Networks, 2005: 718-725.

[10] Wen N, Berry R. Information propagation for location-based MAC protocols in vehicular networks[C]. in Proc. Annu. Conf. Information Sciences and Systems, 2006: 1242-1247.

[11] Katragadda S, Murthy C N S G, Rao R, et al. A decentralized location-based channel access protocol for inter-vehicle communication[J]. IEEE Vehicular Technology Conf., 2003, 3: 1831-1835.

[12] Ko Y B, Vaidya N H. Geocasting in mobile ad hoc networks: location based multicast algorithms[C]. in Proc. IEEE Workshop on Mobile Computing Systems and Applications, 1999: 101-110.

[13] Sand S, Tanbourgi R, Mensing C, et al. Position aware adaptive communication systems[C]. in Proc. Asilomar Conf. Signals, Systems and Computers, 2009: 73-77.

[14] Popescu A M, Salman N, Kemp A H. Geographic routing resilient to location errors[J]. IEEE Wireless Commun. Lett., 2013, 2(2): 203-206.

[15] Di Taranto R, Wymeersch H. Simultaneous routing and power allocation using location information[C]. in Proc. Asilomar Conf. Signals, Systems and Computers, 2013: 1700-1704.

[16] Neely M J, Modiano E, Rohrs C E. Dynamic power allocation and routing for time-varying wireless networks[J]. IEEE J. Select. Areas Commun., 2005, 23(1): 89-103.

[17] Feng K T, Hsu C H, Lu T E. Velocity-assisted predictive mobility and location-aware routing protocols for mobile ad-hoc networks[J]. IEEE Trans. Veh. Technol., 2008, 57(1): 448-464.

[18] Feng K T, Hsu C H, Lu T E. Velocity-assisted predictive mobility and location-aware routing protocols for mobile ad-hoc networks[J]. IEEE Trans. Veh. Technol., 2008, 57(1): 448-464.

[19] Dikaiakos M D, Florides A, Nadeem T, et al. Location-aware services over vehicular ad-hoc networks using car-to-car communication[J]. IEEE J. Select. Areas Commun., 2007, 25(8): 1590-1602.

[20] Fettweis G. The tactile internet: applications and challenges[J]. IEEE Veh. Technol. Mag., 2014, 9(1): 64-70.

[21] Fink J. Communication for teams of networked robots[D]. Elect. Syst. Eng., Univ. Pennsylvania, Philadelphia, PA, 2011.

[22] Younis M F, Ghumman K, Ektiweissy M. Location-aware combinatorial key management scheme for clustered sensor networks[J]. IEEE Trans. Parallel Distrib. Syst., 2006,17(8): 865-882.

[23] 3GPP TR 38.913. Study on scenarios and requirements for next generation access technologies (Rel. 14)[S]. v14.3.0. 2017.

[24] Kim K, Seol S, Kong S-H. High-speed train navigation system based on multi-sensor data fusion and map matching algorithm[J]. Int. J. Control, Automation and Sys., 2015, 13(3): 503-12.

[25] GE/GN8605, ETCS system description, railway group guidance note[S]. Paris: Rail Safety and Standards Board (RSSB) Ltd, 2010.

[26] Gonzalez M C, Hidalgo C A, Barabasi A L. Understanding individual human mobility patterns[J]. Nature, 2008, 453(7196):779-782.

[27] Wang C, Huberman B A. How random are online social interactions[J]. Available at SSRN 2110426, 2012.

[28] Gao H, Tang J, Hu X, et al. Modeling temporal effects of human mobile behavior on location-based social networks [C]//Proceeding of the 22nd ACM international conference on Conference on information & knowledge management. ACM, 2013: 1673-1678.

[29] Baccelli F, Giovanidis A. Coverage by pairwise base station cooperation under adaptive geometric policies[C]. Proc. of 47th Asilomar Conference on Signals, Systems and Computers, 2013.

[30] Wang Y, Tao X, Zhang X, et al. Joint caching placement and user association-forminimizinguserdownloaddelay[J]. IEEE Access, 2016, 4: 8625-8633.

[31] Cui Y, Lai F, Hanly S, et al. Optimal caching and user association in cache-enabled heterogeneous wireless network[C]. in Proc. IEEE Global Commun. Conf. (GLOBECOM), Dec. 2016: 1-6.

[32] Wen W, Cui Y, Zheng F-C, et al. Random caching based cooperative transmission in heterogeneous wireless networks[C]. in Proc. IEEE Int. Conf. Commun., 2017: 1-6.

[33] Chae S H, Quek T Q, Choi W. Content placement for wireless cooperative caching helpers: a tradeoff between cooperative gain and content diversity gain[J]. IEEE Trans. Wireless Commun., 2017,16(10): 6795-6807.

[34] Chen L, Feng G. Caching policy for reliable multicast in Ad Hoc networks[C]. in Proc. Int. Conf. Commun., Circuits Syst. (ICCCAS), 2013,1: 104-108.

[35] Bao Y, Wang X, Zhou S, et al. An energy-efficient client precaching scheme-with wireless multicast for video-on-demand services[C]. in Proc. 18th Asia-

PacificConf. Commun. (APCC), 2012: 566-571.

[36] Zhou B, Cui Y, Tao M. Optimal dynamic multicast scheduling for cache-enabled content-centric wireless networks[J]. IEEETrans. Commun., 2017, 65(7): 2956-2970.

[37] Zhou B, Cui Y, Tao M. Stochastic content-centric multicast scheduling for cache-enabled heterogeneous cellular networks[J]. IEEE Trans. Wireless Commun., 2016, 15(9): 6284-6297.

[38] Zhang X, Gao H, Lv T. Multicast beamforming for scalable videos in cache-enabled heterogeneous networks[C]. in Proc. IEEE Wireless Commun. Netw. Conf., 2017:1-6.

[39] Cui Y, Jiang D, Wu Y. Analysis and optimization of caching and multicasting in large-scale cache-enabled wireless networks[J]. IEEE Trans. Wireless Commun., 2016,15(7): 5101-5112.

[40] Cui Y, Dongdong J. Analysis and optimization of caching and multicasting in large-scale cache-enabled heterogeneous wireless networks[J]. IEEE Trans. Wireless Commun., 2017,16(1): 250-264.

[41] Poularakis K, Iosifidis G, Sourlas V, et al. Exploiting caching and multicast for 5G wireless networks[J]. IEEE Trans. Wireless Commun., 2016, 15(4): 2995-3007.

[42] Feng H, Chen Z, Liu H. Design and optimization for VoD services with adaptive multicast and client caching[J]. IEEE Commun. Lett., 2017, 21(7): 1621-1624.

[43] Liao J, Wong K-K, Zhang Y, et al. Coding, multicast and cooperation for cache-enabled heterogeneous small cell networks[J]. IEEE Trans. Wireless Commun., 2017, 16(10): 6838-6853.

[44] Huang X, Zhao Z, Zhang H. Latency analysis of cooperative caching with multicast for 5g wireless networks[C]. in Proc. IEEE/ACM 9th Int. Conf. Utility Cloud Comput. (UCC), 2016: 316-320.

[45] Koutitas G. Greening the airwaves with collaborating mobile network operators[J]. IEEE Trans. Wireless Commun., 2016,15(1): 794-806.

[46] Cheng N, et al. Performance analysis of vehicular device to device underlay communication[J]. IEEE Trans. Vehic. Tech., 2017, 66(6): 5409-5421.

[47] Yang P, et al. Proactive dronecell deployment: overload relief for a cellular network under flash crowd traffic[J]. IEEE Trans. Intell. Transp. Sys., 2017, 18(10): 2877-2892.

[48] Quan W, et al. Enhancing crowd collaborations for software defined vehicular networks[J]. IEEE Commun. Mag., 2017, 55(8): 80-86.

[49] Al-Hourani A, Kandeepan S, Lardner S. Optimal LAP Altitude for Maximum

Coverage[J]. IEEE Commun. Lett., 2014, 3(6): 569-572.

[50] Newman M E J. Power laws, Pareto distributions and Zipf's law[J]. Contemporary Physics, 2005, 46:20-25.

[51] Li P M, Xu J. UAV-enabled cellular networks with multi-hop backhauls: placement optimization and wireless resource allocation[C]. IEEE International Conference on Communication Systems, 2018: 8-10.

[52] Al-Hourani A, Kandeepan S, Lardner S. Optimal LAP altitude for maximum coverage[J]. IEEE Wireless Commun. Lett., 2014, 3(6): 7-8.

[53] Chen M, et al. Caching in the sky: proactive deployment of cache-enabled unmanned aerial vehicles for optimized quality-of-experience[J]. IEEE J. Sel. Areas Commun., 2017, 35(5): 1-5.

[54] Boyd S P, Vandenberghe L. Convex optimization[M]. Cambridge. MA, USA. Cambridge Univ. Press, 2013:15-25.

[55] Blaszczyszyn B, Giovanidis A. Optimal geographic caching in cellular networks [C]. Proc. IEEE Int. Conf. Commun, 2015: 6-8.

[56] 杜祥军. C语言学习指导与课程设计实践[M]. 北京：电子工业出版社，2015：200-205.

[57] 邢文训，谢金星. 现代优化计算方法[M]. 北京：清华大学出版社，1999：182-183.

[58] 魏萌，吕廷勤. 基于软件定义网络的触觉互联网端到端系统[J/OL]. 计算机应用研究：1-5 [2020-07-29]. https://doi.org/10.19734/j.issn.1001-3695.2019.09.0549.

[59] Talvitie J, Levanen T, Koivisto M, et al. Positioning and location-aware communications for modern railways with 5G new radio[J]. IEEE Communications Magazine, 2019, 57(9): 24-30. doi: 10.1109/MCOM.001.1800954.